# 大地测量与地球动力学应用中全球定位系统解的组合理论

〔瑞士〕埃尔马·布罗克曼（Elmar Brockmann）　著

王威　刘佳　卢鋆　耿涛　译

科学出版社

北京

## 内 容 简 介

本书共分8章，从理论到实例，对全球定位系统解组合理论在大地测量与地球动力学参数解算中的应用进行了全面深入的介绍。1～5章为理论部分，介绍了最小二乘平差、卫星轨道确定、连续单天解参数组合以及法方程处理等方面的基础理论，6～7章以长期站点坐标和速度序列以及不同分析中心全球定位系统解组合为例，使读者进一步了解该方法的实际价值；第8章给出了与地球动力学相关的站点坐标、站点速度、地球自转速度及卫星天线相位中心偏差等参数的多年组合解结果。

本书旨在为大地测量与地球动力学中的长时段参数解算提供帮助，解决网平差中的法方程组合问题，适合大地测量学、地球动力学等相关领域的科研人员和高校师生阅读参考。

**图书在版编目（CIP）数据**

大地测量与地球动力学应用中全球定位系统解的组合理论/（瑞士）埃尔马·布罗克曼（Elmar Brockmann）著；王威等译. —北京：科学出版社，2023.8

书名原文：Combination of Solutions for Geodetic and Geodynamic Applications of the Global Positioning System

ISBN 978-7-03-075989-4

Ⅰ. ①大… Ⅱ. ①埃… ②王… Ⅲ. ①全球定位系统－应用－大地测量学－研究 ②全球定位系统－应用－地球动力学－研究 Ⅳ. ①P22 ②P541

中国国家版本馆CIP数据核字（2023）第129041号

责任编辑：王 运 张梦雪／责任校对：王 瑞
责任印制：赵 博／封面设计：图阅盛世

科学出版社 出版
北京东黄城根北街16号
邮政编码：100717
http://www.sciencep.com
北京凌奇印刷有限责任公司印刷
科学出版社发行 各地新华书店经销
*
2023年8月第 一 版 开本：787×1092 1/16
2025年1月第三次印刷 印张：9
字数：220 000

**定价：98.00元**

（如有印装质量问题，我社负责调换）

# 译 者 前 言

当前全球导航卫星系统（global navigation satellite system，GNSS）蓬勃发展，已有包括美国的全球定位系统（GPS）、俄罗斯的格洛纳斯导航卫星系统（GLONASS）、欧洲的伽利略导航卫星系统（Galileo）和中国的北斗导航卫星系统（BDS）在内的四个GNSS提供服务，可观测到的GNSS卫星数量已超过100颗。全球已有超过300个测站提供多GNSS数据，为了促进多GNSS的发展，国际GNSS服务组织（International GNSS Service，简称IGS，前身为国际GPS服务组织）成立了多GNSS试验工作组，并提供多GNSS（GPS、GLONASS、BDS、Galileo等）的卫星轨道、钟差、地球自转参数、站坐标和偏差产品。在对上述产品的例行处理及长期网解过程中，处理压力不断增大，Elmar Brockmann博士的GPS解组合方法是解决该问题的有效手段。由此我们就萌发了翻译此书的念头，以便于相关领域的科研和业务人员参考，这一想法也得到了Elmar Brockmann博士的同意和支持。

本书由北京跟踪与通信技术研究所的王威高级工程师和卢鋆高级工程师、北京航天情报与信息研究所的刘佳高级工程师、武汉大学的耿涛教授共同翻译。译文中存在不足之处，敬请广大读者批评指正。本书的出版得到了国家自然科学基金项目（41974041、41974036）的支持，以及北京未来导航科技有限公司杨龙高级工程师提出的宝贵建议，谨此一并致谢。

# 前　言

IGS分析中心每天都会产生高精度全球定位系统（GPS）卫星轨道，这些轨道是基于IGS跟踪网80多个站点的GPS观测数据计算得到的。每个GPS观测数据不但包含轨道和地球定向参数（EOP）等全局参数，而且包含地面站的相关信息，如站点位置坐标、站点上空大气信息等。相比于IGS分析中心每天估计的站点位置坐标，长时段（一年或几年）估计的站点位置坐标和站点速度更有意义。这种长时段全局分析的结果由一个全球站点位置坐标模型组成，其中包括一个良好的地球参考框架下的速度场。

如果每个监测站每天有5万个观测数据，从计算效率角度分析，纯粹对原始观测数据进行重新处理没有任何意义。即使是当前最强大的计算机（1997年——译者注），采用这种对原始数据重新处理的方案也需要几周的时间。这种方案将使IGS分析中心的处理结果无法在更广泛的科学领域得到普及。

为了解决这样的问题，IGS分析中心在每天的例行处理中已经将所有监测站的坐标作为未知变量处理，只是在每天的单天解中这些变量采用先验权重约束为0。这种处理方式可以在事后对单天法方程进行正确的组合。经过去权和重新参数化（如针对各站点在每年仅设置一套坐标和速度变量），可以在数学上对长时段数据进行正确分析。这种处理方法仅需几分钟，而非几周。

上述方法可以推广应用于与GPS观测数据相关的所有时间序列参数，如地球自转参数、章动参数、日长参数、轨道参数、地心坐标参数等。

从技术上讲，这类应用非常广泛，而且可以采用很多种方式解决。在这本书中我们推荐埃尔马·布罗克曼（Elmar Brockmann）博士的方法。这种方法的数学基础可以追溯到高斯序贯平差，以及数字滤波方法。该方法需要在几个方面进行归纳，尤其是在重新参数化方面。本书第一部分给出了处理方法的理论基础和最新理论发展成果，第二部分给出了各类应用的分析结果，并进一步介绍该方法的实际应用价值。除了上述提到的建立全球坐标和速度场外，作者同时给出了分布式处理方法这个非常诱人的概念，这样不同的分析中心可以处理跟踪网中一部分数据，然后在更高一级的分析中心对不同的独立法方程进行组合形成最终的全局结果。本书最后对与地球动力学相关的参数时间序列进行了讨论分析，这些都是利用埃尔马·布罗克曼博士的处理方法在IGS的欧洲定轨中心（CODE）获得的结果。

布罗克曼博士的书籍涵盖了卫星大地测量中非常重要的部分，瑞士大地测量委员会非常感激他做出的这项非常有价值的研究工作。出版本书的基金来自瑞士科学院，对其大力资助作者在此表示由衷感谢。

# 目　　录

# 1 概　述

## 1.1 引　言

当前，全球定位系统（GPS）连续监测站数量不断增多，处理压力也不断增大。面对这一实际情况，Bernese 软件开发了 ADDNEQ 程序。利用该程序可以将若干个连续短时段的解进行组合，形成统计意义正确的长期解。程序设计最初仅考虑了连续监测站的位置坐标和速度参数，后期又进行了扩展。

自 Helmert（黑尔默特）1972 年出版《最小二乘平差计算》之后，对多个连续时段解进行组合的理论方法在大地测量领域被广泛应用。20 世纪上半叶，由于计算资源非常有限，这种方法被广泛应用于几乎所有传统大地测量的网平差中。

目前解决传统大地测量网平差问题的计算资源已经不算主要限制。但是，随着现代大地测量观测数据越来越多，如 GPS 连续跟踪网数据等，连续时段的序贯处理方法需要重新得到启用。

一般而言，序贯处理方法与各独立解的观测数据无关。这意味着不同观测技术［传统大地测量技术、空间技术 GPS、卫星激光测距（SLR）、甚长基线干涉测量（VLBI）、多普勒卫星定轨光线电定位系统（DORIS）等］都能够被组合处理。本书仅关注 GPS 解的组合问题，在 1.2 节将给出关于 GPS 的简要介绍。

可以毫不夸张地说，ADDNEQ 程序（程序流程如附录 A 所示）经过 4 年的开发和完善，已经能够满足欧洲定轨中心（CODE）不断增长的需求。CODE 是 IGS 的一个分析中心，在本章最后给出了 IGS 的基本情况介绍。

法方程可以用于一系列解的存储，其中包括所有可能的未知参数（如位置坐标、对流层参数、轨道参数、地球自转参数、章动参数、地球质心参数、卫星天线相位中心偏差等）。

ADDNEQ 程序当前（1997 年，下同——译者注）已成为 CODE 数据处理的核心特征，不但能够处理 CODE 的官方产品，而且可以处理满足特殊研究领域的很多不同解参数。ADDNEQ 程序能够基于存储的法方程快速有效地处理长达几个月甚至几年的新参数序列。基于法方程进行“模型变换”的理论背景将在第 2 章进行描述。

进行长弧段轨道计算也是独立解组合的一项重要应用。在 CODE 分析中心，3 天解就是基于连续 3 天的单天解法方程组合得到的。更长时段（5 天或 7 天）对于定轨的近实时应用非常有用。轨道确定参数设置的重要信息将在第 3 章中给出。对连续单天轨道进行组合的理论将在第 4 章给出，这些内容也已在相关文献公开（Beutler et al.，1996）。

第 5 章前 5 节为理论部分，对法方程组合处理进行了总结。组合处理的模块化特征是其应用到不同场景的主要原因，将在 5.6 节进行介绍。

第 6 章研究了通过长期网解序列处理位置坐标和速度的质量情况。这些结果对于评估 CODE 分析中心组合处理位置坐标和速度的性能非常有用，组合结果利用了两年国际 GNSS 服务（IGS）组织观测的数据。

第 7 章研究了不同分析中心 GPS 解的组合。对于维持和加密大地参考框架，这些应用形式非常重要，尤其是面对当前全球 GPS 永久站数目不断增长的现实情况。与软件无关的数据交换格式 SINEX，使得不同分析中心的结果进行组合成为可能。只有对整网和子网的观测数据进行同样方式的处理时，才能确保维持良好的参考框架。书中给出了一个处理策略不一致导致参考框架受到影响的实例，同时给出了利用各 IGS 分析中心提交的 SINEX 文件进行组合的结果。

如上所述，ADDNEQ 程序可以产生多种类型的解。第 8 章给出了 CODE 利用两年 IGS 数据进行处理获得的结果，主要包括位置坐标、速度、地球自转参数、地球质心参数、卫星天线相位中心偏差等。ADDNEQ 最初是设计用于每年在 CODE 分析中心为国际地球参考框架处理位置坐标和速度。书中分析了 CODE 对 ITRF95 的贡献。分析结果显示各独立解相对组合解的坐标残差存在周期变化，这种变化可以部分理解为潮汐模型不准确造成的。

## 1.2 GPS 概述

因为本书所有结果都是基于处理 IGS 的 GPS 数据获得的，因此，下面对 GPS 和 IGS 进行简要介绍。

### 1.2.1 GPS

GPS 是一个基于卫星星座的无线电实时导航系统，由美国国防部（DoD）和国防制图局（DMA）从 1973 年开始共同研发。初始测试系统 1983 年建成，配置 7 颗卫星。最终完整系统于 1994 年建成，配置 24 颗卫星（21 颗运行卫星和 3 颗备份卫星）。卫星均匀分布在 6 个不同的轨道平面内，轨道平面与地球赤道平面夹角为 55°。卫星轨道为近圆形轨道，轨道高度为 20200km，轨道周期为 12 恒星时。这意味着每经过约 23h 56min，轨道星座重复出现在地固坐标系下。GPS 完整星座保证在地球表面任意位置任意时刻都可同时观测到 4～8 颗卫星（15°以上）。

目前（1996 年 4 月），GPS 星座共有 3 种不同类型的卫星：Block Ⅰ 卫星（试验卫星）、Block Ⅱ 卫星（在轨卫星）和 Block ⅡR 卫星（补给卫星）。当前共有 25 颗卫星在轨，其中，Block Ⅰ 卫星（共计发射 11 颗）只有 1 颗正常运行（航天器编号 SVN12）。Block Ⅰ 卫星轨道倾角较其他类型卫星更大，达到 63°，其中 13 个 IGS 核心站定义了卫星轨道的参考框架。Block ⅡR 卫星还没有在轨卫星。

每颗 GPS 卫星都搭载了高性能的频率基准。两个 L 频段射频信号由 10.23MHz 倍频产生，其中，$L_1 = 154 \times 10.23\text{MHz}$，$L_2 = 120 \times 10.23\text{MHz}$，波长分别为 19.05cm 和 24.45cm。

伪随机噪声码（又称 C/A 码）调制在 $L_1$ 频率上，该码是随机分布的二进制序列，以 1.023MHz 频率产生，每毫秒重复一次。测距精度更高的精密码或保护码（也被称为 P 码）

同时调制在 $L_1$ 和 $L_2$ 频率上，以 10.23MHz 频率产生。P 码为长码，每 266 天重复一次。C/A 码每个码片波长为 300m，P 码每个码片波长为 30m。导航电文包含了关于卫星状态的各类信息（包括轨道信息、卫星钟信息等），并同时被调制在两个频率上。卫星轨道信息通过对全球分布的监测站数据进行处理得到，地面运控系统定时向卫星注入结果信息。当前（1996 年）卫星广播星历轨道精度为 3～5m。

GPS 是一个单程测距系统，信号由卫星发射，由接收机观测。观测量本质上是卫星到接收机之间的信号传播时间。由于卫星钟和接收机钟的同步误差，不能直接从码观测值中获得距离观测量。因此，该观测值也被称为伪距。假定接收机能够以 1%的相对误差（相对码片长度）测得伪距，则 C/A 码和 P 码观测量的精度分别为 3m 和 30cm。

载波相位观测对于高精度应用而言是更重要的观测量。这类观测量通过比较接收信号（多普勒偏移后）和本地信号的载波相位得到。假设载波相位观测精度为 1%的相对精度，则绝对精度约为 2mm。

伪距观测量是无模糊的，而载波相位观测量是有模糊的，其观测方程中需要包括一个未知的模糊度参数（载波整周数）。在多种原因下，接收机可能相对某颗卫星造成载波失锁，因此必须增加额外的预处理步骤修复这种所谓的周跳，或当探测到周跳后引入新的模糊度参数。

当两个或更多 GPS 接收机同时进行连续观测时，在静态相对观测模式下可以获得最高的处理精度。对两个接收机的观测数据进行互差可以消除未知的卫星钟差，并有效消除（根据接收机间距离不同）多种共同误差源（电离层与对流层误差、多路径误差、卫星轨道误差等）。

更多关于 GPS 系统的详细介绍可以参考相关资料（Wells，1987；Seeber，1993；Hofmann-Wellenhof et al.，1994；Leick，1995）。

### 1.2.2 IGS

1991 年 8 月，第 20 届国际大地测量和地球物理学联合会（International Union of Geodesy and Geophysics，IUGG）在维也纳召开，会议 5 号决议建议在未来 4 年探索 IGS 的可行性。1994 年，国际大地测量协会（International Association of Geodesy，IAG）成立。Beutler 等（1994a，1994b）简要介绍了 IGS 的历史和组织结构。

IGS 的主要目的是通过 GPS 数据产品支持大地测量和地球物理学领域的研究活动。根据 IGS 的活动章程（Neilan，1995），收集、存储和分发足够精度的 GPS 观测数据，以满足各类应用和实验需求。同时，这些数据由 IGS 进行处理，并产生如下数据产品：

（1）高精度 GPS 星历；

（2）地球自转参数；

（3）IGS 跟踪站的坐标和速度；

（4）GPS 卫星和跟踪站的钟差信息；

（5）电离层信息。

IGS 是一个由超过 60 个国际机构组成的共同体（Neilan，1995）。绝大多数机构向 IGS 贡献观测数据。IGS 组织机构包括跟踪网（超过 80 个永久运行接收机）、数据中心（3 个全球数据中心和7个区域数据中心)、分析中心和联合分析中心、分析中心协调机构、中央局和董事会。表1-1列出了现有的7个分析中心，分析中心每天进行GPS卫星轨道、地球自转参数估计等例行处理。

**表1-1 IGS的7个分析中心**

| 简称 | 全称 | 所在地 |
|---|---|---|
| CODE | 欧洲定轨中心 | 瑞士 |
| ESA | 欧洲空间局 | 德国 |
| GFZ | 德国波茨坦地球动力学中心 | 德国 |
| JPL | 喷气推进实验室 | 美国 |
| NOAA① | 国家海洋和大气管理局 | 美国 |
| NRCan | 加拿大自然资源部 | 加拿大 |
| SIO | 美国斯克里普斯海洋研究所 | 美国 |

① NOAA也称为国家大地测量局（National Geodetic Survey，NGS）。

自IGS成立后，IGS分析中心协调研究人员（J. Kouba，NRC）（Beutler et al.，1995）处理形成组合轨道和钟差。这种高精度、高可靠性的产品大约经过两周延迟后可以获得。1994年，IGS轨道的典型精度为10～20cm（Kouba，1995b），地球自转估计结果相对国际地球自转服务（International Earth Rotation Service，IERS）组合极移的误差小于0.6mas（RMS），即使在SA（选择可用性）期间卫星钟误差保持在1ns水平。

上述数据产品都是以国际地球参考系统（international terrestrial reference system，ITRS）为参考基准，具体通过将13个IGS核心站点（图1-1）约束到国际地球参考框架（international terrestrial reference frame，ITRF）的位置坐标实现（目前为ITRF93）。

逐步增长的跟踪站点数量与良好的几何分布（表1-2），以及IGS分析中心不断提高的处理技术都保证了IGS产品精度的稳定提高。产品比较显示，当前轨道精度相对1994年提高约1倍。

**表1-2 CODE 3天解的计算负载**

| 日期 | 卫星数/颗 | 测站数/个 | 观测量/个 | 估计参数 |
|---|---|---|---|---|
| 1992年6月 | 19 | 25 | 50000 | 2000 |
| 1993年1月 | 21 | 28 | 60000 | 2300 |
| 1994年1月 | 26 | 38 | 180000 | 6200 |
| 1995年1月 | 25 | 49 | 250000 | 9000 |
| 1996年1月 | 25 | 63 | 280000 | 12000 |

自1996年1月起，IGS超快速轨道可在延迟约36h后得到。另外，IGS目前可提供的产品还包括以SINEX格式（见7.2节）存储的组合坐标解，以及组合GPS极移解。

# 2 最小二乘平差

本章简要介绍最小二乘平差基本原理，同时给出后续章节使用的基本模型和参数表达形式。本章以满秩的高斯-马尔可夫模型为基础，分别介绍了参数预消除、先验约束、序贯最小二乘估计等常用处理策略。其中，序贯最小二乘估计使后处理不从原始观测数据开始重新处理成为可能，本章最后以相关应用说明这种方法的灵活性和强大功能。

## 2.1 线性统计模型

### 2.1.1 高斯-马尔可夫模型

#### 2.1.1.1 观测方程

满秩高斯-马尔可夫数学模型为（Koch，1988）

$$E(\boldsymbol{y})=\boldsymbol{X\beta};D(\boldsymbol{y})=\sigma^2\boldsymbol{P}^{-1} \tag{2.1-1}$$

式中，$\boldsymbol{X}$ 为 $n\times\mu$ 维的系数矩阵，$\mathrm{rg}\boldsymbol{X}=\mu$，rg 为 $\boldsymbol{X}$ 矩阵秩的个数，满秩，也被称为设计矩阵；$\boldsymbol{\beta}$ 为 $\mu\times 1$ 维的未知参数向量；$\boldsymbol{y}$ 为 $n\times 1$ 维的观测向量；$\boldsymbol{P}$ 为 $n\times n$ 维的正定权矩阵；$n$、$\mu$ 为观测值和未知参数向量的个数；$E(\cdot)$ 为取数学期望；$D(\cdot)$ 为取方差；$\sigma^2$ 为单位权方差（方差因子）。

当 $n>\mu$ 时，$\boldsymbol{X\beta}=\boldsymbol{y}$ 方程是不可解的。系数矩阵 $\boldsymbol{X}$ 为空间 $\boldsymbol{R}^\mu$，观测向量 $\boldsymbol{y}$ 为空间 $\boldsymbol{R}^n$，$\boldsymbol{R}^n$ 为 $n$ 维向量所组成的空间。当观测向量 $\boldsymbol{y}$ 增加残差向量 $\boldsymbol{e}$ 后可得到可解的方程，也被称为观测方程。

$$\boldsymbol{y}+\boldsymbol{e}=\boldsymbol{X\beta} \tag{2.1-2}$$

其中

$$E(\boldsymbol{e})=0,D(\boldsymbol{e})=D(\boldsymbol{y})=\sigma^2\boldsymbol{P}^{-1}$$

式（2.1-1）和式（2.1-2）实质上是一致的。因为 $E(\boldsymbol{y})=\boldsymbol{X\beta}$，所以 $E(\boldsymbol{e})=0$ 是合理的。$D(\boldsymbol{e})=D(\boldsymbol{y})$ 符合误差传播定理。

#### 2.1.1.2 最小二乘平差

最小二乘平差方法要求满足式（2.1-1）和式（2.1-2）的条件。参数向量 $\boldsymbol{\beta}$ 的估计是通过最小化残差平方和得到的，残差平方和可表示为

$$\Omega(\boldsymbol{\beta})=\frac{1}{\sigma^2}(\boldsymbol{y}-\boldsymbol{X\beta})'\boldsymbol{P}(\boldsymbol{y}-\boldsymbol{X\beta}) \tag{2.1-3}$$

为了将不可解的式（2.1-1）和式（2.1-2）转变为可解方程，进而估计参数向量 $\boldsymbol{\beta}$，必须引入 $\Omega(\boldsymbol{\beta}) \to \min$ 的条件。因此，为了最小化 $\Omega(\boldsymbol{\beta})$ 需要解答偏微分方程，即 $\mathrm{d}\Omega(\boldsymbol{\beta}) / \mathrm{d}\boldsymbol{\beta}$。该方程也称为法方程。下述公式给出了高斯-马尔可夫模型下最小二乘估计的主要过程。

法方程：

$$\boldsymbol{X}'\boldsymbol{P}\boldsymbol{X}\hat{\boldsymbol{\beta}} = \boldsymbol{X}'\boldsymbol{P}\boldsymbol{y} \tag{2.1-4}$$

式中，$\boldsymbol{X}'$ 为 $\boldsymbol{X}$ 的转置。

参数向量的估计值为

$$\hat{\boldsymbol{\beta}} = (\boldsymbol{X}'\boldsymbol{P}\boldsymbol{X})^{-1}\boldsymbol{X}'\boldsymbol{P}\boldsymbol{y} \tag{2.1-5}$$

协方差矩阵为

$$D(\hat{\boldsymbol{\beta}}) = \hat{\sigma}^2(\boldsymbol{X}'\boldsymbol{P}\boldsymbol{X})^{-1} \tag{2.1-6}$$

式中，$\hat{\sigma}^2$ 为单位权方差的数值。

根据估计参数向量计算的观测向量为

$$\hat{\boldsymbol{y}} = \boldsymbol{X}\hat{\boldsymbol{\beta}} = \boldsymbol{R}\boldsymbol{y} \tag{2.1-7}$$

残差向量为

$$\hat{\boldsymbol{e}} = \hat{\boldsymbol{y}} - \boldsymbol{y} = -\boldsymbol{R}^{\perp}\boldsymbol{y} \tag{2.1-8}$$

残差平方和为

$$\Omega = \hat{\boldsymbol{e}}'\boldsymbol{P}\hat{\boldsymbol{e}} = \boldsymbol{y}'\boldsymbol{P}\boldsymbol{X}\hat{\boldsymbol{\beta}} \tag{2.1-9}$$

单位权方差为

$$\sigma^2 = \Omega / (n-u) \tag{2.1-10}$$

自由度或冗余度（$f$）为

$$f = (n-u) = \mathrm{Sp}(\boldsymbol{F}) \tag{2.1-11}$$

$$\boldsymbol{F} = \boldsymbol{P}\boldsymbol{Q}_{\hat{e}\hat{e}} = \boldsymbol{I} - \boldsymbol{P}\boldsymbol{X}\boldsymbol{Q}_{\hat{\beta}\hat{\beta}}\boldsymbol{X}' \tag{2.1-12}$$

法方程矩阵分别为

$$\boldsymbol{X}'\boldsymbol{P}\boldsymbol{X}, \boldsymbol{X}'\boldsymbol{P}\boldsymbol{y}, (\boldsymbol{y}'\boldsymbol{P}\boldsymbol{y}) \tag{2.1-13}$$

权矩阵为

$$\boldsymbol{Q}_{\hat{\beta}\hat{\beta}} = \sum\nolimits_{\hat{\beta}\hat{\beta}} = (\boldsymbol{X}'\boldsymbol{P}\boldsymbol{X})^{-1} \tag{2.1-14}$$

$$\boldsymbol{Q}_{\hat{y}\hat{y}} = \boldsymbol{X}\boldsymbol{Q}_{\hat{\beta}\hat{\beta}}\boldsymbol{X}' = \boldsymbol{R}\boldsymbol{P}^{-1}\boldsymbol{R}' = \boldsymbol{R}\boldsymbol{P}^{-1} = \boldsymbol{P}^{-1}\boldsymbol{R}' \tag{2.1-15}$$

$$\boldsymbol{Q}_{\hat{e}\hat{e}} = \boldsymbol{P}^{-1} - \boldsymbol{X}\boldsymbol{Q}_{\hat{\beta}\hat{\beta}}\boldsymbol{X}' = \boldsymbol{R}^{\perp}\boldsymbol{P}^{-1}\boldsymbol{R}^{\perp'} = \boldsymbol{R}^{\perp}\boldsymbol{P}^{-1} = \boldsymbol{P}^{-1}\boldsymbol{R}' \tag{2.1-16}$$

式中，$\boldsymbol{Q}_{\hat{\beta}\hat{\beta}}$ 为参数向量的协因数阵；$\boldsymbol{Q}_{\hat{y}\hat{y}}$ 为观测向量协因数阵；$\boldsymbol{Q}_{\hat{e}\hat{e}}$ 为残差向量协因数阵；$\boldsymbol{R}'$ 为 $\boldsymbol{R}$ 的转置；$\boldsymbol{R}^{\perp'}$ 为 $\boldsymbol{R}^{\perp}$ 的转置。

其中，正交投影因子为

$$\boldsymbol{R} = \boldsymbol{X}(\boldsymbol{X}'\boldsymbol{P}\boldsymbol{X})^{-1}\boldsymbol{X}'\boldsymbol{P}^{-1} \tag{2.1-17}$$

$$\boldsymbol{R}^{\perp} = (\boldsymbol{I} - \boldsymbol{R}) \tag{2.1-18}$$

估计结果的其他特性还包括：

$$\boldsymbol{X}'\boldsymbol{P}\hat{\boldsymbol{e}} = 0 \tag{2.1-19}$$

$$\boldsymbol{R}\boldsymbol{X} = \boldsymbol{X} \tag{2.1-20}$$

$$\boldsymbol{R}^{\perp}\boldsymbol{X} = 0 \tag{2.1-21}$$

$$\Omega \to \min \tag{2.1-22}$$

式（2.1-5）在逼近理论上是最优线性无偏估计。最小二乘估计结果与正态分布观测条件下的最大似然估计结果是一致的。尽管估计结果一致，但是只有最小二乘估计的单位权方差是无偏的。

最小二乘估计在几何上的解释如图 2-1 所示。当 $\mathrm{rank}(\boldsymbol{X}) = \mu$ 时，列向量 $\boldsymbol{X}$ 定义了一个 $\boldsymbol{R}^n$ 空间的 $\mu$ 维子空间 $\boldsymbol{R}^{\mu}$，在这个子空间内估计 $\boldsymbol{X}\boldsymbol{\beta}$。这在图 2-1 中表示为一个平面。当 $\boldsymbol{X}\hat{\boldsymbol{\beta}}$ 是观测向量 $\boldsymbol{y} \in \boldsymbol{R}^n$ 在子空间 $\boldsymbol{R}^{\mu}$ 的正交投影时可给出 $\hat{\boldsymbol{\beta}}$ 的估计结果：

$$\boldsymbol{R}\boldsymbol{y} = \boldsymbol{X}\hat{\boldsymbol{\beta}} \tag{2.1-23}$$

式（2.1-17）可以说明这一关系。

投影将向量 $\boldsymbol{y}$ 分成两个部分：

$\boldsymbol{y} = \boldsymbol{R}\boldsymbol{y} + (\boldsymbol{I} - \boldsymbol{R})\boldsymbol{y}$，利用式（2.1-8）、式（2.1-18）和式（2.1-23）可得

$$\boldsymbol{y} = \boldsymbol{X}\hat{\boldsymbol{\beta}} - \hat{\boldsymbol{e}}$$

从而可轻易导出式（2.1-19）的结果，即

$$\boldsymbol{X}'\boldsymbol{P}\hat{\boldsymbol{e}} = 0$$

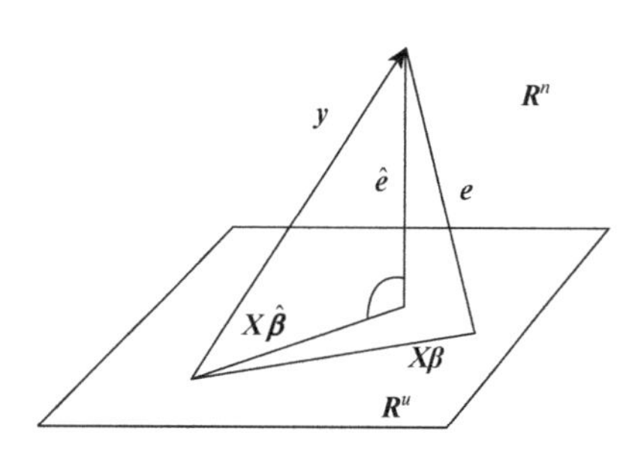

图 2-1 最小二乘估计的几何解释

在卫星大地测量领域，观测方程通常是非线性的。一般采用以下模型代替高斯-马尔可夫模型中的式（2.1-1）、式（2.1-2）：

$$\boldsymbol{y} + \boldsymbol{e} = f(\boldsymbol{\beta}) \tag{2.1-24}$$

其中

$$E(\boldsymbol{e}) = 0,\ D(\boldsymbol{e}) = D(\boldsymbol{y}) = \sigma^2 \boldsymbol{P}^{-1}$$

这里，$f(\cdot)$ 代表包含未知参数 $\boldsymbol{\beta}$ 的差分方程。如果先验值（或者近似值）$\boldsymbol{\beta}|_0$ 已知，则可以针对观测方程进行泰勒级数展开，将非线性方程转变为线性方程：

$$f(\boldsymbol{\beta}) = f(\boldsymbol{\beta})|_{\beta=\beta|_0} + \partial_{\beta} f(\boldsymbol{\beta})|_{\beta=\beta|_0} \Delta\boldsymbol{\beta} \tag{2.1-25}$$

其中，$\Delta\boldsymbol{\beta} = \boldsymbol{\beta} - \boldsymbol{\beta}|_0$，$\partial_{\beta} f(\boldsymbol{\beta})|_{\beta=\beta|_0}$ 为方程在 $\boldsymbol{\beta}|_0$ 处展开的雅可比矩阵。将式（2.1-25）代入式（2.1-24）中可得

$$\boldsymbol{y} - f(\boldsymbol{\beta})|_{\beta=\beta|_0} + \boldsymbol{e} = \partial_{\beta} f(\boldsymbol{\beta})|_{\beta=\beta|_0} \Delta\boldsymbol{\beta} \tag{2.1-26}$$

仍可写成 $\Delta\boldsymbol{y} + \boldsymbol{e} = \boldsymbol{X}\Delta\boldsymbol{p}$ 的形式，但是

$$\Delta\boldsymbol{y} = \boldsymbol{y} - f(\boldsymbol{\beta})|_{\beta=\beta|_0}$$

$$\boldsymbol{X} = \partial_{\beta} f(\boldsymbol{\beta})|_{\beta=\beta|_0}$$

$$\Delta\boldsymbol{\beta} = \boldsymbol{\beta} - \boldsymbol{\beta}|_0$$

残差向量均值保持不变。法方程与式（2.1-4）具有相同的形式，即

$$\boldsymbol{X'PX}\Delta\hat{\boldsymbol{\beta}} = \boldsymbol{X'P}\Delta\boldsymbol{y} \tag{2.1-27}$$

参数向量估计值和观测向量计算值分别为

$$\boldsymbol{y} = \Delta\hat{\boldsymbol{y}} + f(\boldsymbol{\beta})|_{\beta=\beta|_0}, \hat{\boldsymbol{\beta}} = \Delta\hat{\boldsymbol{\beta}} + \boldsymbol{\beta}|_0 \tag{2.1-28}$$

利用一阶泰勒级数展开进行非线性方程近似时，先验值 $\boldsymbol{\beta}|_0$ 需要足够精确。如果无法保证足够精确，需要利用最新的估计结果作为新的先验值进行迭代处理。迭代结束的标准主要是依据参数改正量 $\Delta\hat{\boldsymbol{\beta}}$ 和相应的均方根误差进行判断。

线性化的性能以及泰勒级数展开中偏导数的合理性可以通过式（2.1-29）进行检验：

$$\Delta\hat{\boldsymbol{y}} + \boldsymbol{X}(\boldsymbol{\beta})|_{\beta=\beta|_0}\ \Delta\hat{\boldsymbol{\beta}} + \hat{\boldsymbol{e}} \overset{?}{=} \boldsymbol{X}(\hat{\boldsymbol{\beta}}) \tag{2.1-29}$$

### 2.1.2 带参数约束的高斯-马尔可夫模型

带参数约束的高斯-马尔可夫模型(其他作者也常表示为带限制或带附加条件的模型)可用于在观测方程之外包含更多的先验信息。本节进行了总结，并给出了这类模型的处理方法。

#### 2.1.2.1 观测方程

带参数约束的满秩高斯-马尔可夫模型方程由 Koch（1988）和 Rao（1973）给出：

$$E(\boldsymbol{y}) = \boldsymbol{X\beta H\beta} = \boldsymbol{\omega} D(\boldsymbol{y}) = \sigma^2 \boldsymbol{P}^{-1} \tag{2.1-30}$$

式中，$\boldsymbol{H}$ 为 $r\times\mu$ 维的系数矩阵，$\mathrm{rg}\boldsymbol{H}=r$，也被称为约束矩阵；$\boldsymbol{\omega}$ 为 $r\times 1$ 维的已知常数矩阵；$r$ 为约束数量，$r<\mu$。

#### 2.1.2.2 最小二乘估计过程

带参数约束的高斯-马尔可夫模型最小二乘估计需要最小化式（2.1-9）的 $\Omega$ 值，同时满足方程 $\boldsymbol{H\beta}=\boldsymbol{\omega}$ 的要求。整体估计过程汇总如下：

法方程为

$$\begin{bmatrix} \boldsymbol{X'PX} & \boldsymbol{H'} \\ \boldsymbol{H} & 0 \end{bmatrix} \begin{bmatrix} \tilde{\tilde{\boldsymbol{\beta}}} \\ \boldsymbol{k} \end{bmatrix} = \begin{bmatrix} \boldsymbol{X'Py} \\ \boldsymbol{\omega} \end{bmatrix} \tag{2.1-31}$$

式中，$\boldsymbol{H'}$ 为 $\boldsymbol{H}$ 的转置；$\tilde{\tilde{\boldsymbol{\beta}}}$ 为参数向量；$\boldsymbol{k}$ 为联系数向量。

估计结果为

$$\begin{aligned} \tilde{\tilde{\boldsymbol{\beta}}} &= (\boldsymbol{X'PX})^{-1}(\boldsymbol{X'Py} - \boldsymbol{H'k}) \\ &= (\boldsymbol{X'PX})^{-1}\{\boldsymbol{X'Py} + \boldsymbol{H'}[\boldsymbol{H}(\boldsymbol{X'PX})^{-1}\boldsymbol{H'}]^{-1}[\boldsymbol{\omega} - \boldsymbol{H'}(\boldsymbol{X'PX})^{-1}\boldsymbol{X'Py}]\} \end{aligned} \tag{2.1-32}$$

$$= \hat{\boldsymbol{\beta}} - (\boldsymbol{X'PX})^{-1}\boldsymbol{H'}[\boldsymbol{H}(\boldsymbol{X'PX})^{-1}\boldsymbol{H'}]^{-1}(\boldsymbol{H}\hat{\boldsymbol{\beta}} - \boldsymbol{\omega}) \tag{2.1-33}$$

$$D(\tilde{\tilde{\boldsymbol{\beta}}}) = \sigma^2\{(\boldsymbol{X'PX})^{-1} - (\boldsymbol{X'PX})^{-1}\boldsymbol{H'}[\boldsymbol{H}(\boldsymbol{X'PX})^{-1}\boldsymbol{H'}]^{-1}\boldsymbol{H}(\boldsymbol{X'PX})^{-1}\} \tag{2.1-34}$$

$$\tilde{\tilde{\Omega}} = \Omega + (\boldsymbol{H}\hat{\boldsymbol{\beta}} - \boldsymbol{\omega})'[\boldsymbol{H}(\boldsymbol{X}'\boldsymbol{P}\boldsymbol{X})^{-1}\boldsymbol{H}']^{-1}(\boldsymbol{H}\hat{\boldsymbol{\beta}} - \boldsymbol{\omega})$$

$$= \Omega + (\tilde{\tilde{\boldsymbol{\beta}}} - \hat{\boldsymbol{\beta}})'(\boldsymbol{X}'\boldsymbol{P}\boldsymbol{X})^{-1}(\tilde{\tilde{\boldsymbol{\beta}}} - \hat{\boldsymbol{\beta}}) \tag{2.1-35}$$

$$= \boldsymbol{y}'\boldsymbol{P}\boldsymbol{y} - \boldsymbol{y}'\boldsymbol{P}\boldsymbol{X}\tilde{\tilde{\boldsymbol{\beta}}} - \boldsymbol{\omega}'\boldsymbol{k} \tag{2.1-36}$$

$$\tilde{\tilde{\sigma}}^2 = \tilde{\tilde{\Omega}} / (n - \mu + r) \tag{2.1-37}$$

式中，$\tilde{\tilde{\sigma}}^2$为单位权方差；$\tilde{\tilde{\Omega}}$为残差平方和。

估计结果的其他特性：

$$\tilde{\tilde{\Omega}} > \Omega \tag{2.1-38}$$

$$\boldsymbol{X}'\boldsymbol{P}\hat{\boldsymbol{e}} + \boldsymbol{H}'\boldsymbol{k} = 0 \tag{2.1-39}$$

$|\tilde{\tilde{\Omega}} - \Omega|$差值是一项重要的指标，能够反映附加的限制条件是否产生作用，该值常被用于假设检验中（Koch，1988）。

### 2.1.3 其他统计模型

最小二乘平差在线性统计模型理论中是一个特例，本节概述高斯-马尔可夫模型与其他一般模型的关系。高斯-马尔可夫模型可从一般的贝叶斯模型推导得出，可看作标准统计技术中混合模型的特例。

贝叶斯推理基于贝叶斯定理，先通过观测数据的密度分布和未知参数的先验密度函数推导出未知参数的后验分布；然后基于后验分布可计算出未知参数的估计值和置信区间。当未知参数无先验信息时，则可直接得到标准统计计算公式。

在标准统计混合估计模型中，高斯-马尔可夫模型［式（2.1-2)］中的向量 $\boldsymbol{e}$ 由未知参数$\boldsymbol{\gamma}$ 的线性组合—— $\boldsymbol{Z\gamma}$ 替换：

$$\boldsymbol{y} = \boldsymbol{X\beta} + \boldsymbol{Z\gamma} \tag{2.1-40}$$

其中

$$E(\boldsymbol{\gamma}) = \boldsymbol{\theta},\ D(\boldsymbol{\gamma}) = \sigma^2 \boldsymbol{P}^{-1}$$

该模型是经典统计技术的一般形式，也被称为高斯-赫尔默特（Gauss-Helmert，GH）模型。$\boldsymbol{X\beta}$ 可看作模型的系统部分，而 $\boldsymbol{Z\gamma}$ 是模型的随机部分。后半部分也被称为信号。这些公式可用于未知参数 $\boldsymbol{\beta}$ 的预计。

以 $\boldsymbol{Z}\bar{\boldsymbol{y}} + \boldsymbol{c}$ 替换式（2.1-40）中的向量 $\boldsymbol{y}$，其中 $\bar{\boldsymbol{y}}$ 是 $r \times 1$ 维的观测向量，$\boldsymbol{c}$ 是 $n \times 1$ 维的常数向量。最后，观测方程证明 $\boldsymbol{\gamma}$ 是向量 $\bar{\boldsymbol{y}}$ 的误差。

众所周知，预测与滤波模型可以通过用 $\boldsymbol{y} + \boldsymbol{e}$ 替换式（2.1-40）中的 $\boldsymbol{y}$ 推导得出。这样除了考虑信号 $\boldsymbol{Z\gamma}$ 外，可考虑观测噪声。

基于 $r$ 条件方程的模型可以通过 $\boldsymbol{X} = \boldsymbol{\theta}$ 的混合模型推导得出。

在现代大地测量中经常使用的线性卡尔曼-布什（Kalman-Bucy）滤波公式可以看作混合模型家族中的一个特殊形式。在 2.4.2 节，我们将会推导出与 2.3 节序贯最小二乘一致的滤波公式。

## 2.2　参数预消除方法

参数预消除方法是减少法方程维数的基本工具，而不会丢失任何信息（预消除的参数除外）。

将参数向量 $\hat{\boldsymbol{\beta}}$ 分成两个向量，分别为 $\widehat{\boldsymbol{\beta}_1}$ 和 $\widehat{\boldsymbol{\beta}_2}$，则法方程可以写成如下形式：

$$\begin{bmatrix} \boldsymbol{N}_{11} & \boldsymbol{N}_{12} \\ \boldsymbol{N}_{21} & \boldsymbol{N}_{22} \end{bmatrix} \begin{bmatrix} \widehat{\boldsymbol{\beta}_1} \\ \widehat{\boldsymbol{\beta}_2} \end{bmatrix} = \begin{bmatrix} \boldsymbol{b}_1 \\ \boldsymbol{b}_2 \end{bmatrix} \tag{2.2-1}$$

式中，$\boldsymbol{N}_{21}$、$\boldsymbol{N}_{22}$ 为函数矩阵；$\boldsymbol{b}_1$、$\boldsymbol{b}_2$ 为观测向量。

二次项 $\boldsymbol{y'Py}$ 仍然保持不变。

为了从式（2.2-1）中消除第二行的参数向量 $\widehat{\boldsymbol{\beta}_2}$，可将式（2.2-1）乘以 $-\boldsymbol{N}_{12}\boldsymbol{N}_{22}^{-1}$，得到

$$\begin{bmatrix} \boldsymbol{N}_{11} & \boldsymbol{N}_{12} \\ -\boldsymbol{N}_{12}\boldsymbol{N}_{22}^{-1}\boldsymbol{N}_{21} & -\boldsymbol{N}_{12} \end{bmatrix} \begin{bmatrix} \widehat{\boldsymbol{\beta}_1} \\ \widehat{\boldsymbol{\beta}_2} \end{bmatrix} = \begin{bmatrix} \boldsymbol{b}_1 \\ -\boldsymbol{N}_{12}\boldsymbol{N}_{22}^{-1}\boldsymbol{b}_2 \end{bmatrix} \tag{2.2-2}$$

进行矩阵相乘，同时将两个等式进行相加可以得到

$$\left(\boldsymbol{N}_{11} \underbrace{-\boldsymbol{N}_{12}\boldsymbol{N}_{22}^{-1}\boldsymbol{N}_{12}}_{a}\right)\hat{\boldsymbol{\beta}}_1 = \boldsymbol{b}_1 - \underbrace{\boldsymbol{N}_{12}\boldsymbol{N}_{22}^{-1}\boldsymbol{b}_2}_{b} \tag{2.2-3}$$

或者采用简略的方式可写为

$$\tilde{\boldsymbol{N}}_{11}\hat{\boldsymbol{\beta}}_1 = \hat{\boldsymbol{b}}_1 \tag{2.2-4}$$

新的法方程中参数减少了 $\hat{\boldsymbol{\beta}}_2$。由于式（2.2-3）中存在改正项 $a$ 和 $b$，最终法方程中仍然保留预消除参数 $\hat{\boldsymbol{\beta}}_2$ 的所有信息。

式（2.1-9）中二次项 $\Omega$ 可以从式（2.2-2）和式（2.2-3）中推导得出

$$\begin{aligned} \Omega &= \boldsymbol{y'Py} - \boldsymbol{y'PX}\hat{\boldsymbol{\beta}} \\ &= \boldsymbol{y'Py} - [\boldsymbol{b}_1'\boldsymbol{b}_2'] \begin{bmatrix} \hat{\boldsymbol{\beta}}_1 \\ \hat{\boldsymbol{\beta}}_2 \end{bmatrix} \\ &= \boldsymbol{y'Py} - \boldsymbol{b}_1'\hat{\boldsymbol{\beta}}_1 - \boldsymbol{b}_2'\boldsymbol{N}_{22}^{-1}(\boldsymbol{b}_2 - \boldsymbol{N}_{21}\hat{\boldsymbol{\beta}}_1) \\ &= \boldsymbol{y'Py} - \boldsymbol{b}_1'\hat{\boldsymbol{\beta}}_1 - \boldsymbol{b}_2'\boldsymbol{N}_{22}^{-1}\boldsymbol{b}_2 - \boldsymbol{b}_2'\boldsymbol{N}_{22}^{-1}\boldsymbol{N}_{21}\hat{\boldsymbol{\beta}}_1) \\ &= \underbrace{\boldsymbol{y'Py} - \hat{\boldsymbol{\beta}}_1'\underbrace{(\boldsymbol{b}_1 - \boldsymbol{N}_{12}\boldsymbol{N}_{22}^{-1}\boldsymbol{b}_2)}_{b_1}}_{\Omega}\underbrace{-\boldsymbol{b}_2'\boldsymbol{N}_{22}^{-1}\boldsymbol{b}_2}_{c} \end{aligned} \tag{2.2-5}$$

对应预消除参数的法方程系统式（2.2-4）的二次项 $\Omega$（相对 $\boldsymbol{y'Py}$），可由 $c = -\boldsymbol{b}_2'\boldsymbol{N}_{22}^{-1}\boldsymbol{b}_2$ 项进行修正。

如果需要计算参数 $\hat{\boldsymbol{\beta}}_2$，则可以利用 $\hat{\boldsymbol{\beta}}_1$ 的估计结果进行计算，如式（2.2-6）所示：

$$\hat{\boldsymbol{\beta}}_2 = \boldsymbol{N}_{22}^{-1}(\boldsymbol{b}_2 - \boldsymbol{N}_{21}\hat{\boldsymbol{\beta}}_1) \tag{2.2-6}$$

利用误差传播定理可以得到 $\boldsymbol{Q}_{\hat{\beta}_2\hat{\beta}_2}$ 的计算公式如下：

$$\boldsymbol{Q}_{\hat{\beta}_2\hat{\beta}_2}=\boldsymbol{N}_{22}^{-1}+\boldsymbol{N}_{22}^{-1}\boldsymbol{N}_{21}(\boldsymbol{N}_{11}-\boldsymbol{N}_{12}\boldsymbol{N}_{22}^{-1}\boldsymbol{N}_{12})^{-1}\boldsymbol{N}_{12}\boldsymbol{N}_{22}^{-1} \tag{2.2-7}$$

蚀因子矩阵$\boldsymbol{Q}_{\hat{\beta}_1\hat{\beta}_1}$可从式（2.2-3）和式（2.1-14）计算得到

$$\boldsymbol{Q}_{\hat{\beta}_1\hat{\beta}_1}=(\boldsymbol{N}_{11}-\boldsymbol{N}_{12}\boldsymbol{N}_{22}^{-1}\boldsymbol{N}_{12})^{-1} \tag{2.2-8}$$

利用如下矩阵关系：

$$(\boldsymbol{A}^{-1}-\boldsymbol{B}\boldsymbol{D}^{-1}\boldsymbol{C})^{-1}=\boldsymbol{A}+\boldsymbol{A}\boldsymbol{B}(\boldsymbol{D}-\boldsymbol{C}\boldsymbol{A}\boldsymbol{B})^{-1}\boldsymbol{C}\boldsymbol{A} \tag{2.2-9}$$

则式（2.2-7）可写成

$$\boldsymbol{Q}_{\hat{\beta}_1\hat{\beta}_1}=\boldsymbol{N}_{11}^{-1}+\boldsymbol{N}_{11}^{-1}\boldsymbol{N}_{21}(\boldsymbol{N}_{22}-\boldsymbol{N}_{12}\boldsymbol{N}_{11}^{-1}\boldsymbol{N}_{12})^{-1}\boldsymbol{N}_{12}\boldsymbol{N}_{11}^{-1} \tag{2.2-10}$$

$\boldsymbol{Q}_{\hat{\beta}_1\hat{\beta}_1}$和$\boldsymbol{Q}_{\hat{\beta}_2\hat{\beta}_2}$的计算公式相同，是由于参数下标的选取是随意的。

从法方程矩阵计算的部分协方差矩阵（指从协方差矩阵中去除已消除参数）是不重要的。式（2.2-1）中左边部分的法方程逆矩阵由 Koch（1988）给出

$$\begin{bmatrix}\boldsymbol{N}_{11} & \boldsymbol{N}_{12}\\ \boldsymbol{N}_{21} & \boldsymbol{N}_{22}\end{bmatrix}^{-1}=\begin{bmatrix}\boldsymbol{N}_{11}^{-1}+\boldsymbol{N}_{11}^{-1}\boldsymbol{N}_{21}(\boldsymbol{N}_{22}-\boldsymbol{N}_{12}\boldsymbol{N}_{11}^{-1}\boldsymbol{N}_{12})^{-1}\boldsymbol{N}_{12}\boldsymbol{N}_{11}^{-1} & -(\boldsymbol{N}_{22}-\boldsymbol{N}_{12}\boldsymbol{N}_{11}^{-1}\boldsymbol{N}_{12})^{-1}\boldsymbol{N}_{12}\boldsymbol{N}_{11}^{-1}\\ -\boldsymbol{N}_{11}^{-1}\boldsymbol{N}_{21}(\boldsymbol{N}_{22}-\boldsymbol{N}_{12}\boldsymbol{N}_{11}^{-1}\boldsymbol{N}_{12})^{-1} & (\boldsymbol{N}_{22}-\boldsymbol{N}_{12}\boldsymbol{N}_{11}^{-1}\boldsymbol{N}_{12})^{-1}\end{bmatrix} \tag{2.2-11}$$

与式（2.2-10）比较可以发现，我们可以从协方差矩阵相对的蚀因子矩阵中跳过相应的行和列以消除相应的参数。从参数估计向量中我们不得不去除相应行。所有的参数影响都已经考虑在内，所以二次项形式保持不变。

## 2.3 序贯估计方法

在本节，我们简要回顾一下序贯最小二乘估计的概念。在一次估计中利用所有观测值获得的最小二乘估计结果，预先将观测值划分成多个部分进行估计，然后再将估计结果进行组合得到的最终结果是完全一样的。

自 Helmert（1872）之后，这两种估计过程在大地测量领域成为一般的常识。很多大地测量方面的基于这一概念的应用也被称为 Helmert 块处理。在过去，因为缺乏计算机的处理能力，序贯最小二乘处理方法非常重要；在现代，为了处理大批量的观测数据，该方法得到了广泛应用，尤其是在 GPS 领域。

为了证明两种方法的一致性，我们首先根据通用的一步法估计未知参数，然后证明利用序贯处理方法获得的估计参数与上述估计结果一致。我们首先考虑未知参数的估计，然后进行单位权方差计算。

首先从观测方程开始：

$$\boldsymbol{y}_1+\boldsymbol{e}_1=\boldsymbol{X}_1\boldsymbol{\beta}_c+\boldsymbol{O}_1\boldsymbol{\gamma}_1 \qquad D(\boldsymbol{y}_1)=\sigma_1^2\boldsymbol{P}_1^{-1}$$

$$\boldsymbol{y}_2+\boldsymbol{e}_2=\boldsymbol{X}_2\boldsymbol{\beta}_c+\boldsymbol{O}_2\boldsymbol{\gamma}_2 \qquad D(\boldsymbol{y}_2)=\sigma_2^2\boldsymbol{P}_2^{-1}$$

这里，我们把观测向量$\boldsymbol{y}$分成两个独立的部分$\boldsymbol{y}_1$和$\boldsymbol{y}_2$。首先我们利用这两组观测数据来估计共有的未知参数$\boldsymbol{\beta}_c$。未知参数$\boldsymbol{\gamma}_1$和$\boldsymbol{\gamma}_2$仅与各自对应的观测数据有关。

两种方法等价的证明过程基于一个重要的假设，即两组观测数据相互独立。

将观测数据分成两个部分已经足够。因为如果两个方法可以产生相同的结果，我们可以认为其中一个是更小的两组观测数据组合的结果。

针对非线性问题，假设已经利用先验值 $\boldsymbol{\beta}|_0$ 进行了泰勒级数展开。如 2.5.2 节所示，这虽不是通用的要求，但可使推导过程简单。

### 2.3.1　通用批处理方法

利用矩阵表示方法我们可以将观测方程（2.3-1）写成如下形式：

$$\begin{bmatrix}\boldsymbol{y}_1\\\boldsymbol{y}_2\end{bmatrix}+\begin{bmatrix}\boldsymbol{e}_1\\\boldsymbol{e}_2\end{bmatrix}=\begin{bmatrix}\boldsymbol{X}_1 & \boldsymbol{O}_1 & 0\\\boldsymbol{X}_2 & 0 & \boldsymbol{O}_2\end{bmatrix}\begin{bmatrix}\boldsymbol{\beta}_c\\\boldsymbol{\gamma}_1\\\boldsymbol{\gamma}_2\end{bmatrix}\quad D\left(\begin{bmatrix}\boldsymbol{y}_1\\\boldsymbol{y}_2\end{bmatrix}\right)=\sigma_c^2\begin{bmatrix}\boldsymbol{P}_1^{-1} & 0\\0 & \boldsymbol{P}_2^{-1}\end{bmatrix}\tag{2.3-2}$$

其中

$$\boldsymbol{y}_c+\boldsymbol{e}_c=\boldsymbol{X}_c\boldsymbol{\beta}_c^*,\quad D(\boldsymbol{y}_c)=\sigma_c^2\boldsymbol{P}_c^{-1}\tag{2.3-3}$$

两组观测数据的相互独立性保证方差矩阵的对角线元素为 0。利用对应的矩阵替换式（2.1-4）中的 $\boldsymbol{y}_c$、$\boldsymbol{X}_c$ 和 $\boldsymbol{\beta}_c$ 后得到最小二乘处理的法方程如下：

$$\begin{bmatrix}(\boldsymbol{X}_1'\boldsymbol{P}_1\boldsymbol{X}_1+\boldsymbol{X}_2'\boldsymbol{P}_2\boldsymbol{X}_2) & \boldsymbol{X}_1'\boldsymbol{P}_1\boldsymbol{O}_1 & \boldsymbol{X}_2'\boldsymbol{P}_2\boldsymbol{O}_2\\\boldsymbol{O}_1'\boldsymbol{P}_1\boldsymbol{X}_1 & \boldsymbol{O}_1'\boldsymbol{P}_1\boldsymbol{O}_1 & 0\\\boldsymbol{O}_2'\boldsymbol{P}_2\boldsymbol{X}_2 & 0 & \boldsymbol{O}_2'\boldsymbol{P}_2\boldsymbol{O}_2\end{bmatrix}\begin{bmatrix}\hat{\boldsymbol{\beta}}_c\\\hat{\boldsymbol{\gamma}}_1\\\hat{\boldsymbol{\gamma}}_2\end{bmatrix}=\begin{bmatrix}(\boldsymbol{X}_1'\boldsymbol{P}_1\boldsymbol{y}_1+\boldsymbol{X}_2'\boldsymbol{P}_2\boldsymbol{y}_2)\\\boldsymbol{O}_1'\boldsymbol{P}_1\boldsymbol{y}_1\\\boldsymbol{O}_2'\boldsymbol{P}_2\boldsymbol{y}_2\end{bmatrix}\tag{2.3-4}$$

为了推导出参数 $\hat{\boldsymbol{\beta}}_c$ 的估计值，我们利用 2.2 节的方法先预消除参数 $\hat{\boldsymbol{\gamma}}_1$ 和 $\hat{\boldsymbol{\gamma}}_2$。

根据式（2.2-1）和式（2.2-3）首先消除参数 $\hat{\boldsymbol{\gamma}}_1$ 得到

$$\begin{aligned}&\begin{bmatrix}(\boldsymbol{X}_1'\boldsymbol{P}_1\boldsymbol{X}_1+\boldsymbol{X}_2'\boldsymbol{P}_2\boldsymbol{X}_2)-\boldsymbol{X}_1'\boldsymbol{P}_1\boldsymbol{O}_1(\boldsymbol{O}_1'\boldsymbol{P}_1\boldsymbol{O}_1)^{-1}\boldsymbol{O}_1'\boldsymbol{P}_1\boldsymbol{X}_1 & \boldsymbol{X}_2'\boldsymbol{P}_2\boldsymbol{O}_2\\\boldsymbol{O}_2'\boldsymbol{P}_2\boldsymbol{X}_2 & \boldsymbol{O}_2'\boldsymbol{P}_2\boldsymbol{O}_2\end{bmatrix}\begin{bmatrix}\hat{\boldsymbol{\beta}}_c\\\hat{\boldsymbol{\gamma}}_2\end{bmatrix}\\&=\begin{bmatrix}(\boldsymbol{X}_1'\boldsymbol{P}_1\boldsymbol{y}_1+\boldsymbol{X}_2'\boldsymbol{P}_2\boldsymbol{y}_2)-\boldsymbol{X}_1'\boldsymbol{P}_1\boldsymbol{O}_1(\boldsymbol{O}_1'\boldsymbol{P}_1\boldsymbol{O}_1)^{-1}\boldsymbol{O}_1'\boldsymbol{P}_1\boldsymbol{y}_1\\\boldsymbol{O}_2'\boldsymbol{P}_2\boldsymbol{y}_2\end{bmatrix}\end{aligned}\tag{2.3-5}$$

采用同样的方法消除参数 $\hat{\boldsymbol{\gamma}}_2$ 后得到

$$\begin{aligned}&\hat{\boldsymbol{\beta}}_c[(\boldsymbol{X}_1'\boldsymbol{P}_1\boldsymbol{X}_1+\boldsymbol{X}_2'\boldsymbol{P}_2\boldsymbol{X}_2)-\boldsymbol{X}_1'\boldsymbol{P}_1\boldsymbol{O}_1(\boldsymbol{O}_1'\boldsymbol{P}_1\boldsymbol{O}_1)^{-1}\boldsymbol{O}_1'\boldsymbol{P}_1\boldsymbol{X}_1-\boldsymbol{X}_2'\boldsymbol{P}_2\boldsymbol{O}_2(\boldsymbol{O}_2'\boldsymbol{P}_2\boldsymbol{O}_2)^{-1}\boldsymbol{O}_2'\boldsymbol{P}_2\boldsymbol{X}_2]\\&=[(\boldsymbol{X}_1'\boldsymbol{P}_1\boldsymbol{y}_1+\boldsymbol{X}_2'\boldsymbol{P}_2\boldsymbol{y}_2)-\boldsymbol{X}_1'\boldsymbol{P}_1\boldsymbol{O}_1(\boldsymbol{O}_1'\boldsymbol{P}_1\boldsymbol{O}_1)^{-1}\boldsymbol{O}_1'\boldsymbol{P}_1\boldsymbol{y}_1-\boldsymbol{X}_2'\boldsymbol{P}_2\boldsymbol{O}_2(\boldsymbol{O}_2'\boldsymbol{P}_2\boldsymbol{O}_2)^{-1}\boldsymbol{O}_2'\boldsymbol{P}_2\boldsymbol{y}_2]\end{aligned}\tag{2.3-6}$$

式中，$\boldsymbol{O}_1$ 为系数矩阵；$\boldsymbol{O}_1'$ 为 $\boldsymbol{O}_1$ 的转置；$\boldsymbol{O}_2$ 为系数矩阵；$\boldsymbol{O}_2'$ 为 $\boldsymbol{O}_2$ 的转置。

针对共有参数 $\hat{\boldsymbol{\beta}}_c$，该法方程与原法方程是等价的，因为参数 $\hat{\boldsymbol{\gamma}}_1$ 和 $\hat{\boldsymbol{\gamma}}_2$ 的影响已经考虑在内了。

### 2.3.2　序贯最小二乘处理方法

序贯最小二乘处理方法每次独立处理一组观测数据，然后所有独立处理的结果进行组合获得最终结果。

我们从与 2.3.1 节相同的观测公式开始，式（2.3-1）可以写成如下形式：

$$\begin{aligned} \boldsymbol{y}_1+\boldsymbol{e}_1&=\boldsymbol{X}_1\boldsymbol{\beta}_c+\boldsymbol{O}_1\boldsymbol{\gamma}_1 \quad D(\boldsymbol{y}_1)=\sigma_1^2\boldsymbol{P}_1^{-1} \\ \boldsymbol{y}_2+\boldsymbol{e}_2&=\boldsymbol{X}_2\boldsymbol{\beta}_c+\boldsymbol{O}_2\boldsymbol{\gamma}_2 \quad D(\boldsymbol{y}_2)=\sigma_2^2\boldsymbol{P}_2^{-1} \end{aligned} \tag{2.3-7}$$

或者采用更一般的形式：

$$\boldsymbol{y}_i+\boldsymbol{e}_i=\boldsymbol{X}_i\boldsymbol{\beta}_i+\boldsymbol{O}_i\boldsymbol{\gamma}_i \quad D(\boldsymbol{y}_i)=\sigma_i^2\boldsymbol{P}_{2i}^{-1},\ i=1,2 \tag{2.3-8}$$

式中，$\boldsymbol{\beta}_i$为公共参数$\boldsymbol{\beta}_c$利用观测数据$\boldsymbol{y}_i$估计的结果。

1. 第一步：解算每个单独的法方程

针对$i=1,2$的每个观测方程，法方程可以写成如下形式：

$$\begin{bmatrix} \boldsymbol{X}_i'\boldsymbol{P}_i\boldsymbol{X}_i & \boldsymbol{X}_i'\boldsymbol{P}_i\boldsymbol{O}_i \\ \boldsymbol{O}_i'\boldsymbol{P}_i\boldsymbol{X}_i & \boldsymbol{O}_i'\boldsymbol{P}_i\boldsymbol{X}\boldsymbol{O}_i \end{bmatrix}\begin{bmatrix} \hat{\boldsymbol{\beta}}_i \\ \hat{\boldsymbol{\gamma}}_i \end{bmatrix}=\begin{bmatrix} \boldsymbol{X}_i'\boldsymbol{P}_i\boldsymbol{y}_i \\ \boldsymbol{O}_i'\boldsymbol{P}_i\boldsymbol{y}_i \end{bmatrix} \quad i=1,2 \tag{2.3-9}$$

预消除$\hat{\boldsymbol{\gamma}}_i$后得到

$$\hat{\boldsymbol{\beta}}_i=(\boldsymbol{X}_i'\boldsymbol{P}_i\boldsymbol{X}_i-\boldsymbol{X}_i'\boldsymbol{P}_i\boldsymbol{O}_i(\boldsymbol{O}_i'\boldsymbol{P}_i\boldsymbol{O}_i)^{-1}\boldsymbol{O}_i'\boldsymbol{P}_i\boldsymbol{y}_i)^{-1}\cdot(\boldsymbol{X}_i'\boldsymbol{P}_i\boldsymbol{y}_i-\boldsymbol{X}_i'\boldsymbol{P}_i\boldsymbol{O}_i(\boldsymbol{O}_i'\boldsymbol{P}_i\boldsymbol{O}_i)^{-1}\boldsymbol{O}_i'\boldsymbol{P}_i\boldsymbol{y}_i) \tag{2.3-10}$$

$$D(\hat{\boldsymbol{\beta}}_i)=\hat{\sigma}_i^2(\boldsymbol{X}_i'\boldsymbol{P}_i\boldsymbol{X}_i-\boldsymbol{X}_i'\boldsymbol{P}_i\boldsymbol{O}_i(\boldsymbol{O}_i'\boldsymbol{P}_i\boldsymbol{O}_i)^{-1}\boldsymbol{O}_i'\boldsymbol{P}_i\boldsymbol{y}_i)^{-1}=\hat{\sigma}_i^2\boldsymbol{\Sigma}_i \tag{2.3-11}$$

式中，$\boldsymbol{\Sigma}_i$为$(\boldsymbol{X}_i'\boldsymbol{P}_i\boldsymbol{X}_i)^{-1}$。

2. 第二步：后验最小二乘估计

在当前后验最小二乘估计中，$\hat{\boldsymbol{\beta}}_c$利用式（2.3-10）和式（2.3-11）各自单独估计的结果进行组合得到。

建立伪观测方程如下：

$$\boldsymbol{y}_{II}+\boldsymbol{e}_{II}=\boldsymbol{X}_{II}\hat{\boldsymbol{\beta}}_c,\quad D(\boldsymbol{y}_{II})=\sigma_c^2\boldsymbol{P}_{II}^{-1} \tag{2.3-12}$$

更一般的形式如下：

$$\begin{bmatrix} \hat{\boldsymbol{\beta}}_1 \\ \hat{\boldsymbol{\beta}}_2 \end{bmatrix}+\begin{bmatrix} \boldsymbol{e}_{1II} \\ \boldsymbol{e}_{2II} \end{bmatrix}=\begin{bmatrix} \boldsymbol{I} \\ \boldsymbol{I} \end{bmatrix}\hat{\boldsymbol{\beta}}_c,\quad D\left(\begin{bmatrix} \hat{\boldsymbol{\beta}}_1 \\ \hat{\boldsymbol{\beta}}_2 \end{bmatrix}\right)=\sigma_c^2\begin{bmatrix} \boldsymbol{\Sigma}_1 & 0 \\ 0 & \boldsymbol{\Sigma}_2 \end{bmatrix}$$

该式表示利用各次独立估计的$\hat{\boldsymbol{\beta}}_i$和$\boldsymbol{\Sigma}_i$进行组合最小二乘估计。伪观测方程的含义很容易进行解释：每一个独立估计结果都作为一个新的观测量，各自的协方差矩阵作为对应的权矩阵。

法方程可以表示如下：

$$\boldsymbol{X}_{II}'\boldsymbol{P}_{II}\boldsymbol{X}_{II}\hat{\boldsymbol{\beta}}_c=\boldsymbol{X}_{II}'\boldsymbol{P}_{II}\boldsymbol{y}_{II} \tag{2.3-13}$$

更一般的形式为

$$[\boldsymbol{I}' \quad \boldsymbol{I}]\begin{bmatrix} \boldsymbol{\Sigma}_1^{-1} & 0 \\ 0 & \boldsymbol{\Sigma}_2^{-1} \end{bmatrix}\begin{bmatrix} \boldsymbol{I} \\ \boldsymbol{I} \end{bmatrix}\hat{\boldsymbol{\beta}}_c=[\boldsymbol{I}' \quad \boldsymbol{I}]\begin{bmatrix} \boldsymbol{\Sigma}_1^{-1} & 0 \\ 0 & \boldsymbol{\Sigma}_2^{-1} \end{bmatrix}\begin{bmatrix} \hat{\boldsymbol{\beta}}_1 \\ \hat{\boldsymbol{\beta}}_2 \end{bmatrix} \tag{2.3-14}$$

利用式（2.3-10）和式（2.3-11）可以得到

$$
\begin{aligned}
&\hat{\boldsymbol{\beta}}_c[(\boldsymbol{X}_1'\boldsymbol{P}_1\boldsymbol{X}_1+\boldsymbol{X}_2'\boldsymbol{P}_2\boldsymbol{X}_2)-\boldsymbol{X}_1'\boldsymbol{P}_1\boldsymbol{O}_1(\boldsymbol{O}_1'\boldsymbol{P}_1\boldsymbol{O}_1)^{-1}\boldsymbol{O}_1'\boldsymbol{P}_1\boldsymbol{X}_1-\boldsymbol{X}_2'\boldsymbol{P}_2\boldsymbol{O}_2(\boldsymbol{O}_2'\boldsymbol{P}_2\boldsymbol{O}_2)^{-1}\boldsymbol{O}_2'\boldsymbol{P}_2\boldsymbol{X}_2]\\
&=[(\boldsymbol{X}_1'\boldsymbol{P}_1\boldsymbol{y}_1+\boldsymbol{X}_2'\boldsymbol{P}_2\boldsymbol{y}_2)-\boldsymbol{X}_1'\boldsymbol{P}_1\boldsymbol{O}_1(\boldsymbol{O}_1'\boldsymbol{P}_1\boldsymbol{O}_1)^{-1}\boldsymbol{O}_1'\boldsymbol{P}_1\boldsymbol{y}_1-\boldsymbol{X}_2'\boldsymbol{P}_2\boldsymbol{O}_2(\boldsymbol{O}_2'\boldsymbol{P}_2\boldsymbol{O}_2)^{-1}\boldsymbol{O}_2'\boldsymbol{P}_2\boldsymbol{y}_2]
\end{aligned}
\tag{2.3-15}
$$

式（2.3-15）与式（2.3-6）完全一致。

由于在观测方程中采用了特殊的表示方法，待估参数在 $\boldsymbol{\beta}_1$ 和 $\boldsymbol{\beta}_2$ 中采用同样的方式进行排序，这在一般情况下是很难做到的。为了保证上述论证过程成立，可以利用转换矩阵 $\boldsymbol{S}_i$ 进行变换，使待估计参数保持一致，即 $\boldsymbol{X}_i\to\boldsymbol{S}_i\boldsymbol{X}_i$、$\boldsymbol{\beta}_i\to\boldsymbol{S}_i\boldsymbol{\beta}_i$、$i=1,2$。

### 2.3.3　序贯处理小结

根据上面两小节的论证结果，我们可以将结论推广到 $m$ 组相互独立的观测数据。接下来让我们用一个 GPS 观测数据的处理示例说明整个处理过程。每一个独立的解基于一天的观测数据获得。公共参数 $\boldsymbol{\beta}_c$ 为三维坐标，参数 $\boldsymbol{\gamma}_i$ 是仅针对每天有意义的载波相位模糊度、对流层参数、卫星轨道参数或地球自转参数等。

利用 $m$ 组连续的独立解组成伪观测方程，最小二乘估计解算后的公共参数结果为

$$
\left\{\sum_{i=1}^{m}\left[\boldsymbol{X}_i'\boldsymbol{P}_i\boldsymbol{X}_i-\boldsymbol{X}_i'\boldsymbol{P}_i\boldsymbol{O}_i(\boldsymbol{O}_i'\boldsymbol{P}_i\boldsymbol{O}_i)^{-1}\boldsymbol{O}_i'\boldsymbol{P}_i\boldsymbol{X}_i\right]\right\}\hat{\boldsymbol{\beta}}_c
=\sum_{i=1}^{m}(\boldsymbol{X}_i'\boldsymbol{P}_i\boldsymbol{y}_i-\boldsymbol{X}_i'\boldsymbol{P}_i\boldsymbol{O}_i(\boldsymbol{O}_i'\boldsymbol{P}_i\boldsymbol{O}_i)^{-1}\boldsymbol{O}_i'\boldsymbol{P}_i\boldsymbol{y}_i)
\tag{2.3-16}
$$

如果在式（2.3-8）中没有参数 $\boldsymbol{\gamma}_i$，或者参数 $\boldsymbol{\gamma}_i$ 已被预消除，则

$$
\left(\sum_{i=1}^{m}\boldsymbol{X}_i'\boldsymbol{P}_i\boldsymbol{X}_i\right)\hat{\boldsymbol{\beta}}_c=\sum_{i=1}^{m}\boldsymbol{X}_i'\boldsymbol{P}_i\boldsymbol{y}_i
\tag{2.3-17}
$$

如果每组观测数据是相互独立的，同时方差矩阵是对角阵形式，如式（2.3-2）所示，则这种法方程的叠加形式就是可能的。

### 2.3.4　序贯处理的均方根

为了证明两种最小二乘处理结果是完全一致的，下面对单位权方差的计算公式进行推导。为了简便起见，以下假设在各组单独解中不存在参数 $\boldsymbol{\gamma}_i$（或者已被预消除）。则式（2.3-3）可以简化处理为

$$
\boldsymbol{\beta}_c^*=\boldsymbol{\beta}_c
\tag{2.3-18}
$$

利用最小二乘估计中 $\hat{\sigma}_c^2$ 的计算公式，同时考虑式（2.3-2）、式（2.3-3）、式（2.3-18）可得到

$$
\hat{\sigma}_c^2=\frac{\Omega_c}{f_c}=\frac{\hat{\boldsymbol{e}}_c'\boldsymbol{P}_c\hat{\boldsymbol{e}}_c}{f_c}=\left(\sum_{i=1}^{m}\hat{\boldsymbol{e}}_{ic}'\boldsymbol{P}_c\hat{\boldsymbol{e}}_{ic}\right)/f_c
\tag{2.3-19}
$$

这里，$\hat{\boldsymbol{e}}_c=(\hat{\boldsymbol{e}}_{1c},\cdots,\hat{\boldsymbol{e}}_{mc})'$，$\hat{\boldsymbol{e}}_c=\boldsymbol{X}_c\hat{\boldsymbol{\beta}}_c-\boldsymbol{y}_c$ 为针对组合解的残差；$\boldsymbol{X}_c$ 为针对所有观测数

据 $\boldsymbol{y}_c$ 的设计矩阵；$\hat{\boldsymbol{\beta}}_c$ 为待估参数组合解；$f_c = n_c - u_c$ 为组合高斯-马尔可夫模型满秩的冗余观测量；$n_c$ 为所有观测数据的总和，$\sum_{i=1}^{m} n_i$；$u_c$ 为未知参数的总数，指所有不同类型参数的总和；$c$ 为脚标，表示针对组合解的相应参数；$m$ 为观测数据的组数。

在序贯最小二乘估计的第一步，可以利用以下模型计算单位权方差：

$$\hat{\sigma}_i^2 = \frac{\Omega_i}{f_i} = \left(\sum_{i=1}^{m} \hat{\boldsymbol{e}}_i' \boldsymbol{P}_i \hat{\boldsymbol{e}}_i\right) / f_i \tag{2.3-20}$$

式中，$\hat{\boldsymbol{e}}_i = \boldsymbol{X}_i \hat{\boldsymbol{\beta}}_i - \boldsymbol{y}_i$ 为针对各组单独解的残差；$\boldsymbol{X}_i$ 为针对观测数据 $\boldsymbol{y}_i$ 的设计矩阵；$\hat{\boldsymbol{\beta}}_i$ 为针对各组观测数据的参数解；$f_i = n_i - u_i$ 为各次高斯-马尔可夫模型满秩的冗余观测量；$n_i$ 为第 $i$ 组观测数据的数量；$u_i$ 为第 $i$ 组观测中未知参数的数量。

利用式（2.3-19）计算的 $m$ 个 $\hat{\sigma}_i$ 值可用于计算式（2.3-20）的 $\hat{\sigma}_c$。计算方法如下所述。由于 $\hat{\boldsymbol{\beta}}_c$ 和 $\hat{\boldsymbol{\beta}}_i$ 存在差别，假设残差 $\hat{\boldsymbol{e}}_{ic}$ 是由 $\hat{\boldsymbol{e}}_i$ 和 $\Delta\hat{\boldsymbol{e}}_i$ 组成，即

$$\hat{\boldsymbol{e}}_{ic} = \hat{\boldsymbol{e}}_i + \Delta\hat{\boldsymbol{e}}_{ic} \tag{2.3-21}$$

考虑 $\hat{\boldsymbol{e}}_i = \boldsymbol{X}_i \hat{\boldsymbol{\beta}}_i - \boldsymbol{y}_i$，而 $\hat{\boldsymbol{e}}_{ic} = \boldsymbol{X}_i \hat{\boldsymbol{\beta}}_c - \boldsymbol{y}_i$，则

$$\Delta\hat{\boldsymbol{e}}_{ic} = \boldsymbol{X}_i(\hat{\boldsymbol{\beta}}_c - \hat{\boldsymbol{\beta}}_i) \tag{2.3-22}$$

根据式（2.1-19）有 $\boldsymbol{X}_i \boldsymbol{P}_i \hat{\boldsymbol{e}}_i = 0$，则 $\hat{\boldsymbol{e}}_{ic}' \boldsymbol{P}_c \hat{\boldsymbol{e}}_{ic}$ 可以利用式（2.3-21）和式（2.3-22）进行推导，得到

$$\hat{\boldsymbol{e}}_{ic}' \boldsymbol{P}_c \hat{\boldsymbol{e}}_{ic} = \hat{\boldsymbol{e}}_{ic}' \boldsymbol{P}_c \hat{\boldsymbol{e}}_{ic} + (\hat{\boldsymbol{\beta}}_c - \hat{\boldsymbol{\beta}}_i)' \boldsymbol{X}_i' \boldsymbol{P}_i \boldsymbol{X}_i (\hat{\boldsymbol{\beta}}_c - \hat{\boldsymbol{\beta}}_i) \tag{2.3-23}$$

可简化表示为

$$\Omega_{ic} = \Omega_i + (\hat{\boldsymbol{\beta}}_c - \hat{\boldsymbol{\beta}}_i)' \boldsymbol{X}_i' \boldsymbol{P}_i \boldsymbol{X}_i (\hat{\boldsymbol{\beta}}_c - \hat{\boldsymbol{\beta}}_i) \tag{2.3-24}$$

将式（2.3-24）代入式（2.3-19）后可得

$$\Omega_c = \sum_{i=1}^{m} \Omega_{ic} = \sum_{i=1}^{m} \Omega_i + \sum_{i=1}^{m} (\hat{\boldsymbol{\beta}}_c - \hat{\boldsymbol{\beta}}_i)' \boldsymbol{X}_i' \boldsymbol{P}_i \boldsymbol{X}_i (\hat{\boldsymbol{\beta}}_c - \hat{\boldsymbol{\beta}}_i)$$

同时，利用式（2.3-20）可得

$$\hat{\sigma}_c^2 = \left[\sum_{i=1}^{m} \hat{\sigma}_i^2 \cdot f_i + \sum_{i=1}^{m} (\hat{\boldsymbol{\beta}}_c - \hat{\boldsymbol{\beta}}_i)' \boldsymbol{X}_i' \boldsymbol{P}_i \boldsymbol{X}_i (\hat{\boldsymbol{\beta}}_c - \hat{\boldsymbol{\beta}}_i)\right] / f_c \tag{2.3-25}$$

式（2.3-25）中，第一项可在每次独立的估计过程中进行计算，第二项则需利用最终组合解结果进行计算，作为对独立解的改正项。

有意思的是，该改正项与伪观测方程［式（2.3-12）和式（2.3-13）］的二次项 $\Omega_{II}$ 相等。

$$\Omega_{II} = \hat{\boldsymbol{e}}_{II}' \boldsymbol{P}_{II} \hat{\boldsymbol{e}}_{II} = \sum_{i=1}^{m} (\hat{\boldsymbol{\beta}}_c - \hat{\boldsymbol{\beta}}_i)' \boldsymbol{X}_i' \boldsymbol{P}_i \boldsymbol{X}_i (\hat{\boldsymbol{\beta}}_c - \hat{\boldsymbol{\beta}}_i) \tag{2.3-26}$$

其中

$$\hat{\boldsymbol{e}}_{II} = \begin{bmatrix} \hat{\boldsymbol{e}}_{1II} \\ \vdots \\ \hat{\boldsymbol{e}}_{mII} \end{bmatrix}; \boldsymbol{P}_{II} = \begin{bmatrix} \boldsymbol{P}_{1II} & \cdots & 0 \\ \vdots & \ddots & \vdots \\ 0 & \cdots & \boldsymbol{P}_{mII} \end{bmatrix} \tag{2.3-27}$$

$$\hat{\boldsymbol{e}}_{iII} = (\hat{\boldsymbol{\beta}}_c - \hat{\boldsymbol{\beta}}_i);\ \boldsymbol{P}_{iII} = \boldsymbol{\Sigma}_i^{-1} = \boldsymbol{X}_i' \boldsymbol{P}_i \boldsymbol{X}_i; i = 1, \cdots, m \tag{2.3-28}$$

因此，式（2.3-24）可以表示为

$$\boldsymbol{\Omega}_{ic} = \boldsymbol{\Omega}_i + \boldsymbol{\Omega}_{iII} \tag{2.3-29}$$

根据式（2.1-9），可以获得 $\Omega_{II}$ 的计算公式为

$$\begin{aligned}\Omega_{II} &= \boldsymbol{y}'_{II}\boldsymbol{P}_{II}\boldsymbol{y}_{II} - \boldsymbol{y}'_{II}\boldsymbol{P}_{II}\boldsymbol{y}_{II}\hat{\boldsymbol{\beta}}_c \\ &= \sum_{i=1}^{m}\hat{\boldsymbol{\beta}}'_i\boldsymbol{X}'_i\boldsymbol{P}_i\boldsymbol{X}_i(\hat{\boldsymbol{\beta}}_i - \hat{\boldsymbol{\beta}}_c)\end{aligned} \tag{2.3-30}$$

如果组合过程是以法方程为基础进行的，那么矩阵 $\boldsymbol{X}'_i\boldsymbol{P}_i\boldsymbol{X}_i$、$\boldsymbol{X}'_i\boldsymbol{P}_i\boldsymbol{y}_i$、$\boldsymbol{y}'_i\boldsymbol{P}_i\boldsymbol{y}_i$ 已经计算完成，则式（2.3-25）可以利用式（2.3-32）替代：

$$\Omega_c = \sum_{i=1}^{m}\boldsymbol{y}'_i\boldsymbol{P}_i\boldsymbol{y}_i - \sum_{i=1}^{m}\boldsymbol{y}'_i\boldsymbol{P}_i\boldsymbol{X}_i\hat{\boldsymbol{\beta}}_c \tag{2.3-31}$$

$$\hat{\sigma}_c^2 = \sum_{i=1}^{m}\boldsymbol{y}'_i\boldsymbol{P}_i\boldsymbol{y}_i - \sum_{i=1}^{m}\boldsymbol{y}'_i\boldsymbol{P}_i\boldsymbol{X}_i\hat{\boldsymbol{\beta}}_c \,/\, f_c \tag{2.3-32}$$

## 2.4 序贯处理应用

### 2.4.1 序贯处理特殊情况

根据序贯处理观测方程［式（2.3-7）］和伪观测方程［式（2.3-12）］，我们获得了最小二乘估计的结果［式（2.3-15）］，这个结果与批处理的结果［式（2.3-6）］完全相同。本节我们将给出一些在实际处理中经常使用的特殊计算情况。

情况 1：$\boldsymbol{O}_1 = 0$，$\boldsymbol{O}_2 = 0$（即 $\boldsymbol{O}$ 矩阵为 0）。

如果在每组单独的观测数据中不包括除公共参数外的其他参数 $\boldsymbol{\gamma}_i$，则法方程［式（2.3-6）］可表达为

$$(\boldsymbol{X}'_1\boldsymbol{P}_1\boldsymbol{X}_1 + \boldsymbol{X}'_2\boldsymbol{P}_2\boldsymbol{X}_2)\hat{\boldsymbol{\beta}}_c = (\boldsymbol{X}'_1\boldsymbol{P}_1\boldsymbol{y}_1 + \boldsymbol{X}'_2\boldsymbol{P}_2\boldsymbol{y}_2) \tag{2.4-1}$$

这里将不存在改正项，经典的坐标组合基于这一计算过程。

情况 2：$\boldsymbol{O}_1 = 0$，$\boldsymbol{O}_2 = 0$，同时 $\boldsymbol{X}_1 = \boldsymbol{I}$，$\boldsymbol{y}_1 = 0$。

这种情况对应于给定参数 $\boldsymbol{\beta}_c$ 引入先验权 $\boldsymbol{P}_1$。根据式（2.3-6）和式（2.3-15）可以得到

$$(\boldsymbol{P}_1 + \boldsymbol{X}'_2\boldsymbol{P}_2\boldsymbol{X}_2)\hat{\boldsymbol{\beta}}_c = \boldsymbol{X}'_2\boldsymbol{P}_2\boldsymbol{y}_2 \tag{2.4-2}$$

这种情况将在 2.6.1 节进行详细讨论。

情况 3：$\boldsymbol{O}_1 = 0$，$\boldsymbol{O}_2 = 0$，同时 $\boldsymbol{X}_1 = 0$，$\boldsymbol{y}_1 = 0$。

在该假设下，我们可以得到高斯-马尔可夫模型的原始计算公式如下：

$$\begin{aligned}\hat{\boldsymbol{\beta}}_c &= (\boldsymbol{X}'_2\boldsymbol{P}_2\boldsymbol{X}_2)^{-1}\boldsymbol{X}'_2\boldsymbol{P}_2\boldsymbol{y}_2 \\ D(\hat{\boldsymbol{\beta}}_c) &= (\boldsymbol{X}'_2\boldsymbol{P}_2\boldsymbol{X}_2)^{-1}\end{aligned} \tag{2.4-3}$$

### 2.4.2 递推估计

本节我们将分析增加额外观测数据 $\boldsymbol{y}_m$ 后对组合解的影响。首先假设我们已经利用

$m-1$组数据获得了组合解，相应的各类矩阵我们用下标$m-1$表示。当增加第 $m$ 组观测数据 $\boldsymbol{y}_m$ 后可得到类似式（2.3-17）的法方程：

$$(\boldsymbol{X}'_{m-1}\boldsymbol{P}_{m-1}\boldsymbol{X}_{m-1}+\boldsymbol{X}'_m\boldsymbol{P}_m\boldsymbol{X}_m)\hat{\boldsymbol{\beta}}_m=(\boldsymbol{X}'_{m-1}\boldsymbol{P}_{m-1}\boldsymbol{y}_{m-1}+\boldsymbol{X}'_m\boldsymbol{P}_m\boldsymbol{y}_m) \tag{2.4-4}$$

式（2.4-4）是利用两个独立的观测方程组合得到的。与观测方程式（2.3-1）相对应的是

$$\boldsymbol{y}+\boldsymbol{e}=\boldsymbol{X}\boldsymbol{\beta}_m，\quad D(\boldsymbol{y})=\sigma^2\boldsymbol{P}^{-1} \tag{2.4-5}$$

其中

$$\boldsymbol{X}=\begin{bmatrix}\boldsymbol{X}_{m-1}\\\boldsymbol{X}_m\end{bmatrix}，\quad \boldsymbol{y}=\begin{bmatrix}\boldsymbol{y}_{m-1}\\\boldsymbol{y}_m\end{bmatrix}，\quad D(\boldsymbol{y})=\sigma^2\begin{bmatrix}\boldsymbol{P}_{m-1}^{-1}&0\\0&\boldsymbol{P}_m^{-1}\end{bmatrix}$$

增加第 $m$ 组观测数据 $y_m$ 进行组合估计还可以采用另一种方式，即利用已经获得的估计结果和对应的协方差信息，而不直接采用观测数据。

$$\boldsymbol{y}+\boldsymbol{e}=\boldsymbol{X}\boldsymbol{\beta}_m，\quad D(\boldsymbol{y})=\sigma^2\boldsymbol{P}^{-1}$$

其中

$$\boldsymbol{X}=\begin{bmatrix}\boldsymbol{I}_{m-1}\\\boldsymbol{X}_m\end{bmatrix}，\quad \boldsymbol{y}=\begin{bmatrix}\hat{\boldsymbol{\beta}}_{m-1}\\\boldsymbol{y}_m\end{bmatrix}，\quad D(\boldsymbol{y})=\sigma^2\begin{bmatrix}(\boldsymbol{X}'_{m-1}\boldsymbol{P}_{m-1}\boldsymbol{X}_{m-1})^{-1}&0\\0&\boldsymbol{P}_{m-1}\end{bmatrix}$$

直到第$m-1$组观测数据的$\hat{\boldsymbol{\beta}}_{m-1}$、$D(\hat{\boldsymbol{\beta}}_{m-1})$和$\Omega_{m-1}$根据式（2.1-5）和式（2.1-6）给出，即

$$\hat{\boldsymbol{\beta}}_{m-1}=(\boldsymbol{X}'_{m-1}\boldsymbol{P}_{m-1}\boldsymbol{X}_{m-1})^{-1}\boldsymbol{X}'_{m-1}\boldsymbol{P}_{m-1}\boldsymbol{y}_{m-1} \tag{2.4-6}$$

$$D(\hat{\boldsymbol{\beta}}_{m-1})=\hat{\sigma}_{m-1}^2(\boldsymbol{X}'_{m-1}\boldsymbol{P}_{m-1}\boldsymbol{X}_{m-1})^{-1}=\hat{\sigma}_{m-1}^2\boldsymbol{\Sigma}_{m-1} \tag{2.4-7}$$

根据式（2.1-9）可得

$$\Omega_{m-1}=(\boldsymbol{y}_{m-1}-\boldsymbol{X}_{m-1}\hat{\boldsymbol{\beta}}_{m-1})'\boldsymbol{P}_{m-1}(\boldsymbol{y}_{m-1}-\boldsymbol{X}_{m-1}\hat{\boldsymbol{\beta}}_{m-1})=\boldsymbol{y}'_{m-1}\boldsymbol{P}_{m-1}\boldsymbol{y}_{m-1}-\boldsymbol{y}'_{m-1}\boldsymbol{P}_{m-1}\boldsymbol{X}_{m-1}\hat{\boldsymbol{\beta}}_{m-1} \tag{2.4-8}$$

利用式（2.4-4）求解未知参数$\hat{\boldsymbol{\beta}}_m$可得

$$\hat{\boldsymbol{\beta}}_m=(\boldsymbol{X}'_{m-1}\boldsymbol{P}_{m-1}\boldsymbol{X}_{m-1}+\boldsymbol{X}'_m\boldsymbol{P}_m\boldsymbol{X}_m)^{-1}(\boldsymbol{X}'_{m-1}\boldsymbol{P}_{m-1}\boldsymbol{y}_{m-1}+\boldsymbol{X}'_m\boldsymbol{P}_m\boldsymbol{y}_m) \tag{2.4-9}$$

根据式（2.1-5）、式（2.1-6）和式（2.4-7），可得到相关矩阵为

$$\begin{aligned}D(\hat{\boldsymbol{\beta}}_m)&=\hat{\sigma}_m^2(\boldsymbol{X}'_{m-1}\boldsymbol{P}_{m-1}\boldsymbol{X}_{m-1}+\boldsymbol{X}'_m\boldsymbol{P}_m\boldsymbol{X}_m)^{-1}\\&=\hat{\sigma}_m^2(\boldsymbol{\Sigma}_{m-1}^{-1}+\boldsymbol{X}'_m\boldsymbol{P}_m\boldsymbol{X}_m)^{-1}\\&=\hat{\sigma}_m^2\boldsymbol{\Sigma}_m\end{aligned} \tag{2.4-10}$$

其中

$$\boldsymbol{\Sigma}_m=(\boldsymbol{\Sigma}_{m-1}^{-1}+\boldsymbol{X}'_m\boldsymbol{P}_m\boldsymbol{X}_m)^{-1} \tag{2.4-11}$$

式中，$\boldsymbol{\Sigma}_{m-1}^{-1}$为$\boldsymbol{X}'_{m-1}\boldsymbol{P}_{m-1}\boldsymbol{X}_{m-1}$。

采用与式（2.3-31）相同的表示方法可得到

$$\Omega_m=(\boldsymbol{y}'_{m-1}\boldsymbol{P}_{m-1}\boldsymbol{y}_{m-1}+\boldsymbol{y}'_m\boldsymbol{P}_m\boldsymbol{y}_m)-(\boldsymbol{y}'_{m-1}\boldsymbol{P}_{m-1}\boldsymbol{X}_{m-1}+\boldsymbol{y}'_m\boldsymbol{P}_m\boldsymbol{X}_m)\hat{\boldsymbol{\beta}}_m \tag{2.4-12}$$

代入式（2.4-6）、式（2.4-7）、式（2.4-11），可从式（2.4-9）得到

$$\hat{\boldsymbol{\beta}}_m=(\boldsymbol{\Sigma}_{m-1}^{-1}+\boldsymbol{X}'_m\boldsymbol{P}_m\boldsymbol{X}_m)^{-1}(\boldsymbol{\Sigma}_{m-1}^{-1}\hat{\boldsymbol{\beta}}_{m-1}+\boldsymbol{X}'_m\boldsymbol{P}_m\boldsymbol{y}_m) \tag{2.4-13}$$

或者写成

$$\hat{\boldsymbol{\beta}}_m = \boldsymbol{\Sigma}_m(\boldsymbol{\Sigma}_{m-1}^{-1}\hat{\boldsymbol{\beta}}_{m-1} + \boldsymbol{X}'_m\boldsymbol{P}_m\boldsymbol{y}_m) \tag{2.4-14}$$

将式（2.2-9）的矩阵计算公式应用到式（2.4-11）中可得到

$$\boldsymbol{\Sigma}_m = \boldsymbol{\Sigma}_{m-1} - \boldsymbol{F}_m\boldsymbol{X}_m\boldsymbol{\Sigma}_{m-1} \tag{2.4-15}$$

这里

$$\boldsymbol{F}_m = \boldsymbol{\Sigma}_{m-1}\boldsymbol{X}'_m\bar{\boldsymbol{P}} \tag{2.4-16}$$

其中

$$\bar{\boldsymbol{P}} = (\boldsymbol{P}_m^{-1} + \boldsymbol{X}_m\boldsymbol{\Sigma}_{m-1}\boldsymbol{X}'_m)^{-1} \tag{2.4-17}$$

将式（2.4-15）代入式（2.4-14）可得到

$$\hat{\boldsymbol{\beta}}_m = \hat{\boldsymbol{\beta}}_{m-1} - \boldsymbol{F}_{m-1}\boldsymbol{X}_m\hat{\boldsymbol{\beta}}_{m-1} + (\boldsymbol{\Sigma}_{m-1}\boldsymbol{X}'_m\boldsymbol{P}_m - \boldsymbol{F}_m\boldsymbol{X}_m\boldsymbol{\Sigma}_{m-1}\boldsymbol{X}'_m\boldsymbol{P}_m)\boldsymbol{y}_m \tag{2.4-18}$$

在式（2.4-16）两边乘以 $\bar{\boldsymbol{P}}^{-1}\boldsymbol{P}_m$，同时考虑式（2.4-17）可得到

$$\boldsymbol{F}_m(\boldsymbol{X}_m\boldsymbol{\Sigma}_{m-1}\boldsymbol{X}'_m + \boldsymbol{P}_m^{-1})^{-1}\boldsymbol{P}_m = \boldsymbol{\Sigma}_{m-1}\boldsymbol{X}'_m\boldsymbol{P}_m \tag{2.4-19}$$

或者

$$\boldsymbol{\Sigma}_{m-1}\boldsymbol{X}'_m\boldsymbol{P}_m - \boldsymbol{F}_m\boldsymbol{X}_m\boldsymbol{\Sigma}_{m-1}\boldsymbol{X}'_m\boldsymbol{P}_m = \boldsymbol{F}_m \tag{2.4-20}$$

将式（2.4-20）代入（2.4-18）得到

$$\hat{\boldsymbol{\beta}}_m = \hat{\boldsymbol{\beta}}_{m-1} + \boldsymbol{F}_m\bar{\boldsymbol{e}}_m, \bar{\boldsymbol{e}}_m = \boldsymbol{y}_m - \boldsymbol{X}_m\hat{\boldsymbol{\beta}}_{m-1} \tag{2.4-21}$$

式（2.4-21）直接反映了增加的观测数据对估计结果的影响，并表示成如下形式：

$$\hat{\boldsymbol{\beta}}_m = \hat{\boldsymbol{\beta}}_{m-1} + \Delta\hat{\boldsymbol{\beta}}_m \tag{2.4-22}$$

以下继续推导增加的观测数据对 $\Omega_m$ 的影响。

$$\begin{aligned}\Omega_m &= (\boldsymbol{y}'_{m-1}\boldsymbol{P}_{m-1}\boldsymbol{y}_{m-1} - \boldsymbol{y}'_{m-1}\boldsymbol{P}_{m-1}\boldsymbol{X}_{m-1}\hat{\boldsymbol{\beta}}_{m-1}) + (\boldsymbol{y}'_m\boldsymbol{P}_m\boldsymbol{y}_m - \boldsymbol{y}'_{m-1}\boldsymbol{P}_{m-1}\boldsymbol{X}_{m-1}\Delta\hat{\boldsymbol{\beta}}_m - \boldsymbol{y}'_m\boldsymbol{P}_m\boldsymbol{X}_m\hat{\boldsymbol{\beta}}_{m-1} - \boldsymbol{y}'_m\boldsymbol{P}_m\boldsymbol{X}_m\Delta\hat{\boldsymbol{\beta}}_m)\\ &= \Omega_{m-1} + \Delta\Omega_m\end{aligned} \tag{2.4-23}$$

式（2.4-23）右边第一项已经在式（2.4-8）中给出，第二项为

$$\Delta\Omega_m = \boldsymbol{y}'_m\boldsymbol{P}_m\boldsymbol{y}_m - \boldsymbol{y}'_{m-1}\boldsymbol{P}_{m-1}\boldsymbol{X}_{m-1}\Delta\hat{\boldsymbol{\beta}}_m - \boldsymbol{y}'_m\boldsymbol{P}_m\boldsymbol{X}_m\hat{\boldsymbol{\beta}}_{m-1} - \boldsymbol{y}'_m\boldsymbol{P}_m\boldsymbol{X}_m\Delta\hat{\boldsymbol{\beta}}_m$$

利用式（2.4-21）和式（2.4-22）可知以下结论，即 $\Delta\hat{\boldsymbol{\beta}}_m = \boldsymbol{F}_m\bar{\boldsymbol{e}}_m$，我们可得到

$$\begin{aligned}\Delta\Omega_m &= \boldsymbol{y}'_m\boldsymbol{P}_m\boldsymbol{y}_m - \boldsymbol{y}'_{m-1}\boldsymbol{P}_{m-1}\boldsymbol{X}_{m-1}\boldsymbol{F}_m\bar{\boldsymbol{e}}_m - \boldsymbol{y}'_m\boldsymbol{P}_m\boldsymbol{X}_m\hat{\boldsymbol{\beta}}_{m-1} - \boldsymbol{y}'_m\boldsymbol{P}_m\boldsymbol{X}_m\boldsymbol{F}_m\bar{\boldsymbol{e}}_m\\ &= \boldsymbol{y}'_m\boldsymbol{P}_m\bar{\boldsymbol{e}}_m - \boldsymbol{y}'_{m-1}\boldsymbol{P}_{m-1}\boldsymbol{X}_{m-1}\boldsymbol{F}_m\bar{\boldsymbol{e}}_m - \boldsymbol{y}'_m\boldsymbol{P}_m\boldsymbol{X}_m\boldsymbol{F}_m\bar{\boldsymbol{e}}_m\end{aligned}$$

将式（2.4-16）代入式（2.4-6）中的第二项和第三项可得

$$\Delta\Omega_m = \boldsymbol{y}'_m\boldsymbol{P}_m\bar{\boldsymbol{e}}_m - \hat{\boldsymbol{\beta}}'_{m-1}\boldsymbol{X}'_m\bar{\boldsymbol{P}}\bar{\boldsymbol{e}}_m - \boldsymbol{y}'_m\boldsymbol{P}_m\boldsymbol{X}_m\boldsymbol{\Sigma}_{m-1}\boldsymbol{X}'_m\bar{\boldsymbol{P}}\bar{\boldsymbol{e}}_m \tag{2.4-24}$$

式（2.4-24）中最后一项可以表示为简单的矩阵形式：

$$\begin{aligned}\boldsymbol{y}'_m\boldsymbol{P}_m\boldsymbol{X}_m\boldsymbol{\Sigma}_{m-1}\boldsymbol{X}'_m\bar{\boldsymbol{P}}\bar{\boldsymbol{e}}_m &= \boldsymbol{y}'_m(\boldsymbol{P}_m - \boldsymbol{P}_m + \boldsymbol{P}_m\boldsymbol{X}_m\boldsymbol{\Sigma}_{m-1}\boldsymbol{X}'_m\bar{\boldsymbol{P}})\bar{\boldsymbol{e}}_m\\ &= \boldsymbol{y}'_m(\boldsymbol{P}_m - \boldsymbol{P}_m\bar{\boldsymbol{P}}^{-1}\bar{\boldsymbol{P}} + \boldsymbol{P}_m\boldsymbol{X}_m\boldsymbol{\Sigma}_{m-1}\boldsymbol{X}'_m\bar{\boldsymbol{P}})\bar{\boldsymbol{e}}_m\end{aligned}$$

将式（2.4-17）代入 $\bar{\boldsymbol{P}}^{-1}$，则得到

$$\begin{aligned}\boldsymbol{y}'_m\boldsymbol{P}_m\boldsymbol{X}_m\boldsymbol{\Sigma}_{m-1}\boldsymbol{X}'_m\bar{\boldsymbol{P}}\bar{\boldsymbol{e}}_m &= \boldsymbol{y}'_m\{\boldsymbol{P}_m + [\boldsymbol{P}_m + \boldsymbol{P}_m\boldsymbol{X}_m\boldsymbol{\Sigma}_{m-1}\boldsymbol{X}'_m - \boldsymbol{P}_m(\boldsymbol{P}_m^{-1} + \boldsymbol{X}_m\boldsymbol{\Sigma}_{m-1}\boldsymbol{X}'_m)]\bar{\boldsymbol{P}}\}\bar{\boldsymbol{e}}_m\\ &= \boldsymbol{y}'_m(\boldsymbol{P}_m - \bar{\boldsymbol{P}})\bar{\boldsymbol{e}}_m\end{aligned}$$

将上式代回式（2.4-24），并考虑式（2.4-21）可以得到如下关于 $\Delta\Omega_m$ 的计算公式：

$$\begin{aligned}\Delta\Omega_m &= \boldsymbol{y}'_m\boldsymbol{P}_m\overline{\boldsymbol{e}}_m - \hat{\boldsymbol{\beta}}'_{m-1}\boldsymbol{X}'_m\overline{\boldsymbol{P}}\overline{\boldsymbol{e}}_m - \boldsymbol{y}'_m(\boldsymbol{P}_m - \overline{\boldsymbol{P}})\overline{\boldsymbol{e}}_m \\ &= (\boldsymbol{y}'_m - \hat{\boldsymbol{\beta}}'_{m-1}\boldsymbol{X}'_m)\overline{\boldsymbol{P}}\overline{\boldsymbol{e}}_m \\ &= \overline{\boldsymbol{e}}'_m\overline{\boldsymbol{P}}\overline{\boldsymbol{e}}_m\end{aligned} \tag{2.4-25}$$

在此对递推最小二乘公式进行一下小结：

$$\hat{\boldsymbol{\beta}}_m = \hat{\boldsymbol{\beta}}_{m-1} + \boldsymbol{F}_m\overline{\boldsymbol{e}}_m \tag{2.4-26a}$$

$$\boldsymbol{\Sigma}_m = \boldsymbol{\Sigma}_{m-1} - \boldsymbol{F}_m\boldsymbol{X}_m\boldsymbol{\Sigma}_{m-1} \tag{2.4-26b}$$

$$\Omega_m = \Omega_{m-1} + \overline{\boldsymbol{e}}'_m\overline{\boldsymbol{P}}\overline{\boldsymbol{e}}_m \tag{2.4-26c}$$

其中

$$\overline{\boldsymbol{e}}_m = \boldsymbol{y}_m - \boldsymbol{X}_m\hat{\boldsymbol{\beta}}_{m-1} \tag{2.4-26d}$$

$$\boldsymbol{F}_m = \boldsymbol{\Sigma}_{m-1}\boldsymbol{X}'_m\overline{\boldsymbol{P}} \text{（与卡尔曼-布什滤波增益矩阵相等）} \tag{2.4-26e}$$

$$\boldsymbol{\Sigma}_{m-1} = (\boldsymbol{X}'_{m-1}\boldsymbol{P}_{m-1}\boldsymbol{X}_{m-1})^{-1} \tag{2.4-26f}$$

$$\overline{\boldsymbol{P}} = (\boldsymbol{P}_m^{-1} + \boldsymbol{X}_m\boldsymbol{\Sigma}_{m-1}\boldsymbol{X}'_m)^{-1} \tag{2.4-26g}$$

上述计算过程与卡尔曼-布什滤波中的更新过程完全一致。

通常情况下，卡尔曼-布什滤波分为三部分：预测、时间更新和最终更新。其中，预测过程使通用滤波方程变为可能。状态向量 $\hat{\boldsymbol{\beta}}_m$ 的预测值及对应的协方差信息可以基于动态时间模型和系统噪声计算获得。只有当状态模型是非时变的，而且系统噪声是可以忽略时，卡尔曼-布什滤波公式才与上面所列的参数估计公式一致。在这种情况下，滤波问题退化成序贯最小二乘估计的法方程表现形式。详细论述可见 Gelb（1974）、Herring（1990）、Landau（1998）和 Salzmann（1993）的著作。

当增加的观测数据量很小时，式（2.4-26）是非常有用的。在一次更新过程中只利用一个观测数据时，计算公式变得尤其简单，因为待估变量的更新估计过程从求逆变成除法。对于更新过程的高维计算，序贯最小二乘估计公式也很简单。

假设观测向量 $\boldsymbol{y}_m$ 和 $\boldsymbol{y}_{m-1}$ 已经是最小二乘估计的结果，即伪观测方程中的 $\hat{\boldsymbol{\beta}}$ 参数，我们可以基于协方差推导出序贯最小二乘的计算过程。

利用 2.3.2 节给出的法方程计算公式，我们进行参数替换，即 $\boldsymbol{\beta}_m = \boldsymbol{\beta}_c$， $\boldsymbol{\beta}_{m-1} = \hat{\boldsymbol{\beta}}_1$， $\boldsymbol{y}_m = \hat{\boldsymbol{\beta}}_2$， $\boldsymbol{X}_m = \boldsymbol{I}_m$， $\boldsymbol{P}_m^{-1} = \boldsymbol{\Sigma}_2$， $\boldsymbol{\Sigma}_m = \boldsymbol{\Sigma}_c$， $\boldsymbol{\Sigma}_{m-1} = \boldsymbol{\Sigma}_1$， $\Omega_m = \Omega_c$， $\Omega_{m-1} = \Omega_1$， $\boldsymbol{e}_m = \hat{\boldsymbol{\beta}}_2 - \hat{\boldsymbol{\beta}}_1$，式（2.4-26）可以表达为

$$\begin{aligned}\hat{\boldsymbol{\beta}}_c &= \hat{\boldsymbol{\beta}}_1 + \boldsymbol{\Sigma}_1(\boldsymbol{\Sigma}_1 + \boldsymbol{\Sigma}_2)^{-1}(\hat{\boldsymbol{\beta}}_2 - \hat{\boldsymbol{\beta}}_1) \\ \boldsymbol{\Sigma}_c &= \boldsymbol{\Sigma}_1 - \boldsymbol{\Sigma}_1(\boldsymbol{\Sigma}_1 + \boldsymbol{\Sigma}_2)^{-1}\boldsymbol{\Sigma}_1 \\ \Omega_c &= \Omega_1 + (\hat{\boldsymbol{\beta}}_2 - \hat{\boldsymbol{\beta}}_1)'(\boldsymbol{\Sigma}_1 + \boldsymbol{\Sigma}_2)^{-1}(\hat{\boldsymbol{\beta}}_2 - \hat{\boldsymbol{\beta}}_1)\end{aligned} \tag{2.4-27}$$

该递推估计基于以下简单的原理，即在原先的解上增加新观测数据或新估计值的改正项，获得组合解。后文中将会给出一组序贯估计对未知坐标的影响。

这套计算公式对研究先验约束对最终解的影响也非常适合（具体见 2.6.1 节）。为了将待估参数约束到先验值 $\boldsymbol{\beta}_{\text{apr}}$，我们可进行如下替换，即 $\boldsymbol{\Sigma}_1 = \boldsymbol{\Sigma}_{\text{apr}}$， $\hat{\boldsymbol{\beta}}_1 = \boldsymbol{\beta}_{\text{apr}}$， $\Omega_1 = \Omega_{\text{apr}}$，

$\boldsymbol{\Sigma}_2 = \boldsymbol{\Sigma}_{\text{free}}$，$\hat{\boldsymbol{\beta}}_2 = \boldsymbol{\beta}_{\text{free}}$，$\Omega_2 = \Omega_{\text{free}}$。

另外，如果$\boldsymbol{\beta}_{\text{apr}}$、$\boldsymbol{\Sigma}_{\text{apr}}$、$\boldsymbol{\Omega}_{\text{apr}}$矩阵已知，可以不使用先验权进行原始解的计算。为了消除先验值的约束，我们可以采用下述过程［利用式（2.4-27）的结果］：

$$\begin{aligned}\hat{\boldsymbol{\beta}}_{\text{free}} &= \hat{\boldsymbol{\beta}}_{\text{apr}} + \boldsymbol{\Sigma}_{\text{apr}}(\boldsymbol{\Sigma}_{\text{apr}} - \boldsymbol{\Sigma}_c)^{-1}(\hat{\boldsymbol{\beta}}_c - \hat{\boldsymbol{\beta}}_{\text{apr}}) \\ &= \hat{\boldsymbol{\beta}}_c + [(\boldsymbol{\Sigma}_c + \boldsymbol{\Sigma}_c(\boldsymbol{\Sigma}_{\text{apr}} - \boldsymbol{\Sigma}_c)^{-1}\boldsymbol{\Sigma}_c]\boldsymbol{\Sigma}_{\text{apr}}^{-1}(\hat{\boldsymbol{\beta}}_c - \hat{\boldsymbol{\beta}}_{\text{apr}}) \\ \boldsymbol{\Sigma}_{\text{free}} &= \boldsymbol{\Sigma}_{\text{apr}}(\boldsymbol{\Sigma}_{\text{apr}} - \boldsymbol{\Sigma}_c)^{-1}\boldsymbol{\Sigma}_{\text{apr}} - \boldsymbol{\Sigma}_{\text{apr}} \\ &= \boldsymbol{\Sigma}_c + \boldsymbol{\Sigma}_c(\boldsymbol{\Sigma}_{\text{apr}} - \boldsymbol{\Sigma}_c)^{-1}\boldsymbol{\Sigma}_c \\ \Omega_{\text{free}} &= \Omega_c - (\hat{\boldsymbol{\beta}}_c - \hat{\boldsymbol{\beta}}_{\text{apr}})'(\boldsymbol{\Sigma}_{\text{apr}} + \boldsymbol{\Sigma}_c)^{-1}(\hat{\boldsymbol{\beta}}_c - \hat{\boldsymbol{\beta}}_{\text{apr}})\end{aligned} \tag{2.4-28}$$

这里协方差的更新方法与法方程情况下的简单累加方法相比更加复杂。在法方程情况下，计算方法如下：

$$\boldsymbol{\Sigma}_{\text{free}}^{-1} = \boldsymbol{\Sigma}_c^{-1} + \boldsymbol{\Sigma}_{\text{apr}}^{-1} \tag{2.4-29}$$

根据式（2.2-9）可知，这个结果并不让人感到意外。

这种计算过程可应用在 SINEX 文件的 GPS 解的组合中。SINEX 文件中主要包含坐标、速度的估计值及相应的协方差信息。其他还包括对于识别站非常有用的信息，如站名称、天线类型、接收机类型、天线高度、相位偏差等。

将不同处理中心的结果进行组合时，我们必须知道先验约束的信息。尤其是在将一定数量的站址紧约束在给定值的情况下（这是 IGS 处理的标准过程，即将 13 个站址约束在 ITRF 值上）。自由网平差可以通过式（2.4-28）或式（2.4-29）将相应的约束消除获得。

## 2.5 参数变换

在 2.3 节中介绍的序贯最小二乘估计过程仅在当所有的法方程都基于同样的先验值情况下成立。如果不是这种情况时，法方程必须被转换到同一先验值下。

这类应用将会在本节进行介绍，同时在第 4 章中介绍的轨道组合也属于这种情况，需要将轨道参数转换到不同先验弧段上。

### 2.5.1 基本原理

首先从式（2.1-26）的非线性高斯-马尔可夫模型观测方程开始：

$$\boldsymbol{y} + \boldsymbol{e} = \boldsymbol{X}\Delta\boldsymbol{\beta}；\quad D(\Delta\boldsymbol{y}) = \sigma^2\boldsymbol{P}^{-1} \tag{2.5-1}$$

根据式（2.1-27）可知相应的法方程如下：

$$\boldsymbol{X}'\boldsymbol{P}\boldsymbol{X}\Delta\hat{\boldsymbol{\beta}} = \boldsymbol{X}'\boldsymbol{P}\Delta\boldsymbol{y} \tag{2.5-2}$$

简写为

$$\boldsymbol{N}\Delta\hat{\boldsymbol{\beta}} = \boldsymbol{b} \tag{2.5-3}$$

其中

$$\boldsymbol{N}=\boldsymbol{X}'\boldsymbol{P}\boldsymbol{X} \qquad \boldsymbol{b}=\boldsymbol{X}'\boldsymbol{P}\Delta\boldsymbol{y} \tag{2.5-4}$$

下面我们推导由原先参数经过线性转换后新参数对应的法方程：

$$\Delta\hat{\boldsymbol{\beta}}=\boldsymbol{B}\Delta\tilde{\boldsymbol{\beta}}+\mathrm{d}\boldsymbol{\beta} \tag{2.5-5}$$

式中，$\boldsymbol{B}$ 为 $u\times u$ 维转换矩阵；$\mathrm{d}\boldsymbol{\beta}$ 为 $u\times 1$ 维常数向量。

将式（2.5-5）代入式（2.5-1）中得到

$$\Delta\boldsymbol{y}-\boldsymbol{X}\mathrm{d}\boldsymbol{\beta}+\boldsymbol{e}=\boldsymbol{X}\boldsymbol{B}\Delta\tilde{\boldsymbol{\beta}} \tag{2.5-6}$$

于是，可得到如下法方程：

$$\boldsymbol{B}'\boldsymbol{X}'\boldsymbol{P}\boldsymbol{X}\boldsymbol{B}\Delta\tilde{\boldsymbol{\beta}}=\boldsymbol{B}'\boldsymbol{X}'\boldsymbol{P}\Delta\tilde{\boldsymbol{y}} \tag{2.5-7}$$

其中，$\Delta\tilde{\boldsymbol{y}}=\Delta\boldsymbol{y}-\boldsymbol{X}\mathrm{d}\boldsymbol{\beta}$。

与式（2.5-2）相比，同时利用式（2.5-4）可得到

$$\tilde{\boldsymbol{N}}\Delta\tilde{\boldsymbol{\beta}}=\tilde{\boldsymbol{b}} \tag{2.5-8}$$

其中

$$\tilde{\boldsymbol{N}}=\boldsymbol{B}'\boldsymbol{N}\boldsymbol{B} \tag{2.5-9}$$

$$\tilde{\boldsymbol{b}}=\boldsymbol{B}'(\boldsymbol{b}-\boldsymbol{N}\mathrm{d}\boldsymbol{\beta}) \tag{2.5-10}$$

现在，针对参数 $\Delta\hat{\boldsymbol{\beta}}$ 的法方程，式（2.5-2）已经转换为针对参数 $\Delta\tilde{\boldsymbol{\beta}}$ 的法方程。

为了完整起见，这里也给出二次项 $\Delta\boldsymbol{y}'\boldsymbol{P}\Delta\boldsymbol{y}$ 转换后的计算公式。根据式（2.5-1）和式（2.5-7）可得

$$\begin{aligned}\Delta\tilde{\boldsymbol{y}}'\boldsymbol{P}\tilde{\boldsymbol{y}}&=(\Delta\boldsymbol{y}-\boldsymbol{X}\mathrm{d}\boldsymbol{\beta})'\boldsymbol{P}(\Delta\boldsymbol{y}-\boldsymbol{X}\mathrm{d}\boldsymbol{\beta})\\&=\Delta\boldsymbol{y}'\boldsymbol{P}\Delta\boldsymbol{y}-2\Delta\boldsymbol{y}'\boldsymbol{P}\boldsymbol{X}\mathrm{d}\boldsymbol{\beta}+\mathrm{d}\boldsymbol{\beta}'\boldsymbol{X}'\boldsymbol{P}\boldsymbol{X}\mathrm{d}\boldsymbol{\beta}\\&=\Delta\boldsymbol{y}'\boldsymbol{P}\Delta\boldsymbol{y}-2\boldsymbol{b}'\mathrm{d}\boldsymbol{\beta}+\mathrm{d}\boldsymbol{\beta}'\boldsymbol{N}\mathrm{d}\boldsymbol{\beta}\end{aligned} \tag{2.5-11}$$

### 2.5.2 应用实例

#### 2.5.2.1 法方程累加

假设针对公共参数 $\hat{\boldsymbol{\beta}}_c$ 进行了 $m$ 组序贯最小二乘估计，每次估计得到法方程如下：

$$\boldsymbol{X}_i'\boldsymbol{P}_i\boldsymbol{X}_i\hat{\boldsymbol{\beta}}_i=\boldsymbol{X}_i'\boldsymbol{P}_i\boldsymbol{y}_i \tag{2.5-12}$$

这里我们可以估计相应的参数向量 $\hat{\boldsymbol{\beta}}_i$。此情况与 2.3.2 节中第一步完全一致。采用矩阵形式可以写成如下形式：

$$\begin{bmatrix}\boldsymbol{X}_1'\boldsymbol{P}_1\boldsymbol{X}_1 & \cdots & 0\\ \vdots & & \vdots\\ 0 & \cdots & \boldsymbol{X}_m'\boldsymbol{P}_m\boldsymbol{X}_m\end{bmatrix}\begin{bmatrix}\hat{\boldsymbol{\beta}}_1\\ \vdots\\ \hat{\boldsymbol{\beta}}_m\end{bmatrix}=\begin{bmatrix}\boldsymbol{X}_1'\boldsymbol{P}_1\boldsymbol{y}_1\\ \vdots\\ \boldsymbol{X}_m'\boldsymbol{P}_m\boldsymbol{y}_m\end{bmatrix} \tag{2.5-13}$$

或者简写为

$$\boldsymbol{N}\hat{\boldsymbol{\beta}}=\boldsymbol{b} \tag{2.5-14}$$

如果将 2.3.2 节中第二步的伪观测方程解释为参数转换形式，即 $\hat{\boldsymbol{\beta}}=\boldsymbol{B}\hat{\boldsymbol{\beta}}_c$［根据式（2.5-5）可得出 $\hat{\boldsymbol{\beta}}=\Delta\hat{\boldsymbol{\beta}}$，$\hat{\boldsymbol{\beta}}_c=\Delta\tilde{\boldsymbol{\beta}}$，$\mathrm{d}\boldsymbol{\beta}=0$］，则

$$\begin{bmatrix} \hat{\boldsymbol{\beta}}_1 \\ \hat{\boldsymbol{\beta}}_2 \\ \vdots \\ \hat{\boldsymbol{\beta}}_m \end{bmatrix} = \begin{bmatrix} \boldsymbol{I} \\ \boldsymbol{I} \\ \vdots \\ \boldsymbol{I} \end{bmatrix} \hat{\boldsymbol{\beta}}_c \tag{2.5-15}$$

利用式（2.5-9）及式（2.5-10）得到转换后的法方程与式（2.3-17）的法方程累加结果完全一致。

### 2.5.2.2 先验参数变化

我们可以应用参数转换方法将法方程转换到不同先验参数上。首先假设法方程基于先验参数 $\boldsymbol{\beta}|_0$，现在要将其转换到一套新的先验值上，即 $\boldsymbol{\beta}|_{0c} = \boldsymbol{\beta}|_0 + \mathrm{d}\boldsymbol{\beta}$，这里 $\boldsymbol{\beta}|_{0c}$ 用于解的组合。于是针对未知参数的转换关系如下：

$$\Delta\hat{\boldsymbol{\beta}} = \Delta\tilde{\boldsymbol{\beta}} + \mathrm{d}\boldsymbol{\beta} \tag{2.5-16}$$

这里 $\boldsymbol{B} = \boldsymbol{I}$ ［参见式（2.5-5）］，于是从式（2.5-8）～式（2.5-10）得到转换后的法方程为 $\boldsymbol{N}\Delta\tilde{\boldsymbol{\beta}} = \boldsymbol{b} - \boldsymbol{N}\mathrm{d}\boldsymbol{\beta}$，或 $\Delta\tilde{\boldsymbol{\beta}} = \boldsymbol{N}^{-1}\boldsymbol{b} - \mathrm{d}\boldsymbol{\beta} = \Delta\hat{\boldsymbol{\beta}} - \mathrm{d}\boldsymbol{\beta}$，该式与式（2.5-16）完全一致。

最终的估计结果 $\hat{\boldsymbol{\beta}}$ 与先验值完全无关，这可以通过式（2.5-16）证明。

$$\tilde{\boldsymbol{\beta}} := \boldsymbol{\beta}|_{0c} + \Delta\tilde{\boldsymbol{\beta}} = (\boldsymbol{\beta}|_0 + \mathrm{d}\boldsymbol{\beta}) + \Delta\tilde{\boldsymbol{\beta}} = \boldsymbol{\beta}|_0 + (\mathrm{d}\boldsymbol{\beta} + \Delta\tilde{\boldsymbol{\beta}}) = \boldsymbol{\beta}|_0 + \Delta\hat{\boldsymbol{\beta}} = \hat{\boldsymbol{\beta}} \tag{2.5-17}$$

或者总结为

$$\tilde{\boldsymbol{\beta}} \equiv \hat{\boldsymbol{\beta}} = \boldsymbol{\beta}|_{0c} + \Delta\tilde{\boldsymbol{\beta}} = \boldsymbol{\beta}|_0 + \Delta\hat{\boldsymbol{\beta}} \tag{2.5-18}$$

### 2.5.2.3 法方程参数组合

对不同的序贯估计进行组合有其价值，同时，在同一个法方程中进行参数组合也很有用，主要的应用如下：

（1）对连续短时段内的对流层参数进行组合形成一个长时段（各连续短时段之和）有效的公共参数。

（2）设置坐标参数并频繁估计以研究可能的站点移动：将没有明显移动的所有时段的坐标进行组合，形成一套参数以加强解的稳定性。

这种处理的优点将会非常明显，因为对于几乎所有研究，开始时需要尽量在每次估计时设置尽可能多的待估参数。所有时变参数都是这样操作的。然而如果高频率的解算不是必需的，消除一定参数也是可能的。

图 2-2 给出了一个在法方程中消除对流层参数的示例，示例中从每天 12 个参数的法方程中得到只有 4 个参数的解。

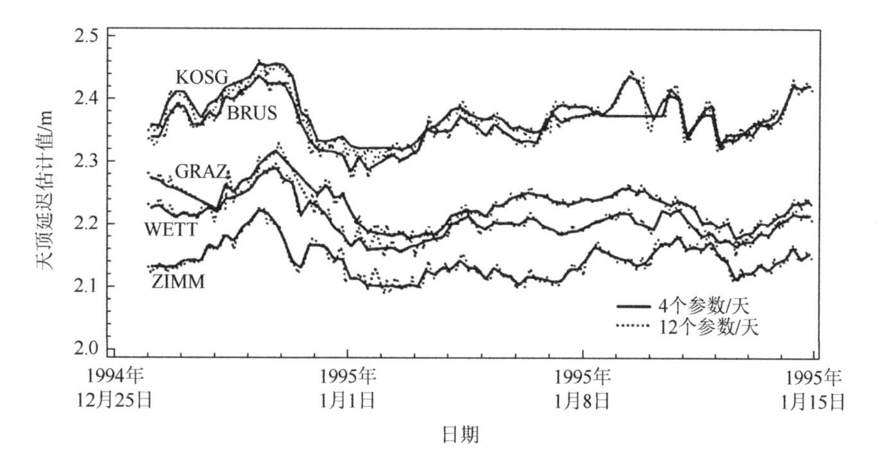


图 2-2 欧洲若干监测站对流层天顶延迟（时间分辨率分别为 2h 和 6h）

假设我们希望利用如下方式将未知向量从 $\boldsymbol{\beta}$ 转换到 $\tilde{\boldsymbol{\beta}}$

$$\boldsymbol{\beta}_{u\times 1}=\left[\cdots,\quad \underbrace{\boldsymbol{\beta}_i,\boldsymbol{\beta}_{i+1},\boldsymbol{\beta}_{i+2},\cdots,\boldsymbol{\beta}_{i+m-1}}_{\downarrow},\quad \cdots\right]'$$

$$\tilde{\boldsymbol{\beta}}_{(u-m+1)\times 1}=\left[\cdots,\quad \overbrace{\tilde{\boldsymbol{\beta}}_i},\quad \cdots\right]'$$

这里将 $m$ 个参数 $\boldsymbol{\beta}_i,\boldsymbol{\beta}_{i+1},\boldsymbol{\beta}_{i+2},\cdots,\boldsymbol{\beta}_{i+m-1}$ 组合成一个新参数 $\tilde{\boldsymbol{\beta}}_i$ 的转换矩阵为

$$\boldsymbol{\beta}=\boldsymbol{B}\tilde{\boldsymbol{\beta}}+\mathrm{d}\boldsymbol{\beta}$$

其中，

$$\boldsymbol{B}'=\begin{bmatrix}1 & & & & & & & & \\ & \ddots & & & & & & & \\ & & 1 & & & & & & \\ & & & 1 & 1 & \cdots & 1 & & \\ & & & & & & & 1 & & \\ & & & & & & & & \ddots & \\ & & & & & & & & & 1\end{bmatrix}\begin{matrix}\\ \\ \\ \leftarrow i\\ \\ \\ \leftarrow (u-m+1)\end{matrix}$$
$$\begin{matrix}\uparrow & \uparrow & & \uparrow & & \uparrow\\ i & i+1 & & i+m-1 & & u\end{matrix}\tag{2.5-19}$$

$$\mathrm{d}\boldsymbol{\beta}=0$$

转换后的法方程可从式（2.5-8）和式（2.5-10）获得。因为 $\mathrm{d}\boldsymbol{\beta}=0$，所以式（2.5-11）的二次项 $\boldsymbol{\Delta y}'\boldsymbol{P}\boldsymbol{\Delta y}$ 保持不变。新的法方程维数为 $u-m+1$。在这个简单的示例中，我们可以给出转换后法方程的明确计算公式，即

$$\tilde{\boldsymbol{N}}=\begin{bmatrix}\boldsymbol{N}_{11} & \tilde{\boldsymbol{N}}_{12} & \boldsymbol{N}_{13}\\ \tilde{\boldsymbol{N}}_{12}' & \tilde{\boldsymbol{N}}_{22} & \tilde{\boldsymbol{N}}_{23}\\ \boldsymbol{N}_{13}' & \tilde{\boldsymbol{N}}_{23}' & \boldsymbol{N}_{33}\end{bmatrix}=\boldsymbol{B}'\begin{bmatrix}\boldsymbol{N}_{11} & \boldsymbol{N}_{12} & \boldsymbol{N}_{13}\\ \boldsymbol{N}_{12}' & \boldsymbol{N}_{22} & \boldsymbol{N}_{23}\\ \boldsymbol{N}_{13}' & \boldsymbol{N}_{23}' & \boldsymbol{N}_{33}\end{bmatrix}\boldsymbol{B}\tag{2.5-20}$$

$$\tilde{\boldsymbol{b}} = \begin{bmatrix} \boldsymbol{b}_1 \\ \tilde{\boldsymbol{b}}_2 \\ \boldsymbol{b}_3 \end{bmatrix} = \boldsymbol{B}' \begin{bmatrix} \boldsymbol{b}_1 \\ \boldsymbol{b}_2 \\ \boldsymbol{b}_3 \end{bmatrix} \tag{2.5-21}$$

其中

$$\begin{aligned} (\tilde{\boldsymbol{N}}_{12})_{kl} &= \sum_{j=1}^{m} (\boldsymbol{N}_{12})_{kj} \\ (\tilde{\boldsymbol{N}}_{23})_{lk} &= \sum_{i=1}^{m} (\boldsymbol{N}_{23})_{ik} \end{aligned} \tag{2.5-22}$$

$$\begin{aligned} (\tilde{\boldsymbol{N}}_{22})_{ll} &= \sum_{i=1}^{m}\sum_{i=1}^{m} (\boldsymbol{N}_{22})_{ij} \\ \tilde{\boldsymbol{b}}_2 &= \sum_{i=1}^{m} (\boldsymbol{b}_2)_i \end{aligned} \tag{2.5-23}$$

该计算过程完全对应于相应行和列的累加。

#### 2.5.2.4　法方程标准化

标准化是避免法方程解数值不稳定性的重要过程。奇异法方程不是数值不稳定问题的唯一原因。原则上，如果 $\det(\boldsymbol{N}) \neq 0$，则法方程 $\boldsymbol{N}\hat{\boldsymbol{\beta}} = \boldsymbol{b}$ 就是正常的。$\det(\boldsymbol{N})$ 值越小，$\hat{\boldsymbol{\beta}}$ 的解越不稳定。在严重制约的系统中，$\boldsymbol{b}$ 的细微变化将导致 $\hat{\boldsymbol{\beta}}$ 值大的变化。根据经验，好的系统为矩阵对角线数值大且分布均匀，非对角线元素小，针对坏系统的更多信息可以参见 Zurmühl（1964）或 Schwarz 等（1972）。

在实际应用中，即使参数采用不合适的单位也会造成数值不稳定问题。因此需要进行一定的标准化，标准化的原理如下。

为了使 $\boldsymbol{N}$ 矩阵的所有对角线元素为“1”，可进行如下参数转换：

$$\Delta\hat{\boldsymbol{\beta}} = \mathrm{diag}(\boldsymbol{N}_{ii}^{-1/2})\Delta\tilde{\boldsymbol{\beta}} \tag{2.5-24}$$

根据式（2.5-8）～式（2.5-10），转换后的法方程为

$$\tilde{\boldsymbol{N}} = \boldsymbol{B}'\boldsymbol{N}\boldsymbol{B} = \mathrm{diag}\left(\boldsymbol{N}_{ii}^{-\frac{1}{2}}\right)' \boldsymbol{N}\mathrm{diag}\left(\boldsymbol{N}_{ii}^{-\frac{1}{2}}\right) = \boldsymbol{N}_{ij} / \sqrt{\boldsymbol{N}_{ii}\boldsymbol{N}_{jj}}$$

$$\tilde{\boldsymbol{b}} = \boldsymbol{B}'\boldsymbol{b} = \mathrm{diag}\left(\boldsymbol{N}_{ii}^{-\frac{1}{2}}\right)' \boldsymbol{b} = \boldsymbol{b}_i / \sqrt{\boldsymbol{N}_{ii}}$$

根据式（2.5-11）得到二次项为

$$\Delta\tilde{\boldsymbol{y}}'\boldsymbol{P}\tilde{\boldsymbol{y}} = \Delta\boldsymbol{y}'\boldsymbol{P}\Delta\boldsymbol{y}$$

在标准化中，参数转换简化为尺度变换。

#### 2.5.2.5　法方程增加参数

在实际应用中经常需要在事后增加新的未知参数，而这些未知参数在前期没有设置。

这里唯一的限制是增加的未知参数对序贯解的影响是可以忽略的。典型应用为监测站速度的估计。

首先假设在 $m$ 个序贯解参数 $\beta_i$ 和新参数 $\delta_1$ 和 $\delta_2$ 之间存在如下关系：

$$\beta_i = f(\delta_1) + g(\delta_2),\quad i = 1,\cdots,m$$

进行线性化可以得到

$$\beta_i = F_i\delta_1 + G_i\delta_2 + c_i \tag{2.5-25}$$

式中，$F_i$ 和 $G_i$ 为系数。

根据式（2.5-5）的关系我们可以进行如下的替代：

$$\boldsymbol{B} = [F_i, G_i]\mathrm{d}\boldsymbol{\beta} = c_i \tag{2.5-26}$$

转换后的法方程为

$$\tilde{\boldsymbol{N}}\tilde{\boldsymbol{\beta}} = \tilde{\boldsymbol{b}} \tag{2.5-27}$$

其中

$$\tilde{\boldsymbol{\beta}} = [\delta_1, \delta_2]'$$

$$\tilde{\boldsymbol{N}} = \begin{bmatrix} F_i'\boldsymbol{N}_iF_i & F_i'\boldsymbol{N}_iG_i \\ G_i'\boldsymbol{N}_iF_i & G_i'\boldsymbol{N}_iG_i \end{bmatrix}$$

$$\tilde{\boldsymbol{b}} = \begin{bmatrix} F_i'(\boldsymbol{b}_i - \boldsymbol{N}_ic_i) \\ G_i'(\boldsymbol{b}_i - \boldsymbol{N}_ic_i) \end{bmatrix}$$

根据式（2.3-17）进行两个序贯处理解的累加后得到

$$\begin{aligned} &\begin{bmatrix} F_1'\boldsymbol{X}_1'\boldsymbol{P}_1\boldsymbol{X}_1F_1 + F_2'\boldsymbol{X}_2'\boldsymbol{P}_2\boldsymbol{X}_2F_2 & F_1'\boldsymbol{X}_1'\boldsymbol{P}_1\boldsymbol{X}_1G_1 + F_2'\boldsymbol{X}_2'\boldsymbol{P}_2\boldsymbol{X}_2G_2 \\ G_1'\boldsymbol{X}_1'\boldsymbol{P}_1\boldsymbol{X}_1F_1 + G_2'\boldsymbol{X}_2'\boldsymbol{P}_2\boldsymbol{X}_2F_2 & G_1'\boldsymbol{X}_1'\boldsymbol{P}_1\boldsymbol{X}_1G_1 + G_2'\boldsymbol{X}_2'\boldsymbol{P}_2\boldsymbol{X}_2G_2 \end{bmatrix} \begin{bmatrix} \hat{\delta}_1 \\ \hat{\delta}_2 \end{bmatrix} \\ &= \begin{bmatrix} F_1'\boldsymbol{X}_1'\boldsymbol{P}_1\boldsymbol{y}_1 + F_2'\boldsymbol{X}_2'\boldsymbol{P}_2\boldsymbol{y}_2 - F_1'\boldsymbol{X}_1'\boldsymbol{P}_1\boldsymbol{X}_1c_1 - F_2'\boldsymbol{X}_2'\boldsymbol{P}_2\boldsymbol{X}_2c_2 \\ G_1'\boldsymbol{X}_1'\boldsymbol{P}_1\boldsymbol{y}_1 + G_2'\boldsymbol{X}_2'\boldsymbol{P}_2\boldsymbol{y}_2 - G_1'\boldsymbol{X}_1'\boldsymbol{P}_1\boldsymbol{X}_1c_1 + G_2'\boldsymbol{X}_2'\boldsymbol{P}_2\boldsymbol{X}_2c_2 \end{bmatrix} \end{aligned} \tag{2.5-28}$$

式（2.5-28）就是估计坐标漂移率的最好应用。

示例：事后估计位置坐标的漂移率。

假设位置坐标存在线性模型，可以将新参数 $\boldsymbol{\beta}_{t0}$（针对任意参考时刻 $t_0$ 的参考坐标）和 $V_{t0}$（位置漂移）与原参数 $\boldsymbol{\beta}_i$（$t_i$ 时刻位置坐标）之间的关系表示如下：

$$\boldsymbol{\beta}_i = \boldsymbol{\beta}_{t0} + \Delta t_i v_{t0} \tag{2.5-29}$$

式中，$\Delta t_i$ 为 $t_i$ 时刻与 $t_0$ 时刻间的时间差。

比较式（2.5-29）与式（2.5-25）可以得出

$$c_i = 0, F_i = I_i, G_i = \Delta t_i I_i$$

在这里，我们必须假设在每个单独序贯解 $\hat{\boldsymbol{\beta}}_i$ 有效的时段内，速度影响是可以忽略的。

估计监测站速度至少需要两组在不同时刻的序贯解，这样才能够保证以下法方程不会奇异。

$$\begin{bmatrix} \boldsymbol{X}_1'\boldsymbol{P}_1\boldsymbol{X}_1 + \boldsymbol{X}_2'\boldsymbol{P}_2\boldsymbol{X}_2 & \Delta t_1(\boldsymbol{X}_1'\boldsymbol{P}_1\boldsymbol{X}_1) + \Delta \boldsymbol{t}_2(\boldsymbol{X}_2'\boldsymbol{P}_2\boldsymbol{X}_2) \\ \Delta t_1(\boldsymbol{X}_1'\boldsymbol{P}_1\boldsymbol{X}_1) + \Delta \boldsymbol{t}_2(\boldsymbol{X}_2'\boldsymbol{P}_2\boldsymbol{X}_2) & \Delta t_1^2(\boldsymbol{X}_1'\boldsymbol{P}_1\boldsymbol{X}_1) + \Delta \boldsymbol{t}_2^2(\boldsymbol{X}_2'\boldsymbol{P}_2\boldsymbol{X}_2) \end{bmatrix} \begin{bmatrix} \hat{\boldsymbol{\beta}}_{t0} \\ \hat{v}_{t0} \end{bmatrix}$$

$$=\begin{bmatrix} \boldsymbol{X}_1'\boldsymbol{P}_1\boldsymbol{y}_1+\boldsymbol{X}_2'\boldsymbol{P}_2\boldsymbol{y}_2 \\ \Delta t_1(\boldsymbol{X}_1'\boldsymbol{P}_1\boldsymbol{y}_1)+\Delta t_2(\boldsymbol{X}_2'\boldsymbol{P}_2\boldsymbol{y}_2) \end{bmatrix} \tag{2.5-30}$$

比较式（2.5-30）和式（2.4-1）可以发现，在原有的法方程基础上增加了额外的估计参数 $\hat{v}_{t0}$。从另一个方面考虑，我们如果处理 $m$ 个法方程，则将 $m$ 个相互独立的参数向量合并为上述两个向量（即将未知参数从 $m$ 个减少到 2 个）。

因为速度在每次独立估计中的影响是可以忽略的，因此在事先估计时设置速度参数是没有必要的。

#### 2.5.2.6 赫尔默特参数估计

为每个法方程引入赫尔默特转换参数（相对组合解的平移、旋转和尺度因子参数）也是可能的。当应用于两个序贯解时，这与对两个解使用方差-协方差信息进行赫尔默特转换是相同的。这里的区别仅在于估计组合解和赫尔默特参数。

增加赫尔默特转换参数的应用实例主要有以下两个。

（1）采用不同的地球质心定义全球 GPS 网解组合时，这些解有的对地球质心进行估计，有的不估计，而有的采用不同的地球重力场参数。一般需要三个转换参数来吸收参考框架原点定义不同带来的影响。

（2）对不同观测技术的解进行组合时，如组合传统大地测量网和 GPS 网时。假如一个自由网平差不会对网的平移定义产生影响，通过将一个站的坐标约束到事先定义的值上，或应用无整网旋转条件则可消除这一自由度。两个网的定向通常已被很好确定，因此估计两者之间的旋转参数比强制 GPS 网定向参数向传统大地测量网逼近更加合适。

这里需要指出的是，大多数不同 GPS 解组合不需要增加额外的赫尔默特参数。当设置这些参数时，将会削弱组合解的质量。

首先从式（2.3-13）开始：

$$\begin{bmatrix} \hat{\boldsymbol{\beta}}_1 \\ \hat{\boldsymbol{\beta}}_2 \end{bmatrix}+\begin{bmatrix} \boldsymbol{e}_{1II} \\ \boldsymbol{e}_{2II} \end{bmatrix}=\begin{bmatrix} \boldsymbol{I} \\ \boldsymbol{I} \end{bmatrix}\hat{\boldsymbol{\beta}}_c \quad D\left(\begin{bmatrix} \hat{\boldsymbol{\beta}}_1 \\ \hat{\boldsymbol{\beta}}_2 \end{bmatrix}\right)=\sigma_c^2\begin{bmatrix} \boldsymbol{\Sigma}_1 & 0 \\ 0 & \boldsymbol{\Sigma}_2 \end{bmatrix}$$

该式表示由参数 $\hat{\boldsymbol{\beta}}_1$ 和 $\hat{\boldsymbol{\beta}}_2$ 组成伪观测方程，对应的协方差信息由独立估计给出。进一步假设组合参数向量 $\hat{\boldsymbol{\beta}}_c$ 仅由 $n$ 个位置坐标 $\hat{\boldsymbol{x}}_i$ 组成，即 $\hat{\boldsymbol{\beta}}_c=[\hat{\boldsymbol{x}}_1,\hat{\boldsymbol{x}}_2,\cdots,\hat{\boldsymbol{x}}_n]'$。

如果两组解对应不同参考系统，则需要定义最多 $t$ 个赫尔默特参数 $t_x$、$t_y$、$t_z$、$\boldsymbol{\alpha}$、$\boldsymbol{\beta}$、$\boldsymbol{\gamma}$、$f$。将赫尔默特参数引入不同系统 $i$, $i\in\{1,2\}$，针对组合参数 $\hat{\boldsymbol{\beta}}_c$ 可以表示为

$$\hat{\boldsymbol{\beta}}_i+\boldsymbol{e}_{iII}=(\hat{\boldsymbol{\beta}}_c+\boldsymbol{T}_i)f_i\boldsymbol{U}_i \tag{2.5-31}$$

利用 $3\cdot n\times 1$ 维矩阵 $\boldsymbol{T}$ 进行表示：

$$\boldsymbol{T}_i=\begin{bmatrix}\boldsymbol{t}_i\\\boldsymbol{t}_i\\\vdots\\\boldsymbol{t}_i\end{bmatrix}\quad \boldsymbol{t}_i=\begin{bmatrix}t_{xi}\\t_{yi}\\t_{zi}\end{bmatrix}\tag{2.5-32}$$

尺度参数 $f_i$ 和 $3\cdot n\times 1$ 维矩阵 $\boldsymbol{U}_i$ 表示矩阵的旋转。

$$\boldsymbol{U}_i=\begin{bmatrix}\boldsymbol{u}_i\\\boldsymbol{u}_i\\\vdots\\\boldsymbol{u}_i\end{bmatrix}\quad \boldsymbol{u}_i=\boldsymbol{R}_x(\boldsymbol{\alpha}_i)\boldsymbol{R}_y(\boldsymbol{\beta}_i)\boldsymbol{R}_z(\boldsymbol{\gamma}_i)\tag{2.5-33}$$

旋转矩阵可以表示为

$$\begin{gathered}\boldsymbol{R}_x(\boldsymbol{\alpha}_i)=\begin{bmatrix}1&0&0\\0&\cos\boldsymbol{\alpha}_i&\sin\boldsymbol{\alpha}_i\\0&-\sin\boldsymbol{\alpha}_i&\cos\boldsymbol{\alpha}_i\end{bmatrix};\\ \boldsymbol{R}_y(\boldsymbol{\beta}_i)=\begin{bmatrix}\cos\boldsymbol{\beta}_i&0&-\sin\boldsymbol{\beta}_i\\0&1&0\\\sin\boldsymbol{\beta}_i&0&\cos\boldsymbol{\beta}_i\end{bmatrix};\\ \boldsymbol{R}_z(\boldsymbol{\gamma}_i)=\begin{bmatrix}\cos\boldsymbol{\gamma}_i&\sin\boldsymbol{\gamma}_i&0\\-\sin\boldsymbol{\gamma}_i&\cos\boldsymbol{\gamma}_i&0\\0&0&1\end{bmatrix}\end{gathered}\tag{2.5-34}$$

式（2.5-31）对于未知参数是非线性的，线性化后得到

$$\Delta\hat{\boldsymbol{\beta}}_i=\boldsymbol{E}_{1i}\Delta\hat{\boldsymbol{\beta}}_c+\boldsymbol{E}_{2i}\Delta t_i+\boldsymbol{E}_{3i}\Delta\boldsymbol{S}_i+\boldsymbol{E}_{4i}\Delta f_i+(\hat{\boldsymbol{\beta}}_c|_0-\hat{\boldsymbol{\beta}}_i|_0)\tag{2.5-35}$$

$$\hat{\boldsymbol{\beta}}_i|_0=(\hat{\boldsymbol{\beta}}_c|_0+\boldsymbol{T}_i|_0)\cdot f_i|_0\cdot\boldsymbol{U}_i|_0\tag{2.5-36}$$

$$\hat{\boldsymbol{\beta}}_c|_0=\hat{\boldsymbol{\beta}}_c\text{ 的先验值}\tag{2.5-37}$$

$$\boldsymbol{E}_{1i}=\begin{bmatrix}f_i|_0\cdot\boldsymbol{U}_i|_0&0&\cdots&0\\0&f_i|_0\cdot\boldsymbol{U}_i|_0&\cdots&0\\&&\ddots&\\0&0&\cdots&f_i|_0\cdot\boldsymbol{U}_i|_0\end{bmatrix}\tag{2.5-38}$$

$$\boldsymbol{E}_{2i}=\begin{bmatrix}f_i|_0\cdot\boldsymbol{U}_i|_0\\f_i|_0\cdot\boldsymbol{U}_i|_0\\\cdots\\f_i|_0\cdot\boldsymbol{U}_i|_0\end{bmatrix}\tag{2.5-39}$$

$$\boldsymbol{E}_{3i}=\begin{bmatrix}\boldsymbol{S}_{1i}\\\boldsymbol{S}_{2i}\\\cdots\\\boldsymbol{S}_{ni}\end{bmatrix},\quad \Delta\boldsymbol{S}_i=\begin{bmatrix}\Delta\boldsymbol{\alpha}_i\\\Delta\boldsymbol{\beta}_i\\\Delta\boldsymbol{\gamma}_i\end{bmatrix}\tag{2.5-40}$$

$$\boldsymbol{S}_{ji}=(\hat{\boldsymbol{x}}_j|_0+t_i|_0)\cdot f_i|_0\cdot\left[\left.\frac{\Delta u_i}{\Delta\boldsymbol{\alpha}_i}\right|_0\quad\left.\frac{\Delta u_i}{\Delta\boldsymbol{\beta}_i}\right|_0\quad\left.\frac{\Delta u_i}{\Delta\gamma_i}\right|_0\right],\quad j=1,\cdots,n \tag{2.5-41}$$

$$\boldsymbol{E}_{4i}=\begin{bmatrix}(\hat{\boldsymbol{x}}_1|_0+t_i|_0)\cdot u_i|_0\\(\hat{\boldsymbol{x}}_2|_0+t_i|_0)\cdot u_i|_0\\\cdots\\(\hat{\boldsymbol{x}}_n|_0+t_i|_0)\cdot u_i|_0\end{bmatrix} \tag{2.5-42}$$

未知参数可以总结为新的估计向量如下：

$$\Delta\tilde{\boldsymbol{\beta}}_i=[\Delta\hat{\boldsymbol{\beta}}_c,\Delta\boldsymbol{h}_i']'=[\Delta\hat{\boldsymbol{\beta}}_c,\Delta t_{xi},\Delta t_{yi},\Delta t_{zi},\Delta\boldsymbol{\alpha}_i,\Delta\boldsymbol{\beta}_i,\Delta\gamma_i,\Delta f_i]' \tag{2.5-43}$$

对于2.6.4节的自由网平差条件，我们认为两个系统间只存在微小的旋转、平移和尺度偏差。式（2.5-34）的旋转矩阵可以进行简化。当采用先验值$\boldsymbol{h}_i'|_0=[0,0,0,0,0,0,1]$时，式（2.6-21）和式（2.6-22）可获得相同的结果。

式（2.5-35）采用矩阵的形式可以表示为

$$\Delta\hat{\boldsymbol{\beta}}_i=\boldsymbol{E}_i\Delta\tilde{\boldsymbol{\beta}}_i=[\boldsymbol{E}_{1i}\boldsymbol{E}_{2i}\boldsymbol{E}_{3i}\boldsymbol{E}_{4i}]\begin{bmatrix}\Delta\hat{\boldsymbol{\beta}}_c\\\Delta t_i\\\Delta\boldsymbol{S}_i\\\Delta f_i\end{bmatrix}+(\hat{\boldsymbol{\beta}}_c|_0-\hat{\boldsymbol{\beta}}_i|_0) \tag{2.5-44}$$

可以被解释为式（2.5-5）$\Delta\hat{\boldsymbol{\beta}}=\boldsymbol{B}\Delta\tilde{\boldsymbol{\beta}}+\mathrm{d}\boldsymbol{\beta}$的参数转换形式，按照式（2.5-8）～式（2.5-10）可以推导出$\hat{\boldsymbol{\beta}}_i$对应的法方程及协方差矩阵$\boldsymbol{\Sigma}_i$。按照式（2.5-11）可以计算出相应的二次项$\boldsymbol{y}'\boldsymbol{P}\boldsymbol{y}$。

赫尔默特参数的估计是在法方程累加之前。值得注意的是，扩充后的法方程不可能再逆变换，因为赫尔默特参数是与坐标参数一一相关的。

一般情况下，包含赫尔默特参数的多个序贯解组合是可能的。在任何情况下，我们不得不选择一个参数作为参考值，而不针对组合值进行任何平移、旋转和尺度变换。一种替代方式是为每一组解设置赫尔默特参数，然后将赫尔默特参数的和限制为零。

这个过程对应的是多赫尔默特变换，而不是组合坐标估计。

我们应该强调的是这个过程与通常在两个解之间求解赫尔默特参数存在一定的差别，因为这里我们同时估计坐标和赫尔默特参数，而不仅仅只是赫尔默特参数。将组合值$\hat{\boldsymbol{\beta}}_c$约束到$\hat{\boldsymbol{\beta}}_1$将包括第二种情况：$\hat{\boldsymbol{\beta}}_2=(\hat{\boldsymbol{\beta}}_1+\boldsymbol{T}_2)\cdot f_2\cdot\boldsymbol{U}_2$。

应该指出的是这种方法考虑到了所有方差协方差信息。式（2.5-31）的非线性在先验值误差较大或者赫尔默特参数较大的情况下，必须进行组合值迭代。

#### 2.5.2.7　其他应用

对于在事后引入的参数进行估计的应用可以扩展到GPS观测方程中的其他参数类型。对于在IGS中超过两年的由GPS处理得到的地球自转参数，可以设置傅里叶系数，分析可能存在的振动现象（见2.5.3节）。

对于类似的应用可能包括在序贯处理中的所有参数（地球质心、重力场参数、卫星天线中心偏差等）。这些参数可以由一个在整个时段内有效的新参数进行建模。

这些分析经常采用每天的原始地球自转值进行，而不考虑与其他参数的相关性。在含有相关性的组合解中直接增加傅里叶系数，使得对其他参数的影响研究变为可能。

### 2.5.3 傅里叶系数估计

假设在序贯估计中待估向量为$\boldsymbol{x}_i$，在$t\in[t_i,t_{i+1}]$时段内有效。如果其中存在一定频率的周期信号，我们可以增加傅里叶系数作为未知变量。首先，考虑单频模型为

$$\boldsymbol{x}_i = a\cdot\cos(\Theta_i+\phi) = a_{xr}\cos\Theta_i + a_{xi}\sin\Theta_i \tag{2.5-45}$$

式中，$\boldsymbol{x}_i$为待估参数$\boldsymbol{x}(t_i)$时间序列；$a$和$\phi$为未知的幅度和相位偏差；$a_{xr}$和$a_{xi}$为未知的同相和异相系数；$\Theta_i=\varpi(t-t_i)$是频率为$\varpi$、相对于$t_i$参考时刻的相位参数。

根据式（2.5-45）我们可以得出

$$a_{xr} = a\cdot\cos\phi, \quad a_{xi} = -a\cdot\sin\phi \tag{2.5-46}$$

更进一步假设在第$i$个观测序列的有效时段$[t_i,t_{i+1}]$内，我们以$q$阶的时间$t$多项式进行表达，其中$\boldsymbol{x}_{ik}$为多项式系数：

$$\boldsymbol{x}_i(t) = \sum_{k=0}^{q}\boldsymbol{x}_{ik}\cdot(t-t_i)^k \tag{2.5-47}$$

于是，观测值序列$\boldsymbol{x}_i(t)$可以由$q+1$个参数$\boldsymbol{x}_{ik}$进行建模。

从式（2.5-47）我们可以得到偏导数为

$$\boldsymbol{x}_i^{(k)}(t) := \frac{d^k}{t^k}\boldsymbol{x}_i(t) = \sum_{k=r}^{q}\frac{r!}{(r-k)!}\boldsymbol{x}_{ik}\cdot(t-t_i)^{r-k} \tag{2.5-48}$$

这里当$t:=t_i$，则

$$\boldsymbol{x}_{ik} = \frac{1}{\boldsymbol{k}!}\boldsymbol{x}_i^{(k)}(\boldsymbol{t}_i) \tag{2.5-49}$$

将式（2.5-45）的右半部分代入式（2.5-49）中，则对于参考时刻$t=t_i$，且$k=0,1,\cdots,q$，$\boldsymbol{x}_{ik}$可表示为

$$\boldsymbol{x}_{ik} = \frac{1}{k!}(a_{xr}\cos\Theta_i^k + a_{xi}\sin\Theta_i^k) \tag{2.5-50}$$

采用矩阵形式表示，在$[t_i,t_{i+1}]$时段内未知参数为

$$\boldsymbol{x}_{ik} = \begin{bmatrix}\boldsymbol{x}_{i0}\\ \vdots \\ \boldsymbol{x}_{iq}\end{bmatrix}_{(q+1)\times 1} = \boldsymbol{B}_i\tilde{\boldsymbol{x}} \tag{2.5-51}$$

这里

$$\boldsymbol{B}_i = \begin{bmatrix} \cos\boldsymbol{\Theta}_i & \sin\boldsymbol{\Theta}_i \\ \cdots & \cdots \\ \frac{1}{q!}\cos\boldsymbol{\Theta}_i^q & \frac{1}{q!}\sin\boldsymbol{\Theta}_i^q \end{bmatrix}_{(q+1)\times 2}, \tilde{\boldsymbol{x}} = \begin{bmatrix} a_{xr} \\ a_{xi} \end{bmatrix}_{2\times 1} \tag{2.5-52}$$

考虑$n$组时间区间，我们可以得到下述转换公式：

$$\boldsymbol{x} = \begin{bmatrix} \boldsymbol{x}_1 \\ \vdots \\ \boldsymbol{x}_n \end{bmatrix}_{n\cdot(q+1)\times 1} = \boldsymbol{B}\tilde{\boldsymbol{x}} \tag{2.5-53}$$

其中

$$\boldsymbol{B} = \begin{bmatrix} \boldsymbol{B}_1 \\ \vdots \\ \boldsymbol{B}_n \end{bmatrix}_{n\cdot(q+1)\times 2}, \tilde{\boldsymbol{x}} = \begin{bmatrix} a_{xr} \\ a_{xi} \end{bmatrix}_{2\times 1} \tag{2.5-54}$$

在估计极移和章动的情况下，我们不得不同时考虑两个参数。假设估计针对相同频率$\omega$的系数，则可以得到如下两个公式：

$$\begin{aligned} \boldsymbol{x}_i &= a_{xr}\cos\boldsymbol{\Theta}_i + a_{xi}\sin\boldsymbol{\Theta}_i \\ \boldsymbol{y}_i &= a_{yr}\sin\boldsymbol{\Theta}_i + a_{yi}\cos\boldsymbol{\Theta}_i \end{aligned} \tag{2.5-55}$$

一种等价的表达方式是将其分为顺时针和逆时针系数，具体如下：

$$\left.\begin{aligned} \boldsymbol{x}_i &= A^+ \cdot \cos(\boldsymbol{\Theta}_i + \phi^+) = a_r^+ \cos\boldsymbol{\Theta}_i - a_i^+ \sin\boldsymbol{\Theta}_i \\ \boldsymbol{y}_i &= A^+ \cdot \sin(\boldsymbol{\Theta}_i + \phi^+) = a_r^+ \sin\boldsymbol{\Theta}_i + a_i^+ \sin\boldsymbol{\Theta}_i \end{aligned}\right\} \text{顺时针}$$

$$\left.\begin{aligned} \boldsymbol{x}_i &= A^- \cdot \cos(-\boldsymbol{\Theta}_i + \phi^-) = a_r^- \cos\boldsymbol{\Theta}_i - a_i^- \sin\boldsymbol{\Theta}_i \\ \boldsymbol{y}_i &= A^- \cdot \sin(-\boldsymbol{\Theta}_i + \phi^-) = -a_r^- \sin\boldsymbol{\Theta}_i + a_i^- \cos\boldsymbol{\Theta}_i \end{aligned}\right\} \text{逆时针} \tag{2.5-56}$$

式（2.5-56）与式（2.5-55）的一致性可以通过下述关系进行确认：

$$\begin{aligned} a_{xr} &= \frac{(a_r^+ + a_r^-)}{2}; a_r^- = (a_{xr} - a_{yr}) \\ a_{xi} &= \frac{-(a_i^+ - a_i^-)}{2}; a_i^- = (a_{xi} + a_{yi}) \\ a_{yr} &= \frac{(a_i^+ - a_r^-)}{2}; a_r^+ = (a_{xr} + a_{yr}) \\ a_{yi} &= \frac{(a_i^+ + a_i^-)}{2}; a_i^+ = -(a_{xi} - a_{yi}) \end{aligned} \tag{2.5-57}$$

利用下述关系可以从一套参数转换为另一套参数：

$$\begin{bmatrix} a_{xr} \\ a_{xi} \\ a_{yr} \\ a_{yi} \end{bmatrix} = \frac{1}{2}\begin{bmatrix} 1 & 0 & 1 & 0 \\ 0 & 1 & 0 & -1 \\ -1 & 0 & 1 & 0 \\ 0 & 1 & 0 & 1 \end{bmatrix}\begin{bmatrix} a_r^- \\ a_i^- \\ a_r^+ \\ a_i^+ \end{bmatrix} \tag{2.5-58}$$

$$\begin{bmatrix} a_r^- \\ a_i^- \\ a_r^+ \\ a_i^+ \end{bmatrix} = \begin{bmatrix} 1 & 0 & -1 & 0 \\ 0 & 1 & 0 & 1 \\ 1 & 0 & 1 & 0 \\ 0 & -1 & 0 & 1 \end{bmatrix} \begin{bmatrix} a_{xr} \\ a_{xi} \\ a_{yr} \\ a_{yi} \end{bmatrix} \tag{2.5-59}$$

这个转换过程在某些特定应用中非常有用，因为在这些应用中仅要求考察顺时针或者逆时针的一些信号分量。这时不需要同时求解 $a_r^+$、$a_i^+$、$a_r^-$ 和 $a_i^-$，而只需要求解 $a_r^+$ 和 $a_i^+$，或者 $a_r^-$ 和 $a_i^-$。

以下我们分别推导出估计顺时针和逆时针系数的计算过程，这一过程与式（2.5-50）～式（2.5-54）的过程是一致的。

首先，从逆行部分开始：从式（2.5-56）中可知，在参考时刻 $t = t_i$，$k = 0,1,\cdots,q$，我们可以得到 $2\cdot(q+1)$ 个转换公式：

$$\begin{aligned} \boldsymbol{x}_{ik} &= \frac{1}{k!}(a_r^- \cos\boldsymbol{\Theta}_i^k + a_i^- \sin\boldsymbol{\Theta}_i^k) \\ \boldsymbol{y}_{ik} &= \frac{1}{k!}(-a_r^- \sin\boldsymbol{\Theta}_i^k + a_i^- \cos\boldsymbol{\Theta}_i^k) \end{aligned} \tag{2.5-60}$$

以矩阵形式表示为

$$\boldsymbol{xy}\big|_i = \begin{bmatrix} \boldsymbol{x}_{i0} \\ \boldsymbol{y}_{i0} \\ \vdots \\ \boldsymbol{x}_{iq} \\ \boldsymbol{y}_{iq} \end{bmatrix}_{2\cdot(q+1)\times 1} = \boldsymbol{B}_i^- \widetilde{\boldsymbol{xy}}\,|^- \tag{2.5-61}$$

其中

$$\boldsymbol{B}_i^- = \begin{bmatrix} \cos\boldsymbol{\Theta}_i & \sin\boldsymbol{\Theta}_i \\ -\sin\boldsymbol{\Theta}_i & \cos\boldsymbol{\Theta}_i \\ \cdots & \cdots \\ \cdots & \cdots \\ \frac{1}{q!}\cos\boldsymbol{\Theta}_i^q & \frac{1}{q!}\sin\boldsymbol{\Theta}_i^q \\ -\frac{1}{q!}\sin\boldsymbol{\Theta}_i^q & \frac{1}{q!}\cos\boldsymbol{\Theta}_i^q \end{bmatrix}_{2\cdot(q+1)\times 2}, \quad \widetilde{\boldsymbol{xy}}\,|^- = \begin{bmatrix} a_r^- \\ a_i^- \end{bmatrix}_{2\times 1} \tag{2.5-62}$$

对于估计顺时针频率，我们可以得到相似的表达式：

$$\boldsymbol{xy}\,|_i = \boldsymbol{B}_i^+ \widetilde{\boldsymbol{xy}}\,|^+ \tag{2.5-63}$$

其中

$$\boldsymbol{B}_i^+ = \begin{bmatrix} \cos\boldsymbol{\Theta}_i & -\sin\boldsymbol{\Theta}_i \\ \sin\boldsymbol{\Theta}_i & \cos\boldsymbol{\Theta}_i \\ \cdots & \cdots \\ \cdots & \cdots \\ \frac{1}{q!}\cos\boldsymbol{\Theta}_i^q & -\frac{1}{q!}\sin\boldsymbol{\Theta}_i^q \\ \frac{1}{q!}\sin\boldsymbol{\Theta}_i^q & \frac{1}{q!}\cos\boldsymbol{\Theta}_i^q \end{bmatrix}_{2\cdot(q+1)\times 2}, \quad \widetilde{\boldsymbol{xy}}|^+ = \begin{bmatrix} a_r^+ \\ a_i^+ \end{bmatrix}_{2\times 1} \tag{2.5-64}$$

考虑所有 $n$ 个时间序列，我们可以最终得到如下估计逆时针频率 $\omega$ 系数的转换公式：

$$\boldsymbol{xy}| = \begin{bmatrix} \boldsymbol{xy}|_1 \\ \vdots \\ \boldsymbol{xy}|_n \end{bmatrix}_{2\cdot n\cdot(q+1)\times 2} = \boldsymbol{B}^- \widetilde{\boldsymbol{xy}}|^- \tag{2.5-65}$$

其中

$$\boldsymbol{B}^- = \begin{bmatrix} \boldsymbol{B}_1^- \\ \vdots \\ \boldsymbol{B}_n^- \end{bmatrix}_{2\cdot n\cdot(q+1)\times 2}, \quad \widetilde{\boldsymbol{xy}}|^- = \begin{bmatrix} a_r^- \\ a_i^- \end{bmatrix}_{2\times 1} \tag{2.5-66}$$

同样，用 + 号替换 – 可以得到顺时针系数的转换公式。

顺时针或者逆时针系数都可以采用下述转换方程进行估计：

$$\boldsymbol{xy}| = [\boldsymbol{B}^+ \quad \boldsymbol{B}^-] \begin{bmatrix} \widetilde{\boldsymbol{xy}}|^+ \\ \widetilde{\boldsymbol{xy}}|^- \end{bmatrix} \tag{2.5-67}$$

式（2.5-53）、式（2.5-65）或式（2.5-67）都与式（2.5-5）形式一致。所以对应的法方程可以采用式（2.5-8）～式（2.5-10）的形式进行转换计算获得。式（2.5-67）可以将 $\boldsymbol{x}(\boldsymbol{t})$ 和 $\boldsymbol{y}(\boldsymbol{t})$ 的有效参数从 $2\cdot n\cdot(q+1)$ 个减少到对应给定频率 $\omega$ 的 4 个傅里叶系数。如果我们想估计额外频率的系数，则可以将式（2.5-54）、式（2.5-65）或式（2.5-67）的转换方程进行扩展。估计偏差和漂移率可以采用与估计站坐标和速度相同的方式进行。

针对章动参数的情况，我们可以推导出顺时针和逆时针频率的幅度和相位估计方程，其中考虑 GPS 模型的所有参数。在 IAU1990 章动模型中存在很重要的信号，这一现象已在 Weber 等（1995a）的论述中进行详细描述。

地球自转主要基于预报的先验信息估计 $\boldsymbol{x}$ 和 $\boldsymbol{y}$ 。估计的参数增加值 $\Delta\boldsymbol{\beta}$ 并不适合发现信号。因此需要将法方程系统转换为良好定义的先验极轴。

### 2.5.4　阻塞频率

阻塞一定的频率在一些特殊应用中是必要的。无法利用 GPS 估计极移运动的逆时针周期项，因为这些周期项是与整个轨道系统的常数旋转一对一相关的（Beutler，1995）。如果需要解算地球旋转中的亚周日信号，我们必须在同时解算轨道参数时能够约束（阻塞）逆时针周日信号。

如果忽略轨道，可以将这些信号留在估计值中，而且仅仅解释为针对其他频率的系数。图 2-3 显示一个典型实例，在是否阻塞（约束）相应频率的情况下极移的 $x$ 轴和 $y$ 轴。基于单天弧段解的组合获得 7 天的一套轨道参数，其中可针对所有卫星增加 12h 一个随机脉冲参数。利用式（2.6-12）的约束，可以使极移参数（对小于 1h 的 1 维）估计保持连续。作为对比，将重叠的 3 天解中中间一天的结果也同时给出。为了避免 7 天弧长起始处较大的噪声，仅利用中间 3～5 天的估计值进行频谱分析会很有用。我们可以发现估计中主要的波动是逆时针的周日信号：$y$ 轴的幅度较 $x$ 轴的最大值早 1/4 周，如果我们考虑在左手的极坐标系统中存在向东旋转现象，我们可以说明这一事实。

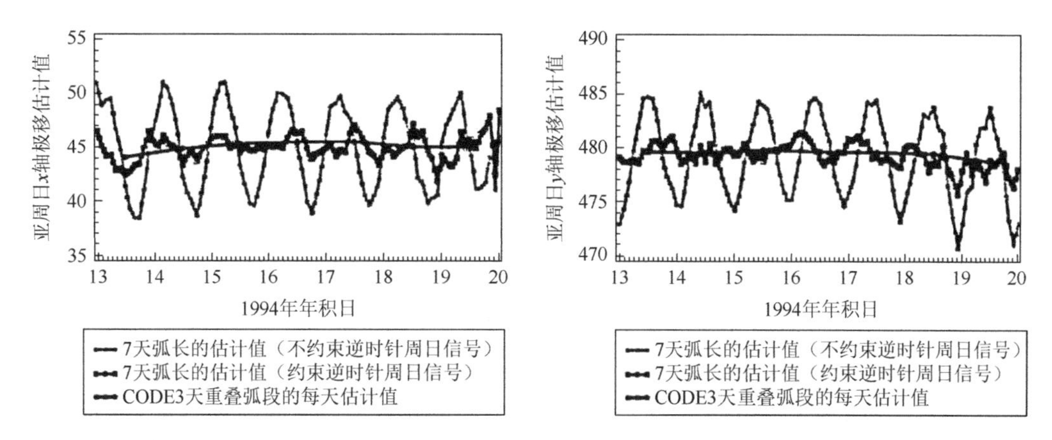


图 2-3 在约束和不约束逆时针周日信号情况下 7 天弧长的亚周日极移估计值（为了进行对比，CODE 的 3 天重叠弧段的每天估计值也作为参考）

阻塞某一特定频率的过程与估计傅里叶系数（2.1.5.3 节）的过程是一致的。

如果针对对应的法方程 $\boldsymbol{Nxy}=\boldsymbol{b}$，应用式（2.5-65）的参数转换方程，可以获得式（2.5-8）～式（2.5-10）。

$$\boldsymbol{B}^{-\prime}\boldsymbol{N}\boldsymbol{B}^{-}\widetilde{\boldsymbol{xy}}|^{-}=\boldsymbol{B}^{-\prime}\boldsymbol{b} \tag{2.5-68}$$

于是，

$$\widetilde{\boldsymbol{xy}}|^{-}=(\boldsymbol{B}^{-\prime}\boldsymbol{N}\boldsymbol{B}^{-})^{-1}\boldsymbol{B}^{-\prime}\boldsymbol{b}=(\boldsymbol{B}^{-\prime}\boldsymbol{N}\boldsymbol{B}^{-})^{-1}\boldsymbol{B}^{-\prime}\boldsymbol{Nxy} \tag{2.5-69}$$

为了约束逆时针周日信号，我们不得不设置 $\widetilde{\boldsymbol{xy}}|^{-}\equiv 0$ 条件。这可以通过增加一个权值很大（或方差 $\sigma_{\omega}^{2}$ 很小）的虚拟观测值实现。根据 2.6.2 节，这与在最小二乘估计中增加真实的约束等价。根据式（2.5-69）我们可以得到以下伪观测方程：

$$(\boldsymbol{B}^{-\prime}\boldsymbol{N}\boldsymbol{B}^{-})^{-1}\boldsymbol{B}^{-\prime}\boldsymbol{Nxy}+\boldsymbol{e}=\varnothing,\quad D(\varnothing)=\frac{\sigma_0^2}{\sigma_{\omega}^2}\boldsymbol{I} \tag{2.5-70}$$

利用式（2.6-3）可以获得法方程左半部分的累加结果：

$$\tilde{\boldsymbol{N}}=\boldsymbol{N}+\frac{\sigma_0^2}{\sigma_{\omega}^2}\boldsymbol{N}\boldsymbol{B}^{-}(\boldsymbol{B}^{-\prime}\boldsymbol{N}\boldsymbol{B}^{-})^{-1}(\boldsymbol{B}^{-\prime}\boldsymbol{N}\boldsymbol{B}^{-})^{-1}\boldsymbol{B}^{-\prime}\boldsymbol{N} \tag{2.5-71}$$

如果假定 $\boldsymbol{xy}|$ 中的所有参数都采用相同质量确定，并且在连续的间隔内（$\boldsymbol{N}=c\cdot\boldsymbol{I}$）没有相关关系，则进行约束就会很简单。为了约束逆时针周日信号，这一假设是合理的，

因为这些信号是不能由 GPS 观测估计的。由于矩阵 $\boldsymbol{B}^-$ 的简单结构，我们根据式（2.5-62）和式（2.5-66）可得

$$(\boldsymbol{B}^{-\prime}\boldsymbol{B}^-)^{-1} = \frac{1}{n\cdot(q+1)}\boldsymbol{I} \tag{2.5-72}$$

因此，

$$\tilde{\boldsymbol{N}} = \boldsymbol{N} + \frac{\sigma_0^2}{\sigma_\omega^2 n^2 (q+1)^2}\boldsymbol{B}^-\boldsymbol{B}^{-\prime} \tag{2.5-73}$$

其中，

$$\boldsymbol{B}^-\boldsymbol{B}^{-\prime} = \begin{bmatrix} \boldsymbol{B}_{11} & \boldsymbol{B}_{12} & \cdots & \boldsymbol{B}_{1n} \\ \boldsymbol{B}_{12} & \boldsymbol{B}_{22} & \cdots & \boldsymbol{B}_{2n} \\ \vdots & \vdots & & \vdots \\ \boldsymbol{B}_{1n} & \boldsymbol{B}_{1n} & \cdots & \boldsymbol{B}_{nn} \end{bmatrix}_{2\cdot n\cdot(q+1)\times 2\cdot n\cdot(q+1)} \tag{2.5-74}$$

对于约束逆时针信号可以采用与上述过程相同的方法。我们可以对矩阵 $\boldsymbol{B}^+\boldsymbol{B}^{+\prime}$ 取与上述相反的符号。这是一个合理的逻辑，因为 $\boldsymbol{B}^-\boldsymbol{B}^{-\prime}$ 和 $\boldsymbol{B}^+\boldsymbol{B}^{+\prime}$ 矩阵的累加将会造成 $\boldsymbol{x}$ 的时间序列参数和 $\boldsymbol{y}$ 的时间序列参数的互不相关。阻塞两者，即同时约束顺时针和逆时针波动部分频率 $\omega$ 与独立约束 $\boldsymbol{x}$ 或 $\boldsymbol{y}$ 是一致的。对于仅约束时间序列中的 $\omega$ 相关方程则通过将第二列和第二行的元素设为零即可。

上述描述的过程是一种非常简洁的方法，可以在逆时针周日信号中保护亚周日信号分量，而不用在法方程中增加傅里叶系数。

## 2.6 法方程约束

### 2.6.1 先验约束作为虚拟观测值

一般情况下，一种给定类型观测数据在理论模型中并不是对所有参数都敏感。在这种情况下法方程 $\boldsymbol{N\beta}=\boldsymbol{b}$ 将是奇异的，即 $\det(\boldsymbol{N})=0$ 。例如，距离观测值就不包含任何大地测量中的定向信息。

在这种情况下就需要在最小二乘解中增加一些额外信息使法方程非奇异。其中一种方法是固定至少一个站的坐标不变。这等价于构造了一个不含这个站坐标参数的法方程。

对于其他各类应用，同样引入一些与参数相关的外部信息也是非常有用的，具体形式如下：

$$\boldsymbol{H\beta} = \boldsymbol{w} + \boldsymbol{e}_w, \quad D(\boldsymbol{w}) = \sigma^2 \boldsymbol{P}_w^{-1} \tag{2.6-1}$$

式中，$\boldsymbol{H}$ 为 $r\times u$ 维系数矩阵，且 $\mathrm{rg}\boldsymbol{H}=r$ ，$r$ 为约束方程的个数，且 $r<u$ ；$\boldsymbol{\beta}$ 为 $u\times 1$ 维未知参数向量；$\boldsymbol{w}$ 为 $r\times 1$ 维已知常数向量；$\boldsymbol{e}_w$ 为 $r\times 1$ 维残差向量；$\boldsymbol{P}_w^{-1}$ 为 $r\times r$ 维约束方程的方差矩阵。

这里的约束与 2.1.2 节中介绍的高斯-马尔可夫模型约束存在一个重要的差别：在式（2.6-1）中指定了一个约束方程的方差矩阵，在高斯-马尔可夫模型中，方差矩阵隐含

定义为$P_w^{-1}=0$，即$P_w\to\infty$。证明过程将在2.6.2节给出。带有约束的高斯-马尔可夫模型在估计中最小化残差总和，同时满足附加的约束条件。对于观测方程（2.6-1），这是在方差矩阵$P_w^{-1}$的条件下成立。

如果约束方程是非线性的，首先需要进行一阶泰勒级数展开完成线性化。我们可以将式（2.6-1）约束看作附加的伪观测方程，或作为虚拟观测。这可以形成下述观测方程：

$$\begin{bmatrix} \boldsymbol{y} \\ \boldsymbol{w} \end{bmatrix}+\begin{bmatrix} \boldsymbol{e}_y \\ \boldsymbol{e}_w \end{bmatrix}=\begin{bmatrix} \boldsymbol{X} \\ \boldsymbol{H} \end{bmatrix}\tilde{\boldsymbol{\beta}},\quad D\left(\begin{bmatrix} \boldsymbol{y} \\ \boldsymbol{w} \end{bmatrix}\right)=\sigma^2\begin{bmatrix} \boldsymbol{P}^{-1} & 0 \\ 0 & \boldsymbol{P}_w^{-1} \end{bmatrix} \tag{2.6-2}$$

法方程形式$\tilde{\boldsymbol{N}}\tilde{\boldsymbol{\beta}}=\tilde{\boldsymbol{b}}$则为

$$(\boldsymbol{X}'\boldsymbol{P}\boldsymbol{X}+\boldsymbol{H}'\boldsymbol{P}_w\boldsymbol{H})\tilde{\boldsymbol{\beta}}=\boldsymbol{X}'\boldsymbol{P}\boldsymbol{y}+\boldsymbol{H}'\boldsymbol{P}_w\boldsymbol{w} \tag{2.6-3}$$

为了使用权阵$\boldsymbol{P}_j$约束$\boldsymbol{\beta}=(\boldsymbol{\beta}_1,\cdots,\boldsymbol{\beta}_j,\cdots,\boldsymbol{\beta}_u)$中的$\boldsymbol{\beta}_j$到它的先验值，我们可以设计虚拟观测方程：$\boldsymbol{\beta}_j+\boldsymbol{e}_j=0$，$D(\boldsymbol{\beta}_j)=\sigma^2\boldsymbol{P}_j^{-1}$，得出：

$$\boldsymbol{r}=1,\boldsymbol{w}=\boldsymbol{w}_j=0,\boldsymbol{H}=\boldsymbol{I}_j=(0,0,\cdots,1,0,\cdots,0)$$

$$\boldsymbol{P}_w=\mathrm{diag}(0,0,\cdots,1,0,\cdots,0)$$

单位权方差$\tilde{\sigma}^2$及$\tilde{\Omega}$的完整计算公式如下，根据式（2.6-2）和式（2.1-9）可以得到

$$\tilde{\Omega}=\boldsymbol{e}_y'\boldsymbol{P}\boldsymbol{e}_y+\boldsymbol{e}_w'\boldsymbol{P}_w\boldsymbol{e}_w \tag{2.6-4}$$

式（2.6-4）表明，与没有额外的观测方程模型相比，这里是使$\boldsymbol{e}_y'\boldsymbol{P}\boldsymbol{e}_y+\boldsymbol{e}_w'\boldsymbol{P}_w\boldsymbol{e}_w$最小，而不仅仅是使$\boldsymbol{e}_y'\boldsymbol{P}\boldsymbol{e}_y$最小。

利用$\boldsymbol{e}_y=\boldsymbol{X}\tilde{\boldsymbol{\beta}}-\boldsymbol{y}$和$\boldsymbol{e}_w=\boldsymbol{H}\tilde{\boldsymbol{\beta}}-\boldsymbol{w}$及式（2.6-3）我们可以得到

$$\tilde{\Omega}=\boldsymbol{y}'\boldsymbol{P}\boldsymbol{y}+\boldsymbol{w}'\boldsymbol{P}_w\boldsymbol{w}-(\boldsymbol{y}'\boldsymbol{P}\boldsymbol{X}+\boldsymbol{w}'\boldsymbol{P}_w\boldsymbol{H})\tilde{\boldsymbol{\beta}} \tag{2.6-5}$$

$$=\boldsymbol{y}'\boldsymbol{P}\boldsymbol{y}+\tilde{\boldsymbol{b}}\tilde{\boldsymbol{\beta}}+\boldsymbol{w}'\boldsymbol{P}_w\boldsymbol{w} \tag{2.6-6}$$

估计的单位权方差为

$$\tilde{\sigma}^2=\frac{\tilde{\Omega}}{n_y-u_y+n_w} \tag{2.6-7}$$

这一计算过程不需要利用高斯-马尔可夫模型的复杂计算公式，对于将参数约束到特定值上非常有用。然而，利用该简便方法需要非常谨慎，因为我们必须回答下面的问题，即最终结果是由原始观测数据导致的，还是受到附加虚拟观测方程的强烈影响。

指定的先验权阵$\boldsymbol{P}_w$依赖原法方程系统中观测方程的个数。如果仅包括非常少量的观测方程，则很小的权重就可将特定的参数约束到指定值上。而对于包含大量观测数据的法方程将无法实现。同样的权重就无法将参数约束到希望的值上。

选择太大的权重则会在计算单位权方差的矩阵求逆过程中产生数值问题。修正项$\boldsymbol{H}'\boldsymbol{P}_w\boldsymbol{H}$、$\boldsymbol{w}\boldsymbol{P}_w\boldsymbol{H}$及$\boldsymbol{w}'\boldsymbol{P}_w\boldsymbol{w}$都会导致数值问题出现。尤其是当$\boldsymbol{P}_w$值过大，而$\boldsymbol{w}$值过小时，数值问题更易发生。

对参数进行约束应该面向序贯估计中所有参数类型，即使其中某个参数并不重要。可能导致奇异问题的参数更应作为约束的对象。在序贯估计法方程的累加环节，可以在第二步处理中去除约束。

## 2.6.2 大权值的虚拟观测约束

我们可以利用无穷大权值 $\boldsymbol{P}_w$ 将式（2.6-3）转换为 2.1.2 节带约束的高斯-马尔可夫公式。该一致性非常有用，因为这样可以很容易地处理引入的先验约束，从松约束到紧约束的平稳过渡也将成为可能。利用 $\boldsymbol{P}_w^{-1} = \sigma_w^2 \boldsymbol{I}$，且 $\sigma_w^2$ 取很小值时，可以使附加的虚拟观测值 $\boldsymbol{w}$ 权重很大，因此从式（2.6-3）中可以得到

$$\tilde{\boldsymbol{\beta}} = (\boldsymbol{X'PX} + \boldsymbol{H'H} / \sigma_w^2)^{-1}(\boldsymbol{X'Py} + \boldsymbol{H'w} / \sigma_w^2) \tag{2.6-8}$$

利用式（2.2-9）的矩阵表示形似（$\boldsymbol{A}^{-1} = \boldsymbol{X'PX}, \boldsymbol{B} = \boldsymbol{H}', \boldsymbol{C} = -\boldsymbol{H}, \boldsymbol{D}^{-1} = \boldsymbol{I} / \sigma_w^2$），同时考虑式（2.1-32）可以发现：

$$\begin{aligned}
\lim_{\sigma_w^2 \to 0} \tilde{\boldsymbol{\beta}} &= \lim_{\sigma_w^2 \to 0} \{(\boldsymbol{X'PX})^{-1}\boldsymbol{X'Py} + \boldsymbol{H}'[\sigma_w^2 \boldsymbol{I} + \boldsymbol{H}(\boldsymbol{X'PX})^{-1}\boldsymbol{H}']^{-1}[\boldsymbol{w} - \boldsymbol{H}(\boldsymbol{X'PX})^{-1}\boldsymbol{X'Py}]\} \\
&\quad + \lim_{\sigma_w^2 \to 0} \left\{ (\boldsymbol{X'PX})^{-1}\boldsymbol{H}'[\sigma_w^2 \boldsymbol{I} + \boldsymbol{H}(\boldsymbol{X'PX})^{-1}\boldsymbol{H}']^{-1}\boldsymbol{w} + \left(\frac{1}{\sigma_w^2}\right)\boldsymbol{H}' \right. \\
&\quad \left. - \left(\frac{1}{\sigma_w^2}\right)\boldsymbol{H}'[\sigma_w^2 \boldsymbol{I} + \boldsymbol{H}(\boldsymbol{X'PX})^{-1}\boldsymbol{H}']^{-1}\boldsymbol{H}(\boldsymbol{X'PX})^{-1}\boldsymbol{H'w} \right\} \\
&= \tilde{\tilde{\boldsymbol{\beta}}} + \lim_{\sigma_w^2 \to 0}\left[\left(\frac{1}{\sigma_w^2}\right)\boldsymbol{H'w} - \left(\frac{1}{\sigma_w^2}\right)\boldsymbol{H'w}\right] \\
&= \tilde{\tilde{\boldsymbol{\beta}}}
\end{aligned} \tag{2.6-9}$$

对于附加虚拟观测数据的小方差情况，引入先验约束与高斯-马尔可夫模型约束的情况一致。在以下各节利用强约束权值或者参数转换方法中主要使用这一表达方式。

对于估计 $D(\tilde{\tilde{\boldsymbol{\beta}}})$ 也存在相同的结论：

$$\lim_{\sigma_w^2 \to 0} D(\tilde{\boldsymbol{\beta}}) = D(\tilde{\tilde{\boldsymbol{\beta}}})$$

根据式（2.6-5）和式（2.6-9）可以得到 $\tilde{\tilde{\Omega}}$ 和 $\tilde{\tilde{\sigma}}^2$ 的估计公式：

$$\begin{aligned}
\lim_{\sigma_w^2 \to 0} \tilde{\Omega} &= \lim_{\sigma_w^2 \to 0} \left\{ \boldsymbol{y'Py} + \left(\frac{1}{\sigma_w^2}\right)\boldsymbol{w'w} - \left[\boldsymbol{y'PX} + \left(\frac{1}{\sigma_w^2}\right)\boldsymbol{w'H}\right]\tilde{\boldsymbol{\beta}} \right\} \\
&= \boldsymbol{y'Py} + \boldsymbol{y'PX}\tilde{\tilde{\boldsymbol{\beta}}} + \boldsymbol{w'k} \\
&= \tilde{\tilde{\Omega}}
\end{aligned} \tag{2.6-10}$$

$$\lim_{\sigma_w^2 \to 0} \tilde{\sigma} = \tilde{\tilde{\sigma}}$$

$\lim\limits_{\sigma_w^2 \to 0}\left[\left(\frac{1}{\sigma_w^2}\right)(\boldsymbol{H}\tilde{\boldsymbol{\beta}} - \boldsymbol{W})\right] = k$ 可以通过式（2.6-3）与式（2.1-31）中 $\boldsymbol{H'k} = \boldsymbol{X'Py} - \boldsymbol{X'PX}\tilde{\tilde{\boldsymbol{\beta}}}$ 的关系进行证明。

## 2.6.3 先验约束应用

进行先验约束不仅只应用于大地基准的定义方面。在 GPS 观测模型中的大部分参数都可以采用约束的方式。

在式（2.6-1）中，采用 $\boldsymbol{w}=0$ 的约束可以用于下列几类参数：①位置坐标（绝对约束，自由网条件）；②速度（绝对及相对约束）；③对流层（绝对及相对约束）；④轨道（开普勒、动力学、随机）参数；⑤地球质量中心；⑥地球旋转参数［日长变化（UT1）和章动绝对值需要约束到基长基线干涉测量（VLBI）值及连续约束上］；⑦卫星天线偏差。

$\boldsymbol{w}\neq 0$ 约束只用于位置、速度和地球旋转参数。在这种情况下有可能在独立的法方程中将参数约束到不同的先验值。

下面我们将集中介绍在 ADDNEQ 中实现的几个有用的约束实例，这些实例主要用于法方程的组合。表 2-1 对这些应用进行了总结，详细介绍参见以下各节。

**表 2-1 在 ADDNEQ 中使用的约束及约束选项**

| $\boldsymbol{H\beta}=\boldsymbol{\omega}+\boldsymbol{e}$ | $\boldsymbol{H}$ | $\boldsymbol{\omega}$ | $\boldsymbol{P}_{\omega}$ |
|---|---|---|---|
| 约束和固定到先验值<br>$\boldsymbol{\beta}_i=0+\boldsymbol{e}_i$ | $[0,\cdots,0,1,0,\cdots,0]$ | $[0]$ | $[\sigma_0^2/\sigma_{\text{abs}}^2]$ |
| 约束和固定到先验值 $\boldsymbol{\beta}_{0\text{new}}$<br>$\boldsymbol{\beta}_i=\boldsymbol{\beta}_{0\text{new}}-\boldsymbol{\beta}_0+\boldsymbol{e}_i$ | $[0,\cdots,0,1,0,\cdots,0]$ | $[\boldsymbol{\beta}_{0\text{new}}-\boldsymbol{\beta}_0]$ | $[\sigma_0^2/\sigma_{\text{abs}}^2]$ |
| 参数间相对约束<br>$\boldsymbol{\beta}_i=\boldsymbol{\beta}_{i+1}=0+\boldsymbol{e}_i$ | $[0,\cdots,0,1,-1,0,\cdots,0]$ | $[0]$ | $[\sigma_0^2/\sigma_{\text{rel}}^2]$ |
| 连续时间间隔多项式间连续性：式（2.6-12）、式（2.6-13） | | | |
| 连续时间间隔通用多项式：式（2.6-16） | | | |
| “绝对”多项式：式（2.6-16）、式（2.6-17） | | | |
| 自由网平差：式（2.6-18）、式（2.6-21） | | | |

### 2.6.3.1 针对连续时间间隔多项式连续性

假设整个过程（如地球自转）在时间间隔 $I=[t_i,t_{i+1}]$（间隔长度为 $\Delta t_{i,i+1}$）上采用 $m$ 阶多项式建模（图 2-4）。

$$P_i(t)=\sum_{j=0}^{m}\beta_{j,i}(t-t_i)^j \tag{2.6-11}$$

假设在下一个时段 $I=[t_{i+1},t_{i+2}]$ 模型参数为 $\beta_{0,i+1},\cdots,\beta_{m,i+1}$。

采用最小二乘进行参数估计时一般会导致在时间段的边界处 $t_{i+1}$ 参数不连续。为了使参数连续我们不得不设置如下的约束方程：

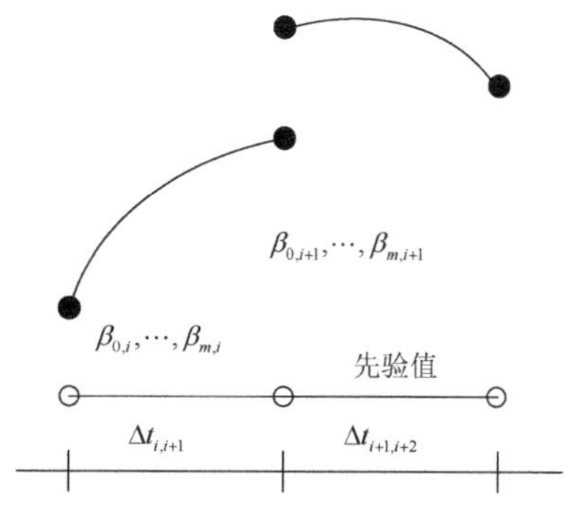


图 2-4 多项式的不连续性

$$\sum_{j=0}^{m}\boldsymbol{\beta}_{j,i}\Delta t_{i,i+1}^{j}-\boldsymbol{\beta}_{0,i+1}=0 \qquad \Delta t_{i,i+1}^{j}=(t_{i+1}-t_{i})^{j} \tag{2.6-12}$$

这里需要指定相应的权值，根据式（2.6-1）$\boldsymbol{H\beta}=\boldsymbol{w}+\boldsymbol{e}_w$ 及 $D(\boldsymbol{w})=\sigma^2\boldsymbol{P}_w^{-1}$，我们以矩阵形式进行表示得到

$$\begin{aligned}
\boldsymbol{H}&=[0\cdots 0\,1\,\Delta t_{i,i+1}\cdots\Delta t_{i,i+1}^{m}\,-1\,0\cdots 0]\\
\boldsymbol{\beta}&=[\ \cdots\beta_{0,i}\ \beta_{1,i}\cdots\beta_{m,i}\ \beta_{0,i+1}\cdots]'\\
\boldsymbol{w}&=[0]\\
\boldsymbol{P}_w&=[\sigma_0^2/\sigma_{\text{fix}}^2]
\end{aligned} \tag{2.6-13}$$

为了使下一时段也连续，就需要为该时段的边界也应用式（2.6-13）的约束方程。

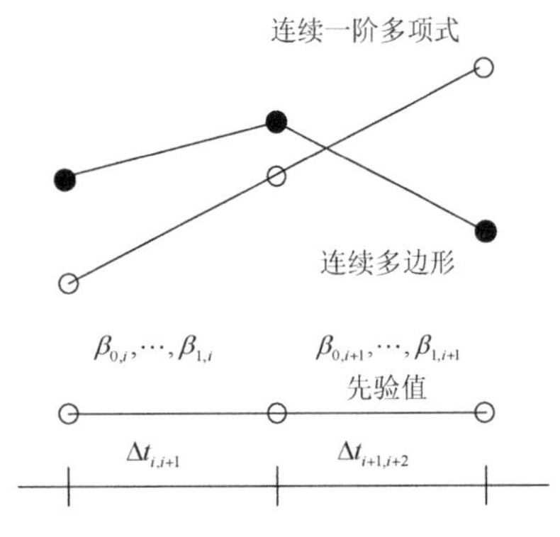


图 2-5　连续时间间隔的通用多项式

### 2.6.3.2　连续时间间隔的通用多项式

作为连续时间内多项式阶数的示例，下面我们以一阶多项式（偏差和漂移）进行说明，该例中将不同时间间隔内的不同一阶多项式模型修改为在整个时段内（覆盖所有不同的时间间隔）有效的通用一阶多项式，如图 2-5 所示。在此，我们需要确保不同时间间隔的连续性，同时需要获得一个通用的一阶系数。

根据式（2.6-12），当 $m=1$ 时：

$$\boldsymbol{\beta}_{0,i}+\boldsymbol{\beta}_{1,i}\Delta t_{i,i+1}-\boldsymbol{\beta}_{0,i+1}=0, i=1,2,\cdots,n-1 \tag{2.6-14}$$

当需要相同的一阶系数时，则需要：

$$\boldsymbol{\beta}_{1,i}-\boldsymbol{\beta}_{1,i+1}=0, i=1,2,\cdots,n-1 \tag{2.6-15}$$

上述两式可以采用矩阵 $\boldsymbol{H\beta}=\boldsymbol{w}$ 的形式表示，其中：

$$\begin{aligned}
\boldsymbol{H}&=\begin{bmatrix}0\cdots 01\Delta t_{i,i+1}-100\cdots 0\\ 0\cdots 001\ 0-10\cdots 0\end{bmatrix}\\
\boldsymbol{\beta}&=[\cdots\beta_{0,i}\beta_{1,i}\beta_{0,i+1}\beta_{1,i+1}\cdots]'\\
\boldsymbol{w}&=\begin{bmatrix}0\\0\end{bmatrix}\\
\boldsymbol{P}_w&=\begin{bmatrix}\sigma_0^2/\sigma_{\text{fix}1}^2 & 0\\ 0 & \sigma_0^2/\sigma_{\text{fix}2}^2\end{bmatrix}
\end{aligned} \tag{2.6-16}$$

$\sigma_{\text{fix}2}^2$ 的值必须保证式(2.6-15)相同的一阶系数约束能够实现。式(2.6-14)和式(2.6-15)是对 4 个参数 $\boldsymbol{\beta}_{0,i}$、$\boldsymbol{\beta}_{1,i}$、$\boldsymbol{\beta}_{0,i+1}$、$\boldsymbol{\beta}_{1,i+1}$ 的约束，因此其中只有 2 个参数是独立的（用于表示一阶多项式）。

对于多于两个时间间隔的情况，我们将不得不为每一个时间间隔引入式（2.6-16）的约束方程。

在 CODE 的 IGS 处理中，该过程被用于为地球旋转参数每天设置一套一阶参数。如果我们在所有三天内建立一个线性模型，地球自转参数（ERP）的估计值将表现出更好的一致性和合理的漂移率，具体见图 8.14。

### 2.6.3.3 针对绝对估计值的约束

如果在每个时间间隔内的先验地球极移呈现出如图 2-6 的形式，则式（2.6-16）将会强制估计值线性并保持连续性，但是估计的参数（先验值 + 估计值）仍然会被先验模型的变化漂移率污染。因此在式（2.6-16）中利用式（2.6-17）（而不是零值向量）则可以强制最终绝对估计值结果保持线性，具体实例在 8.4 节给出。

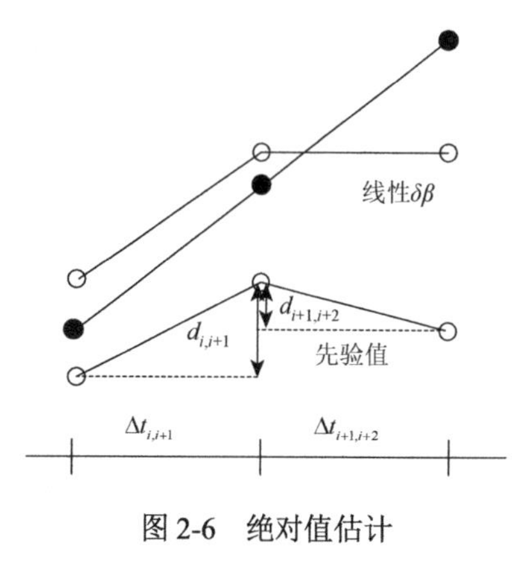


图 2-6 绝对值估计

$$\boldsymbol{w}=\begin{bmatrix}0\\ d_{i+1,i+2}-d_{i,i+1}\end{bmatrix} \tag{2.6-17}$$

## 2.6.4 自由网平差

理论上，当没有为任何一个 GPS 站点定义大地基准时，不可能采用 GPS 观测数据同时确定所有站点的位置坐标、卫星轨道和地球自转参数。

通常情况下，一个（静态）参考框架需要至少 7 个参数来定义一个坐标系统的位置、方向和尺度。当要求常数站点速度时，则需要 2 倍数量的参数来明确定义参考框架。

当无法将位置坐标固定到预先确定值上时，无整网变换和旋转条件是定义大地基准的一种非常有效方式。这时，不需要依赖于固定站点的指定坐标值，而且所有坐标可能存在的问题都可以探测到。

这些方程的推导过程与传统的三维大地测量方法（最小化和内积平差方法）一致。假设通过观测数据（即只有距离观测数据）只能对网络的内部几何结构进行确定，整个网络进行平移、旋转和缩放不会影响原始观测数据。则最终法方程系统在三维空间内存在 7 维秩亏。

我们将不再详细讨论 GPS 系统中一对一的相关关系（尤其是极坐标、轨道和重力场参数），这里我们只讨论由于大地测量基准导致的秩亏。

将 GPS 观测数据看作不包含任何“绝对”信息的观测类型，我们可以直接应用传统的三维大地测量方法。

在不改变几何结构的情况下，可以针对未知参数应用下述线性转换：

$$\boldsymbol{\beta}_a=\boldsymbol{\beta}_c+\boldsymbol{H}'\boldsymbol{h} \tag{2.6-18}$$

其中，$\boldsymbol{\beta}_c$ 为转换前（相对先验坐标 $\boldsymbol{X}_{i0}$ 而言）参数向量（只包含坐标）：

$$\boldsymbol{\beta}_c'=[\boldsymbol{\beta}_{1c},\cdots,\boldsymbol{\beta}_{ic},\cdots],\quad \boldsymbol{\beta}_{ic}=[x_{ic},y_{ic},z_{ic}] \tag{2.6-19}$$

$\boldsymbol{\beta}_a$ 为转换后（相对先验坐标 $\boldsymbol{X}_{i0}$ 而言）参数向量：

$$\boldsymbol{\beta}_a' = [\boldsymbol{\beta}_{1a}, \cdots, \boldsymbol{\beta}_{ia}, \cdots], \quad \boldsymbol{\beta}_{ia} = [x_{ia}, y_{ia}, z_{ia}] \tag{2.6-20}$$

$\boldsymbol{H}'$ 为转换矩阵（内部约束矩阵），其中 $\mathrm{rg}(\boldsymbol{H}') = 7$。

$$\boldsymbol{H}' = \begin{bmatrix} \boldsymbol{I}_3 & \boldsymbol{S}_1 & \boldsymbol{X}_{10} \\ \cdots & \cdots & \cdots \\ \boldsymbol{I}_3 & \boldsymbol{S}_i & \boldsymbol{X}_{i0} \\ \cdots & \cdots & \cdots \end{bmatrix} \tag{2.6-21}$$

式中，$\boldsymbol{I}_3$ 为三维单位矩阵；$\boldsymbol{S}_i$ 为旋转矩阵（仅对于小旋转有效）。

$$\boldsymbol{S}_i = \begin{bmatrix} 0 & z_{i0} & -y_{i0} \\ -z_{i0} & 0 & x_{i0} \\ y_{i0} & -x_{i0} & 0 \end{bmatrix} \tag{2.6-22}$$

$\boldsymbol{X}_{i0}$ 为先验坐标：

$$\boldsymbol{X}_{i0}' = [x_{i0}, y_{i0}, z_{i0}] \tag{2.6-23}$$

$\boldsymbol{h}$ 为平移、旋转和缩放参数向量：

$$\boldsymbol{h}' = [t_x, t_y, t_z, \alpha, \beta, \gamma, f]' \tag{2.6-24}$$

将式（2.6-18）和式（2.6-21）引入式（2.1-2）的高斯-马尔可夫观测模型中可得

$$\boldsymbol{X\beta}_a + \boldsymbol{e}_a = \boldsymbol{X\beta}_c + \boldsymbol{XH'h} + \boldsymbol{e}_a \equiv E(\boldsymbol{y}) \tag{2.6-25}$$

根据这一关系我们可以得到

$$\boldsymbol{XH}' = 0 \tag{2.6-26}$$

Koch（1988）给出即使在 $\boldsymbol{X'PX}$ 奇异的情况下，下述矩阵也是非奇异的：

$$\boldsymbol{D} = \begin{bmatrix} \boldsymbol{X'PX} & \boldsymbol{H}' \\ \boldsymbol{H} & 0 \end{bmatrix} \tag{2.6-27}$$

矩阵 $\boldsymbol{D}$ 与式（2.1-31）带约束的高斯-马尔可夫模型左边部分相等［式（2.1-30）］：

$$E(\boldsymbol{y}) = \boldsymbol{X\beta}\ \boldsymbol{H\beta} = \omega D(\boldsymbol{y}) = \sigma^2 \boldsymbol{P}^{-1} \tag{2.6-28}$$

增加的 $r$ 维约束使法方程矩阵的求逆成为可能，这意味着参数向量 $\boldsymbol{\beta} \in \boldsymbol{R}^u$ 可以在 $\boldsymbol{R}^{u-r}$ 空间内进行估计。

根据 $\boldsymbol{H}'$ 矩阵的选择，我们可以得到 $\boldsymbol{D}$ 矩阵的一般自反性逆矩阵，或伪逆矩阵。这两个逆矩阵针对矩阵的迹具有不同的属性。如果某个站点使 $\boldsymbol{H}'$ 矩阵的对应行为零，则该站点可以进行排除。在具体实现时，作为定义基准的站点可以通过一个选择矩阵 $\boldsymbol{S}$ 实现，该矩阵为单位矩阵，只是对于需要剔除站点对应的所有对角线元素设置为 0，$\bar{\boldsymbol{H}} = \boldsymbol{SH}$。

对于 $\boldsymbol{H\beta} = 0$ 中前 3 个方程式，可以写为如下形式：

$$\sum_{i=1}^{k} \delta x_i = 0, \quad \sum_{i=1}^{k} \delta y_i = 0, \quad \sum_{i=1}^{k} \delta z_i = 0 \tag{2.6-29}$$

这里，$\delta x_i$、$\delta y_i$、$\delta z_i$ 是 $k$ 个站点中 1 个站点相对于先验值 $x_{i0}$、$y_{i0}$、$z_{i0}$ 的改正估计值。

这意味着坐标原点 $(x_s, y_s, z_s)$ 由 $k$ 个站点的先验坐标确定，即

$$x_s = 1/k\sum_{i=1}^{k}x_{i0}\text{，}\quad y_s = 1/k\sum_{i=1}^{k}y_{i0}\text{，}\quad z_s = 1/k\sum_{i=1}^{k}z_{i0} \tag{2.6-30}$$

这些值将与估计的坐标值$(x_{sa}, y_{sa}, z_{sa})$完全相同。$x$ 坐标可以通过式（2.6-29）和式（2.6-30）表示为

$$x_{sa} := 1/k\sum_{i=1}^{k}x_i = 1/k\sum_{i=1}^{k}(x_{i0}+\delta x_i) = 1/k\sum_{i=1}^{k}x_{i0} + 1/k\sum_{i=1}^{k}\delta x_i = x_s \tag{2.6-31}$$

将其他 4 个条件约束以矩阵形式 $\boldsymbol{H}_0$ 进行表示，作为矩阵 $\boldsymbol{H}$ 的子矩阵，则式（2.6-28）的对应子约束为

$$\boldsymbol{H}_0\boldsymbol{\beta} = 0 \tag{2.6-32}$$

假设参数向量 $\boldsymbol{\beta}$ 加上一个误差向量 $\boldsymbol{e}$ 可以通过对观测方程进行旋转和缩放[与式(2.6-18)类似] 导出，即

$$\boldsymbol{H}'_o\boldsymbol{o} = \boldsymbol{\beta} + \boldsymbol{e}\text{；}\quad \boldsymbol{o} = [\alpha, \beta, \gamma, f]'\text{；}\quad \boldsymbol{H}'_o = \begin{bmatrix} \boldsymbol{S}_1 & \boldsymbol{X}_{10} \\ \cdots & \cdots \\ \boldsymbol{S}_i & \boldsymbol{X}_{i0} \\ \cdots & \cdots \end{bmatrix} \tag{2.6-33}$$

将该式看作观测方程，同时 $D(\boldsymbol{\beta}) = \sigma^2\boldsymbol{I}$，则可利用式(2.1-5)、式(2.1-30)和式(2.6-32)进行最小二乘估计：

$$\hat{\boldsymbol{o}} = (\boldsymbol{H}_o\boldsymbol{H}'_o)^{-1}\boldsymbol{H}_o\boldsymbol{\beta} = 0 \tag{2.6-34}$$

换言之，最后 4 个条件约束强制估计值 $\boldsymbol{\beta}$ 相对先验坐标没有旋转和尺度变化。

网络大地基准的定义是基于使用的先验坐标。利用 2.5.2 节的结果，我们几乎可以任意选择先验坐标。这样我们在应用新的先验值时可以引入条件 $\boldsymbol{H\beta} = \boldsymbol{w}$，其中 $\boldsymbol{w} = \boldsymbol{H}\mathrm{d}\boldsymbol{\beta}$，$\mathrm{d}\boldsymbol{\beta}$ 为原坐标与新坐标的差值，而不需要对法方程进行转换。因此，将自由网平差结果对准不同的坐标系统（即不同的国际地球参考框架系统）将会非常容易。

这里强调的是，利用自由网平差我们可以估计所有测站的坐标，而不需要将至少 7 个坐标分量固定在预先确定的值上。

Koch（1988）给出了非满秩的高斯-马尔可夫模型中估计的参数向量 $\hat{\boldsymbol{\beta}}^*$ 及相应的协方差 $D(\hat{\boldsymbol{\beta}}^*)$：

$$\hat{\boldsymbol{\beta}}^* = (\boldsymbol{X}'\boldsymbol{P}\boldsymbol{X} + \bar{\boldsymbol{H}}'\bar{\boldsymbol{H}})^{-1}\boldsymbol{X}'\boldsymbol{P}\boldsymbol{y} \tag{2.6-35}$$

$$D(\hat{\boldsymbol{\beta}}^*) = \sigma^2\boldsymbol{D}^{-1} = \sigma^2[(\boldsymbol{X}'\boldsymbol{P}\boldsymbol{X} + \bar{\boldsymbol{H}}'\bar{\boldsymbol{H}})^{-1} - \boldsymbol{H}'(\boldsymbol{H}\bar{\boldsymbol{H}}'\bar{\boldsymbol{H}}\boldsymbol{H}')^{-1}\boldsymbol{H}] \tag{2.6-36}$$

比较式（2.6-35）与法方程［式（2.6-3)］可以看出，非满秩的高斯-马尔可夫模型估计与带约束（$\boldsymbol{P}_w = \boldsymbol{I}$，$\boldsymbol{w} = 0$）的高斯-马尔可夫估计是一致的。实际上，我们可以利用 2.6.1 节和 2.6.2 节的约束实现自由网平差条件。

这里 $D(\hat{\boldsymbol{\beta}}^*)$ 的计算结果并不一致，$-\boldsymbol{H}'(\boldsymbol{H}\bar{\boldsymbol{H}}'\bar{\boldsymbol{H}}\boldsymbol{H}')^{-1}\boldsymbol{H}$ 项仅在非满秩高斯-马尔可夫估计中存在。

如果不存在秩亏情况，式（2.6-28）的自由网条件也可以应用。

当需要对站速度和站址坐标一起估计时，我们也可以引入“自由速度”条件，进行

速度估计，而不用依赖特定的预先定义值。当估计过程需要基于参考速度场时，我们可以通过选择若干站作为参考定义必需的条件。

在两种情况下，我们都选择 13 个 IGS 核心站的 ITRF93 坐标作为先验网，我们同时对每一个站点位置和速度进行自由网平差。对于速度基准的定义通过将站点 WETT 的三维速度分量约束到 ITRF93 值实现。

我们仅实现了三维平移条件方程，这意味着估计的 13 个站点位置坐标中心与 ITRF93 的位置中心一致。误差椭圆显示通过 GPS 对经度确定效果很弱，我们增加了沿 $z$ 轴的旋转条件以降低在经度估计中的不确定性。一种与之等价也经常使用的参考框架定义的方式是固定一个特定站的三维坐标和第二个站的纬度（Ma et al., 1995）。误差椭圆对于 GPS 测量非常典型，由于卫星的南北方向运动显著，经度不确定性略大于纬度不确定性。在两种情况下，速度的标准误差是一致的。

引入多于 4 个约束条件不会帮助降低标准误差。如果应用多于上述提到的 4 个约束条件时，平差得到的位置估计结果存在小的偏差。这说明增加的约束条件将导致 GPS 解的偏差。

目前仍不清楚哪些将是定义速度基准的最小约束条件。利用三维平移自由网平差条件将会使速度估计与给定的先验速度场对准［如 ITRF93（Boucher and Altamimi，1994）或者 NUVEL1（Demets et al.，1990）］。这一过程与固定一个站的三维速度是等价的。

将 GPS 网络与给定参考框架进行组合是使用自由网条件约束的一种典型方式。在国家官方测量应用领域，绝大多数情况下，不允许改变参考框架的坐标。即使最终解需要固定所有参考站，自由网平差仍然可以用于探测 GPS 网络和参考框架间的不一致性。由于这种原因，在很多情况下 GPS 仅作为基线长度测量手段，而忽略整个网络解的完整信息。组合过程可以通过利用标准大地测量的平差程序实现（Elsele，1991）。

条件方程的个数也可以进行减少。在网络规模较小的情况下（小于 10km），基于固定的 GPS 轨道，可以仅使用平移约束（与固定一个站的三维坐标一致），利用 GPS 系统方位和尺度信息。如果所有 7 个约束条件都被使用，则 GPS 系统中的基准信息将被全部忽略。

## 2.7　法方程组合与协方差组合的等价性

本节我们将介绍利用法方程或协方差进行序贯最小二乘估计的等价性。在表 2-2 中，我们给出两种存储必要信息的方法以生成组合解。

**表 2-2　生成组合解的两种序贯方法所需的信息**

| 协方差 | 法方程 |
| --- | --- |
| $(\boldsymbol{X}'\boldsymbol{P}\boldsymbol{X})^{-1}$ | $\boldsymbol{X}'\boldsymbol{P}\boldsymbol{X}$ |
| $\hat{\boldsymbol{\beta}}$ | $\boldsymbol{X}'\boldsymbol{P}\boldsymbol{y}$ ； $\boldsymbol{\beta}\|_0$ |
| $\hat{\sigma}^2$ | $\boldsymbol{y}'\boldsymbol{P}\boldsymbol{y}$ |
| $n;u$ | $n;u$ |

表 2-2 中第一行元素的差别是很明显的。在法方程中，左半部分（指 $\boldsymbol{X'PX}$）的法方程矩阵被存储，而在协方差中，该矩阵的逆矩阵被存储。计算单位权方差的信息在第三行和第四行给出。第四行的元素完全一致，第三行信息的等价性在式（2.1-9）和式（2.1-10）中给出。

第二行的差别是根本的。因为式（2.1-27），法方程系统的右半部分 $\boldsymbol{X'Py}$ 直接依赖使用的先验信息。因此我们不得不存储相关的先验信息 $\boldsymbol{\beta}|_0$。如果直接存储 $\hat{\boldsymbol{\beta}}$，则不需要存储先验信息，因为我们可以采用下述方式利用式（2.1-27）重新计算 $\boldsymbol{X'Py}$：

$$\boldsymbol{X'Py} = \boldsymbol{X'PX}(\hat{\boldsymbol{\beta}} - \boldsymbol{\beta}|_{\text{arb}}) \tag{2.7-1}$$

这里对于任意选择的先验信息 $\boldsymbol{\beta}|_{\text{arb}}$ 的要求是保证线性泰勒级数展开是有效的，设计矩阵 $\boldsymbol{X}$（初始利用 $\boldsymbol{\beta}|_0$ 计算）的计算效果是可以忽略的。

上述对于两种组合方法的表述是正确的，因为序贯解组合是基于参数的公共先验值实现的。为了保证所有的序贯估计结果满足这一要求，同时存储估计结果和先验信息是很有用的，尤其是当估计结果存在较大偏差时。在非理想情况下，这意味着对估计结果进行重复计算或从组合解中进行剔除。

正如在 2.4.2 节最后式（2.4-28）所显示的，如果应用先验约束，也需要存储先验信息。

从计算时间角度考虑，存储法方程效率更高，因为组合过程纯粹基于 2.3 节介绍的法方程累加。

基于协方差的组合需要计算矩阵求逆，以及根据式（2.7-1）重新计算法方程 $\boldsymbol{X'Py}$ 部分，或者利用更加复杂的式（2.4-27）进行组合。

如果比较式（2.4-28）和式（2.6-3）及式（2.6-5），这一表述对于消除先验约束也是有效的。

另外，协方差对于给出解的质量更为适合。每个参数的 RMS、每个站点的三维误差椭球，以及各参数之间的相关关系都可以直接获取。一个明显的优点是，可以通过跳过参数估计向量和协方差矩阵的对应行和列从系统中消除对应的参数，而在法方程中则需要应用一定的参数预消除方程（参见 2.2 节）。

在 Bernese 软件包中，两种方法在不同的程序中都进行了实现（Rothacher，1993）。

组合程序 COMPAR 基于协方差存储，即表 2-2 的第一列实现。与经典的大地测量应用相关联，仅利用每个单独最小二差估计的坐标结果和相应的协方差信息进行组合。

第二种存储形式在应用更广泛的 ADDNEQ 程序中实现，该程序可以用于组合 GPS 观测模型的所有参数类型。

## 2.8　组 RMS 值估计

### 2.8.1　通用估计方程

为了了解不同观测类型的质量和贡献，我们可以将总的均方根误差（RMS）分成不同组 RMS。这一过程近似于更一般的方差估计，这里针对每一组观测数据估计方差、协方差。这些增加的未知变量允许对不同观测质量进行建模。更实际的离散矩阵可以实现针对主要未知参数 $\boldsymbol{\beta}$ 更可靠的估计。

在法方程层次，无法建立与原始观测量的联系。因此，假设每一个序贯解都由一个实际权矩阵实现。在 2.3.2 节中，已经证明法方程组合与由每个单独解组成的伪观测方程组［式（2.3-12）］完全一致。因此，可以在法方程层次将伪观测方程分成不同的观测组。每一组由不同类型的参数或不同组合的参数组成。

组 RMS 非常适合给出每一个参数的质量信息。下面我们将会发现从重复性推导出的 RMS 值的密切关系。

首先将观测方程分成两个部分。与 2.3.2 节相对，假设 $\boldsymbol{\gamma}_1=\boldsymbol{\gamma}_2=0$，从式（2.3-17）和式（2.3-31）可以得到

$$\begin{aligned}\Omega_c &= \boldsymbol{y}_1'\boldsymbol{P}_1\boldsymbol{y}_1+\boldsymbol{y}_2'\boldsymbol{P}_2\boldsymbol{y}_2-(\boldsymbol{y}_1'\boldsymbol{P}_1\boldsymbol{y}_1+\boldsymbol{y}_2'\boldsymbol{P}_2\boldsymbol{y}_2)\hat{\boldsymbol{\beta}}_c\\ \hat{\boldsymbol{\beta}}_c &= (\boldsymbol{X}_1'\boldsymbol{P}_1\boldsymbol{X}_1+\boldsymbol{X}_2'\boldsymbol{P}_2\boldsymbol{X}_2)^{-1}(\boldsymbol{X}_1'\boldsymbol{P}_1\boldsymbol{y}_1+\boldsymbol{X}_2'\boldsymbol{P}_2\boldsymbol{y}_2)=\boldsymbol{Q}_{\hat{\beta}_c\hat{\beta}_c}\boldsymbol{b}_{\hat{\beta}_c}\end{aligned} \tag{2.8-1}$$

总 RMS 为

$$\hat{\sigma}_c^2=\frac{\Omega_c}{f_c} \tag{2.8-2}$$

$f_c$ 可以根据式（2.3-20）计算得到。

针对每一组单独观测的组 RMS 则为

$$\Omega_{1c}=\hat{\boldsymbol{e}}_{1c}\boldsymbol{P}_{1c}\hat{\boldsymbol{e}}_{1c}\neq\Omega_1,\quad \hat{\sigma}_{1c}^2=\frac{\Omega_{1c}}{f_{1c}} \tag{2.8-3}$$

$$\Omega_{2c}=\hat{\boldsymbol{e}}_{2c}\boldsymbol{P}_{2c}\hat{\boldsymbol{e}}_{2c}\neq\Omega_2,\quad \hat{\sigma}_{2c}^2=\frac{\Omega_{2c}}{f_{2c}} \tag{2.8-4}$$

利用式（2.3-25）与组合解的关系，

$$\Omega_c=\Omega_{1c}+\Omega_{2c},\quad f_c=f_{1c}+f_{2c} \tag{2.8-5}$$

向量 $\hat{\boldsymbol{e}}_{ic}$ 是针对组合解而言，与各个序贯解的残差限量 $\hat{\boldsymbol{e}}_i$ 不同。这一点在 2.3.4 节已经指出。

余度 $f_{1c}$ 和 $f_{2c}$ 分别由式（2.1-11）计算得到

$$\begin{aligned}\boldsymbol{F}=\begin{bmatrix}\boldsymbol{F}_{11} & \boldsymbol{F}_{12}\\ \boldsymbol{F}_{21} & \boldsymbol{F}_{22}\end{bmatrix}&=\begin{bmatrix}\boldsymbol{I}_1-\boldsymbol{P}_1\boldsymbol{X}_1\boldsymbol{Q}_{\hat{\beta}_c\hat{\beta}_c}\boldsymbol{X}_1' & -\boldsymbol{P}_1\boldsymbol{X}_1\boldsymbol{Q}_{\hat{\beta}_c\hat{\beta}_c}\boldsymbol{X}_2'\\ \boldsymbol{P}_2\boldsymbol{X}_2\boldsymbol{Q}_{\hat{\beta}_c\hat{\beta}_c}\boldsymbol{X}_1' & \boldsymbol{I}_2-\boldsymbol{P}_2\boldsymbol{X}_2\boldsymbol{Q}_{\hat{\beta}_c\hat{\beta}_c}\boldsymbol{X}_2'\end{bmatrix}\\ f_{1c}&=\mathrm{Sp}(\boldsymbol{I}_1-\boldsymbol{P}_1\boldsymbol{X}_1\boldsymbol{Q}_{\hat{\beta}_c\hat{\beta}_c}\boldsymbol{X}_1')=n_1-\mathrm{Sp}(\boldsymbol{P}_1\boldsymbol{X}_1\boldsymbol{Q}_{\hat{\beta}_c\hat{\beta}_c}\boldsymbol{X}_1')\\ f_{2c}&=\mathrm{Sp}(\boldsymbol{I}_2-\boldsymbol{P}_2\boldsymbol{X}_2\boldsymbol{Q}_{\hat{\beta}_c\hat{\beta}_c}\boldsymbol{X}_2')=n_2-\mathrm{Sp}(\boldsymbol{P}_2\boldsymbol{X}_2\boldsymbol{Q}_{\hat{\beta}_c\hat{\beta}_c}\boldsymbol{X}_2')\end{aligned} \tag{2.8-6}$$

比较式（2.3-20）可以看出 $f_{1c}$、$f_{2c}$ 与各独立解的余度 $f_1$、$f_2$ 存在的差别。由于 $\boldsymbol{P}_i\boldsymbol{X}_i(\boldsymbol{X}_i'\boldsymbol{P}_i\boldsymbol{X}_i)^{-1}\boldsymbol{X}_i'$ 是幂等矩阵（即 $\boldsymbol{A}^2=\boldsymbol{A}$），$f_i=n_i-\mathrm{Sp}[\boldsymbol{P}_i\boldsymbol{X}_i(\boldsymbol{X}_i'\boldsymbol{P}_i\boldsymbol{X}_i)^{-1}\boldsymbol{X}_i']=n_i-u_i$。

### 2.8.2 组 RMS 应用实例

在本节将讨论以下几类重要的应用：①一个先验约束的组 RMS；②所有先验约束的

组 RMS；③单一参数类型的组 RMS；④参数组合的组 RMS。

### 2.8.2.1 一个先验约束的组 RMS

根据表 2-1，对于向量 $\boldsymbol{\beta}$ 中参数 $\boldsymbol{\beta}_k$ 进行简单约束，存在 $\boldsymbol{y}_{2c}=\boldsymbol{w}=0$，$n_{2c}=r=1$，$\boldsymbol{X}_2=\boldsymbol{H}=[0,\cdots,0,1,0,\cdots0]$，$P_2=P_w=\sigma_0^2/\sigma_{\text{abs}}^2$，以及 $\hat{\boldsymbol{e}}_{2c}=\hat{\boldsymbol{e}}_w=\boldsymbol{\beta}_k$：

$$f_{2c}=1-(\sigma_0^2/\sigma_{\text{abs}}^2)\cdot(\boldsymbol{Q}_{\hat{\beta}_c\hat{\beta}_c})_{kk}\text{；}\quad(\boldsymbol{Q}_{\hat{\beta}_c\hat{\beta}_c})_{kk}=\left(\boldsymbol{X}_1'\boldsymbol{P}_1\boldsymbol{X}_1+\frac{\sigma_0^2}{\sigma_{\text{abs}}^2}\boldsymbol{H}'\boldsymbol{H}\right)_{kk}^{-1}$$

$$\Omega_{2c}=(\hat{\boldsymbol{\beta}}_c)_k^2\cdot\frac{\sigma_0^2}{\sigma_{\text{abs}}^2}\text{；}\quad\hat{\sigma}_{2c}=\frac{\Omega_{2c}}{f_{2c}}\tag{2.8-7}$$

根据式（2.8-5）可知：

$$f_{1c}=f_c-f_{2c}\text{，}\quad\Omega_{1c}=\Omega_c-\Omega_{2c}\text{，}\quad\hat{\sigma}_{1c}=\frac{\Omega_{1c}}{f_{1c}}\tag{2.8-8}$$

对于小的方差 $\lim\sigma_{\text{abs}}^2\to0$，可以得到 $f_{2c}=0$，$f_c=f_{1c}$。因为权值强制组合解等于先验值，这里条件约束方程更像附加的虚拟观测方程。对于大的方差 $\lim\sigma_{\text{abs}}^2\to\infty$，可以得到 $f_{2c}=1$，$f_c=f_{1c}+1$。

图 2-7 显示了 3 个不同监测站在每月解中条件约束和参数估计的相互依赖关系。条件约束 $>10^{-2}$ m 时，基本为自由参数估计。先验约束达到 1mm 时，已经开始影响到最终解

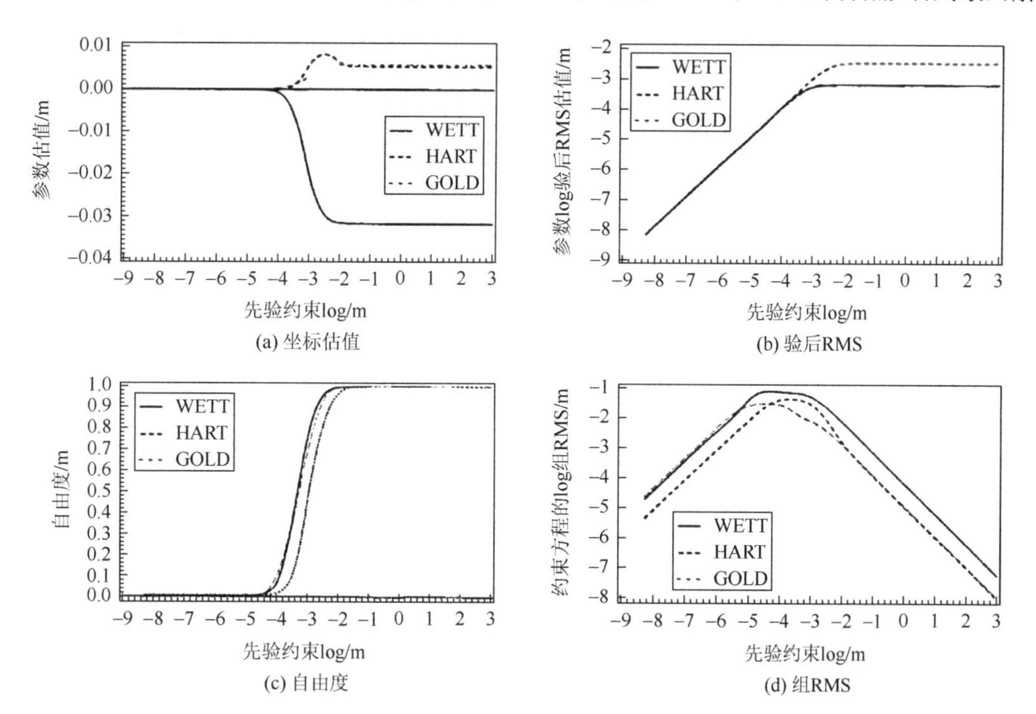


图 2-7 3 个不同 IGS 监测站的 $x$ 轴坐标分量的条件约束对估值影响（a）及其相应 RMS（b）、自由度（c）和约束方程的组 RMS（d）。该实例是从 1995 年 1 月 53 个全球分布的 IGS 站月解中选取的结果

的结果。当条件约束 $<10^{-5}$ m时，参数被固定到先验值上，验后RMS与条件约束相等。条件方程的余度和组RMS是判断条件约束对最终解影响的重要信息。先验约束在 $10^{-2}$ m和 $10^{-5}$ m之间是非常重要的，因为这时既不是自由参数估计也不是固定解。

#### 2.8.2.2　所有先验约束的组RMS

所有 $r$ 个条件约束方程的组RMS可以采用类似2.8.2.1节的方法推导得到

$$f_{2c}=1-\sum_{i=1}^{r}\frac{\sigma_0^2}{\sigma_{\text{abs}i}^2}\cdot(\boldsymbol{Q}_{\hat{\beta}_c\hat{\beta}_c})_{ii}\text{；}\quad(\boldsymbol{Q}_{\hat{\beta}_c\hat{\beta}_c})_{ii}=\left(\boldsymbol{X}_1'\boldsymbol{P}_1\boldsymbol{X}_1+\frac{\sigma_0^2}{\sigma_{\text{abs}i}^2}\boldsymbol{H}'\boldsymbol{H}\right)_{ii}^{-1}$$

$$\Omega_{2c}=\sum_{i=1}^{r}(\hat{\boldsymbol{\beta}}_c)_i^2\cdot\frac{\sigma_0^2}{\sigma_{\text{abs}i}^2}\text{；}\quad\hat{\sigma}_{2c}=\frac{\Omega_{2c}}{f_{2c}}\tag{2.8-9}$$

#### 2.8.2.3　单一参数类型的组RMS

除了组合值的最终RMS外，参数的组RMS对于参数估计质量而言也是很有用的信息。假设将观测向量进行分类，所有包含条件约束参数的伪观测为 $\boldsymbol{y}_{2c}$，而其他所有参数都包含在 $\boldsymbol{y}_{1c}$ 中。更进一步假设 $\boldsymbol{\beta}_k$ 的所有 $n_2$ 个估计值包含在 $\boldsymbol{y}_{2c}$ 中。观测方程（2.3-12）可进行如下替换：

$$\boldsymbol{y}_2=[(\hat{\boldsymbol{\beta}}_1)_k,\cdots,(\hat{\boldsymbol{\beta}}_{n2})_k]'_{(n_2\times1)}$$

$$\boldsymbol{X}_2=[1,1,\cdots,1]'_{(n_2\times1)}$$

$$P_2=\text{diag}[(\boldsymbol{X}_i'\boldsymbol{P}_i\boldsymbol{X}_i)_{kk}]=\begin{bmatrix}(\boldsymbol{X}_1'\boldsymbol{P}_1\boldsymbol{X}_1)_{kk}&&\\&\ddots&\\&&(\boldsymbol{X}_{n_2}'\boldsymbol{P}_{n_2}\boldsymbol{X}_{n_2})_{kk}\end{bmatrix}_{n_2\times n_2}$$

$$\hat{\boldsymbol{e}}_{2c}=[(\hat{\boldsymbol{\beta}}_c)_k-(\hat{\boldsymbol{\beta}}_1)_k,\cdots,(\hat{\boldsymbol{\beta}}_c)_k-(\hat{\boldsymbol{\beta}}_{n_2})_k]'_{(n_2\times1)}\tag{2.8-10}$$

将这些替换方程代入式（2.8-4）和式（2.8-6），则得到参数 $\boldsymbol{\beta}_k$ 的组RMS计算方程如下：

$$f_{2c}=n_2-(\boldsymbol{Q}_{\hat{\beta}_c\hat{\beta}_c})_{kk}\sum_{i=1}^{n_2}(\boldsymbol{X}_i'\boldsymbol{P}_i\boldsymbol{X}_i)_{kk}$$

$$\Omega_{2c}=\sum_{i=1}^{n_2}[(\hat{\boldsymbol{\beta}}_c)_k-(\hat{\boldsymbol{\beta}}_i)_k]^2(\boldsymbol{X}_i'\boldsymbol{P}_i\boldsymbol{X}_i)_{kk}$$

$$\hat{\sigma}_{2c}^2=\frac{\boldsymbol{\Omega}_{2c}}{f_{2c}}\tag{2.8-11}$$

只有当每个单独的估计参数 $(\hat{\boldsymbol{\beta}}_i)_k\ (i=1,\cdots,n_2)$ 都与其他所有参数独立估计得到时，方程 $(\boldsymbol{Q}_{\hat{\beta}_c\hat{\beta}_c})_{kk}=\left[\sum_{i=1}^{n_2}(\boldsymbol{X}_i'\boldsymbol{P}_i\boldsymbol{X}_i)_{kk}\right]^{-1}$ 才成立。在这种情况下，我们得到 $f_{2c}=n_2-1$。参数 $(\hat{\boldsymbol{\beta}}_c)_k$ 的组RMS简化为加权平均RMS。这种简化显示参数的组RMS是一个质量值，与从重复性推导的RMS值相当。

### 2.8.2.4 参数组合的组 RMS

单独监测站的三维坐标是参数组合的一个实例。对于所有的坐标推导组 RMS 是非常有用的。这个值可以被看作坐标观测值单位权方差，可以作为相关坐标方差的尺度因子，不需要直接利用计算的原始观测数据（在 GPS 观测中是载波相位观测值）的单位权方差。

为了完整性，我们下面给出了完整的计算公式。对于 $u_c$ 坐标值，可以对观测方程进行如下替代：

$$\boldsymbol{y}_2=[\hat{\boldsymbol{\beta}}_1,\cdots,\hat{\boldsymbol{\beta}}_{n2}]'_{(n_2\cdot u_c\times u_c)}$$

$$\boldsymbol{X}_2=[\boldsymbol{I}_1,\boldsymbol{I}_2,\cdots,\boldsymbol{I}_{n2}]'_{(n_2\cdot u_c\times u_c)}$$

$$\boldsymbol{P}_2=\mathrm{diag}(\boldsymbol{X}_i'\boldsymbol{P}_i\boldsymbol{X}_i)=\begin{bmatrix}\boldsymbol{X}_1'\boldsymbol{P}_1\boldsymbol{X}_1 & & \\ & \ddots & \\ & & \boldsymbol{X}_{n_2}'\boldsymbol{P}_{n_2}\boldsymbol{X}_{n_2}\end{bmatrix}_{(n_2\cdot u_c\times n_2\cdot u_c)}$$

$$\hat{\boldsymbol{e}}_{2c}=[\hat{\boldsymbol{\beta}}_c-\hat{\boldsymbol{\beta}}_1,\cdots,\hat{\boldsymbol{\beta}}_c-\hat{\boldsymbol{\beta}}_{n2}]'_{(n_2\cdot u_c\times n_2\cdot u_c)} \tag{2.8-12}$$

根据式（2.8-4）和式（2.8-6），可以得到所有坐标值的组 RMS 如下：

$$f_{2c}=n_2-\sum_{k=1}^{u_c}\sum_{i=1}^{n_2}(\boldsymbol{X}_i'\boldsymbol{P}_i\boldsymbol{X}_i\boldsymbol{Q}_{\hat{\beta}_c\hat{\beta}_c})_{kk}$$

$$\Omega_{2c}=\sum_{i=1}^{n_2}(\hat{\boldsymbol{\beta}}_c-\hat{\boldsymbol{\beta}}_i)'\boldsymbol{X}_i'\boldsymbol{P}_i\boldsymbol{X}_i(\hat{\boldsymbol{\beta}}_c-\hat{\boldsymbol{\beta}}_i)$$

$$\hat{\sigma}_{2c}^2=\frac{\Omega_{2c}}{f_{2c}} \tag{2.8-13}$$

根据式（2.1-9）$\Omega_{2c}$ 可通过式（2.8-14）进行计算：

$$\Omega_{2c}=\sum_{i=1}^{n_2}\hat{\boldsymbol{\beta}}_i'\boldsymbol{X}_i'\boldsymbol{P}_i\boldsymbol{X}_i(\hat{\boldsymbol{\beta}}_i-\hat{\boldsymbol{\beta}}_c) \tag{2.8-14}$$

$$=\sum_{i=1}^{n_2}\boldsymbol{b}_{\hat{\beta}_i}'(\hat{\boldsymbol{\beta}}_i-\hat{\boldsymbol{\beta}}_c) \tag{2.8-15}$$

由于 $\boldsymbol{b}_{\hat{\beta}_i}$ 可以根据法方程的左边部分进行计算，即 $\boldsymbol{b}_{\hat{\beta}_i}=\boldsymbol{y}'\boldsymbol{P}\boldsymbol{X}$，上述计算方法计算效率将会很高。

### 2.8.2.5 示例

下面我们将展示组 RMS 值在一定意义上与从重复性推导的质量值相当。在大多数情况下，后一个质量值是一个比组合解标准误差更加实际的质量指标。

内符合精度与组 RMS 值之间的主要差别是自由度不同。在式（2.8-11）中，冗余度量级与特定参数序贯估计的次数是相当的，然而组合解是与原始观测数据的总数相当的。这个差别是由引入伪观测方程（2.3-12）引起的。这忽略了每个参数都是来自许多不同观测数据这一事实。

根据经验，给组合解的 RMS 乘以 3-5 的因子更能反映参数的实际精度，如表 2-3 所示。

**表 2-3　从月解中的估值 RMS：1995 年 1 月，9 个监测站固定到 ITRF93 的先验值**

| 站名 | 时长/天 | 是否固定 | *X* 坐标 RMS/mm | | *Y* 坐标 RMS/mm | | *Z* 坐标 RMS/mm | | 平均值 |
|---|---|---|---|---|---|---|---|---|---|
| | | | RMS1 | RMS2 | RMS1 | RMS2 | RMS1 | RMS2 | RMS2/RMS1 |
| ALGO | 30 | | 0.6 | 3.3 | 0.8 | 4.2 | 0.8 | 3.4 | 5.3 |
| WES2 | 30 | | 0.5 | 2.9 | 0.7 | 4.0 | 0.6 | 4.0 | 6.1 |
| AREQ | 30 | | 1.7 | 14.2 | 1.6 | 8.3 | 0.7 | 6.8 | 8.4 |
| BOGT | 15 | | 1.2 | 2.9 | 1.7 | 9.8 | 0.6 | 6.6 | 8.4 |
| SANT | 30 | | 1.8 | 16.3 | 1.6 | 9.7 | 1.0 | 8.2 | 8.2 |
| KOUR | 30 | | 1.2 | 9.6 | 1.2 | 6.3 | 0.5 | 5.1 | 8.3 |
| BRMU | 30 | | 0.7 | 3.4 | 0.8 | 5.0 | 0.6 | 4.0 | 6.4 |
| STJO | 30 | | 0.6 | 2.7 | 0.6 | 4.6 | 0.7 | 5.6 | 8.2 |
| BRUS | 30 | | 0.7 | 1.9 | 0.4 | 0.8 | 0.8 | 2.2 | 1.9 |
| ONSA | 27 | | 0.5 | 2.8 | 0.3 | 1.1 | 0.7 | 3.9 | 3.7 |
| ZIMM | 30 | | 0.5 | 2.0 | 0.3 | 1.4 | 0.5 | 1.3 | 3.9 |
| CASI | 30 | | 0.7 | 2.3 | 0.8 | 4.8 | 1.1 | 5.7 | 4.6 |
| DAV1 | 30 | | 0.8 | 3.0 | 0.9 | 5.1 | 1.3 | 4.1 | 4.5 |
| MCMU | 15 | | 1.1 | 5.4 | 0.9 | 7.1 | 2.5 | 11.3 | 5.2 |
| TIDB | 30 | F | 0.0 | 0.0 | 0.0 | 0.0 | 0.0 | 0.0 | — |
| KOKB | 30 | | 1.3 | 5.3 | 0.9 | 5.4 | 0.8 | 3.9 | 5.7 |
| YAR1 | 30 | F | 0.0 | 0.0 | 0.0 | 0.0 | 0.0 | 0.0 | — |
| MDO1 | 30 | | 0.5 | 1.2 | 0.8 | 5.2 | 0.5 | 4.0 | 6.6 |
| PIE1 | 30 | | 0.4 | 2.0 | 0.7 | 5.3 | 0.5 | 4.3 | 7.1 |
| RCM5 | 30 | | 0.6 | 2.7 | 0.8 | 5.5 | 0.5 | 4.4 | 7.2 |
| DRAO | 30 | | 0.4 | 1.4 | 0.5 | 3.0 | 0.6 | 3.7 | 4.8 |
| QUIN | 30 | | 0.4 | 3.0 | 0.5 | 5.6 | 0.5 | 5.2 | 10.1 |
| YELL | 30 | F | 0.0 | 0.0 | 0.0 | 0.0 | 0.0 | 0.0 | — |
| KERG | 30 | | 0.8 | 3.5 | 1.0 | 3.6 | 1.0 | 2.6 | 3.9 |
| FAIR | 30 | F | 0.0 | 0.0 | 0.0 | 0.0 | 0.0 | 0.0 | — |
| FORT | 30 | | 1.6 | 16.3 | 1.5 | 6.6 | 0.6 | 5.4 | 8.8 |
| GOLD | 30 | F | 0.0 | 0.0 | 0.0 | 0.0 | 0.0 | 0.0 | — |
| GRAZ | 30 | | 0.5 | 1.7 | 0.3 | 1.1 | 0.6 | 2.1 | 2.9 |
| LJUB | 30 | | 0.6 | 1.7 | 0.4 | 1.2 | 0.7 | 1.7 | 2.5 |
| MATE | 30 | | 1.1 | 3.3 | 0.6 | 1.4 | 0.9 | 3.0 | 2.3 |
| WETT | 30 | F | 0.0 | 0.0 | 0.0 | 0.0 | 0.0 | 0.0 | — |

续表

| 站名 | 时长/天 | 是否固定 | X坐标 RMS/mm | | Y坐标 RMS/mm | | Z坐标 RMS/mm | | 平均值 |
|---|---|---|---|---|---|---|---|---|---|
| | | | RMS1 | RMS2 | RMS1 | RMS2 | RMS1 | RMS2 | RMS2/RMS1 |
| KOSG | 30 | F | 0.0 | 0.0 | 0.0 | 0.0 | 0.0 | 0.0 | — |
| LAMA | 30 | | 0.5 | 2.0 | 0.3 | 1.5 | 0.7 | 3.4 | 3.4 |
| METS | 27 | | 0.4 | 1.9 | 0.3 | 1.4 | 0.7 | 3.7 | 3.9 |
| MASP | 30 | | 1.0 | 5.2 | 0.6 | 1.8 | 0.6 | 2.7 | 3.7 |
| MADR | 30 | F | 0.0 | 0.0 | 0.0 | 0.0 | 0.0 | 0.0 | — |
| PAMA | 30 | | 4.3 | 14.3 | 4.6 | 23.1 | 1.5 | 5.4 | 7.7 |
| TROM | 30 | F | 0.0 | 0.0 | 0.0 | 0.0 | 0.0 | 0.0 | — |
| TAIW | 30 | | 1.0 | 8.0 | 1.3 | 7.4 | 0.8 | 5.8 | 7.6 |
| NYAL | 30 | | 0.4 | 1.0 | 0.3 | 1.3 | 1.6 | 3.3 | 2.3 |
| TSKB | 30 | | 0.9 | 3.1 | 0.9 | 4.4 | 0.8 | 3.2 | 4.5 |
| HERS | 30 | | 0.4 | 16.4 | 0.2 | 3.3 | 0.5 | 21.2 | 19.0 |
| 单差观测值的单位权方差 | | | | | | | | 3.5 | |
| 坐标方程式（2.8-13）的单位权方差 | | | | | | | | 18.9 | |
| 比值 | | | | | | | | 5.4 | 5.9 |

注：RMS1 是从组合过程中计算的标准 RMS，RMS2 是根据式（2.8-13）计算的每个参数的组 RMS。

估计精度与每个坐标分量的组 RMS 的平均偏差约为 5.9。估计的单差观测单位权方差与根据式（2.8-13）推导的坐标单位权方差之间的偏差也处于相同量级。

每一个坐标分量的组 RMS 对于探测站问题也是一个非常有用的工具。在表 2-3 中 HERS 站的内部估计精度与其他欧洲站点的精度相当，然而三轴方向的组 RMS 明显偏大。这显示该站某一天的解远远偏离组合解。

# 3　卫星轨道确定

法方程在卫星轨道确定中的应用，共分为两章，即第 3 章和第 4 章。3.1 节将简要介绍一些卫星轨道模型，其中包括作用于 GPS 卫星上很多重要的摄动力。大部分的摄动力都已经可以进行足够精度的数学建模，因此可以作为已知内容介绍。其他摄动力，如辐射压等，需要在定轨过程中进行估计。所谓的伪随机参数也需要如此对待。对于长弧段的建模问题（大于 1 天），则需要允许在事先定义的时刻改变速度。最后对经典的定轨理论进行总结。3.2 节将简要介绍“经典”轨道确定的理论方法，给出利用卫星观测数据进行轨道参数估计的方法。

在第 4 章，我们将给出一种基于 $n$ 个连续单天解获得 $n$ 天弧段解的方法。这种方法与经典方法进行比较，优势在于灵活性和计算效率。在组合阶段不再需要处理 GPS 观测数据，只需处理法方程。这不仅节省时间，也节省存储空间。由于节省计算内存和处理时间，这种组合方法可以获得传统方法无法得到的长弧段解。

## 3.1　GPS 卫星轨道模型

### 3.1.1　GPS 卫星运动方程

在中心引力场下，卫星运动方程可以表示如下（根据牛顿定律和欧拉定理）：

$$m \cdot \ddot{\boldsymbol{r}} = F \text{ 或者 } \ddot{\boldsymbol{r}} = \boldsymbol{a} \tag{3.1-1}$$

式中，$m$ 为卫星的质量；$\ddot{\boldsymbol{r}}$ 为卫星在惯性空间的位置和加速度向量；$F$ 为施加在卫星上的外力；$\boldsymbol{a}$ 为卫星的加速度。

如果将中心引力场简化为地球的球形引力，则上述方程变成二体问题。

式（3.1-1）是一个在三维欧氏空间的二阶微分方程，为了确定特定解需要定义六个初始条件。通常通过以下两种方式实现：①明确 $t_0$ 时刻的初始位置 $\boldsymbol{r}(t_0)\big|_0$ 和初始速度 $\dot{\boldsymbol{r}}(t_0)\big|_0$；②明确 $t_1$ 时刻的初始位置 $\boldsymbol{r}(t_1)\big|_0$ 和 $t_2$ 时刻的初始位置 $\boldsymbol{r}(t_2)\big|_0$。

$t_0$ 时刻的六个密切开普勒轨道根数与上述两种初始条件是等价的，因此也可以用于描述特定解。

通常情况下，我们不得不考虑作用于卫星上的所有力 $\boldsymbol{a}$。这里可以将作用力向量分成重力部分 $\boldsymbol{a}_G$ 和摄动力部分 $\boldsymbol{a}_P$：

$$\boldsymbol{a} = \boldsymbol{a}_G + \boldsymbol{a}_P \tag{3.1-2}$$

二体引力 $\boldsymbol{a}_G$ 可以根据牛顿的万有引力模型表示为

$$\boldsymbol{a}_G = -\frac{GM}{r^2}\frac{\boldsymbol{r}}{r} \tag{3.1-3}$$

式中，$r$ 为卫星到地心的距离；$G$ 和 $M$ 为牛顿引力常数和地球质量。$GM=3.986004415\times 10^{14}\mathrm{m}^3/\mathrm{s}^2$（IERS，1992；Seidelmann and Fukushima，1992）。

摄动力可以表示为

$$\boldsymbol{a}_P=\boldsymbol{a}_P(t,\boldsymbol{r},\dot{\boldsymbol{r}},q_1,q_2,\cdots,q_n) \tag{3.1-4}$$

式中，$q_1,q_2,\cdots,q_n$ 为引力场的未知参数。

## 3.1.2 摄动力

在以下各节中，我们将简要介绍作用于 GPS 卫星上重要的外部摄动力。表 3-1 给出了这些相关外部摄动力对于 GPS 卫星轨道的大致影响。

**表 3-1 地心引力和摄动力对于 GPS 卫星轨道的影响效果（Landau，1988）**

| 摄动力 | 加速度/(m/s$^2$) | 轨道影响/m | |
|---|---|---|---|
| | | 1 天 | 7 天 |
| 地球扁率（$C_{20}$） | $5\times10^{-5}$ | 10000 | 100000 |
| 地球非球形引力（$C_{nm}$、$S_{nm}$，$n$、$m\leqslant8$） | $3\times10^{-7}$ | 200 | 3400 |
| 地球非球形引力（$C_{nm}$、$S_{nm}$，$n$、$m>8$） | | 0.03 | 0.1 |
| 月球引力 | $5\times10^{-6}$ | 3000 | 8000 |
| 太阳引力 | $2\times10^{-6}$ | 800 | 3500 |
| 地球固体潮 | $1\times10^{-9}$ | 0.3 | 1.2 |
| 海潮 | $5\times10^{-10}$ | 0.04 | 0.2 |
| 太阳直接辐射压 | $6\times10^{-8}$ | 200 | 1000 |
| $y$ 轴偏差 | $5\times10^{-10}$ | 1.4 | 51 |
| 反照辐射压力 | $4\times10^{-10}$ | 0.03 | |
| 相对论效应 | $3\times10^{-10}$ | | |

### 3.1.2.1 地球引力场

对 GPS 卫星轨道影响最重要的摄动力是地球引力场。由于 GPS 卫星较高的轨道高度，地球引力场的短波效应相对较小。因此，采用 8 阶的地球引力场模型已经可以满足轨道的计算要求（Beutler et al.，1985）。地球引力场的系数已经通过长期激光观测、测高仪观测和地球表面重力数据进行确定。IERS 标准推荐使用 GEM-T3 模型（IERS，1992；Lerch et al.，1994），但除了 $C_{20}$、$C_{21}$ 和 $S_{21}$ 参数，原因将在下面进行解释。

地球引力场分布是地球内部质量分布的结果。对于地球引力场的数学表述通常采用 $n$ 阶 $m$ 次的球谐系数 $C_{nm}$ 和 $S_{nm}$ 形式（Heiskanen and Moritz，1967）。一种等效的近似方法是采用一列张量（Heitz，1986）。

0 次项系数固定为地球的总质量，对应的项被称为开普勒项。三个一次项系数与地球质心定义相等。将这些系数设为 0 意味着选择地球质心作为大地参考框架的原点（这与 ITRF 的情况是一致的）。

二次项也很重要。二次项系数 $C_{2m}$ 和 $S_{2m}$ 是惯性张量的方程。

由于固体潮的存在，地球作为非刚体，引力位是时变的。这种效应经常被模型化为变化的引力位系数 $C_{nm}$ 和 $S_{nm}$（Eanes et al.，1983）。Seidelmann（1992）总结出了一种有效的两步计算方法，在第一步中仅进行二次项计算，在第二步中进行其他高次项计算（对于 GPS 应用意义并不明显）。$C_{20}$ 变化的平均值并不为 0。Seidelmann（1992）公布了一组 $C_{20}$ 的平均值，$C_{20} = -1.39119 \cdot 10^{-8} \cdot k_2$，该值与二阶 Love 数 $k_2$ 有关。当前 IERS 推荐的 GEM-T3 引力位模型并不包括永久潮汐扰动。为了保持与 IERS 地球固体潮模型（该模型用于定义大地参考框架）一致，这里需要采用修正的 $\bar{C}_{20}$ 值（包括永久潮汐效应）。

$C_{21}$ 和 $S_{21}$ 系数描述了地球形状轴相对 ITRF 地极的位置。地球形状轴应该与许多年时间内观测到的地球自转轴平均位置紧密重合。因此，可以假定估计值与平均地极位置对应。如果该平均地极与 ITRF 地极一致，则可使用 $C_{21} = S_{21} = 0$。为了保证与 IERS 极移序列一致，推荐使用正常化值，即 $\bar{C}_{21} = -0.17 \cdot 10^{-9}$，以及 $\bar{S}_{21} = 1.19 \cdot 10^{-9}$，不再使用 GEM-T3 模型中给出的值（IERS，1992）。

值得注意的是 $C_{20}$ 项（和其他带谐项）与卫星轨道的长期摄动相关，如轨道交点的引动（对于 GPS 卫星而言，大约为每年 $-14.2°$）（Beutler，1995）。

卫星轨道的密切轨道根数中，半长轴 $a$ 表现的周期为 6h，幅度为1.7km 的摄动也是主要由地球的变形造成的。

高于两次的地球引力场系数主要用于定义地球参考框架。所有高次项系数都用于表示由于地球质量分布不均导致的重力场不规则。

Hugentobler 和 Beutler（1993）发现非中心引力场（主要是 $n = 2$，$m = 3$ 项）是引起共振效应的主要原因。由于 GPS 卫星轨道旋转周期是半个恒星日，与地球自转形成 2∶1 共振，GPS 卫星轨道受到一定影响。共振造成的轨道半长轴 $a$ 扰动周期一般为 8～25a，振幅约为 4km。Rothacher（1992）指出，如果轨道周期改变 2min，共振效应造成的扰动将会大大减小。

这些参数可以通过如全球 IGS 网络数据等进行解算。Landau（1988）给出了偏导数。Beutler 等（1994a）进行了首次尝试。地球质心估计值在 8.5 节给出。

#### 3.1.2.2 日、月及其他三体引力

除了地球引力外，我们还需要考虑太阳、月球和其他行星产生的摄动力。三体摄动力与地球质心的潮汐力是一致的。其他行星的影响是很小的，最大的影响来自金星，摄动力大小约为 $1.5 \times 10^{-10} \mathrm{m/s^2}$。

在地固坐标系里，因为地球自转周期和卫星轨道周期的组合效果，由三体引力引起的摄动力周期为 6h。

由于去掉了地球非球形引力引起的高频部分，平均轨道根数将主要由每年、每半年、每月和每半月的低频振动组成，这些振动主要由太阳和月球的潮汐力引起。Beutler（1995）对 2.5 年的 IGS 轨道结果的分析展示了这一现象。在 IERS（1995）标准中推荐使用新的 DE400/LE400 太阳、月球星历。

### 3.1.2.3 地球固体潮影响

太阳和月球的引力是造成地球形变的主要因素。由于地球形变造成重力场变化，进而影响卫星轨道。固体潮摄动力依赖 Love 数 $k_2$，二阶近似计算公式由 Lambeck（1974）给出。

### 3.1.2.4 太阳照射压力和 $y$ 轴偏差

#### 1. 直接照射

直接照射压力是太阳光线照射到卫星表面后相互作用（吸收和反射）产生的摄动力。所有的照射压力模型都与卫星形状、表面反射系数及卫星相对太阳的方位密切相关。

卫星总是将它的太阳能帆板旋转到与太阳光线垂直的平面上。只有在日食时（此时卫星处于地球的阴影里）是个例外（见 3.1.3 节）。照射压力方向为太阳指向卫星的方向。这也是通常使用直接照射压力名称的缘由。

由于地球围绕太阳的旋转轨道为椭圆，同时垂直于轨道平面的方向与指向太阳方向的夹角在不断改变，因此直接照射压力具有明显的周年变化性。Beutler（1995）在 CODE 利用 2.5 年 IGS 数据进行处理估计，结果显示每年变化幅度达到总体压力的 4%。

摄动力的计算公式在相关文献中已经给出（Cappellari et al.，1976）。IERS（1995）标准推荐使用 Rock4（Block Ⅰ）和 Rock42（Block Ⅱ）模型（Fliegel et al.，1992）。同时，必须区分标准模型和 T 模型，在后者中包括热反照压。

只有当我们不解算照射参数时照射压力模型才具有重要意义。对于高精度应用，这些模型的精度是不足的。如果在最小二乘估计中估计一个尺度参数（用于照射压力），结果轨道将与使用的先验模型相对独立（Rothacher，1995a）。

#### 2. $y$ 轴偏差

如果太阳能帆板并不与太阳方向完全垂直，也会在 $y$ 方向产生一定的影响，被称为 $y$ 轴偏差。不过该参数的真实物理含义在学术界存在一定的争议。

Beutler 等（1994a）展示 GPS 多天（10 天以上）弧度轨道可通过如下的照射压力模型进行表示：

$$\boldsymbol{a}_{\mathrm{rpr}} = \boldsymbol{a}_{\mathrm{Rock}} + \boldsymbol{X}_1(t)\boldsymbol{e}_1 + \boldsymbol{X}_2(t)\boldsymbol{e}_2 + \boldsymbol{X}_3(t)\boldsymbol{e}_3 \tag{3.1-5}$$

其中，$\boldsymbol{a}_{\mathrm{Rock}}$ 为先验照射模型（即 Rock4 或 Rock42 模型）；$\boldsymbol{e}_1 = \dfrac{\boldsymbol{r} - \boldsymbol{r}_\odot}{|\boldsymbol{r} - \boldsymbol{r}_\odot|}$，为直接照射压力

方向（太阳指向卫星）；$\boldsymbol{e}_2 = \boldsymbol{e}_y - \dfrac{\boldsymbol{e}_z \times (\boldsymbol{r} - \boldsymbol{r}_\odot)}{|\boldsymbol{e}_z \times (\boldsymbol{r} - \boldsymbol{r}_\odot)|}$，为 $y$ 轴偏差的方向；$\boldsymbol{e}_z = -\dfrac{\boldsymbol{r}}{|\boldsymbol{r}|}$；$\boldsymbol{e}_3 = \boldsymbol{e}_1 \times \boldsymbol{e}_2$；$X_i = X_{0i} + X_{ci}\cos u(t) + X_{si}\sin u(t), i = 1,2,3$； $u(t)$ 为升交角距。

这里用九个参数 $X_{0i}, X_{ci}, X_{si}, i = 1,2,3$ 进行照射压力建模，而不是用两个参数 $p_0$ 和 $p_2$ 进行建模。这九个参数在 Bernese 的参数估计软件（ORBIMP）中进行了实现，其中将轨道位置作为伪观测量。Kouba 利用该软件对 IGS 分析中心的长弧段轨道质量进行了检查。

最近，式（3.1-5）的照射压力模型也在参数估计程序 GPSEST 和组合估计程序 ADDNEQ 中得到了实现。综合使用该模型和伪随机轨道模型（见 3.1.4 节）可以获得高质量的长弧段轨道结果（优于 10cm）。

#### 3.1.2.5　其他摄动力

对于小于$1\times10^{-9}$的摄动力一般不进行建模，包括：①反照辐射压力（被地球反射的光线辐射）；②海潮引力效应；③地球重力场引起的相对论效应；④卫星热辐射；⑤大气阻力等。

### 3.1.3　卫星日食

GPS 卫星大约每年两次，持续时间两个月（每天会出现两次）穿过地球阴影，日食的最大持续时间约为 55min。在日食期间 GPS 卫星轨道建模是非常困难的问题。此时，星上太阳敏感器无法确定太阳的方向，卫星将以固定速率旋转。当卫星离开地球阴影区时，指向处于随机方向，卫星将通过最短路径调整到正常方位。卫星旋转方向将根据离开阴影区的具体方位进行确定。更多技术细节参见 Bar-Sever（1994）的文献。

对于在日食区的卫星轨道确定情况，一种可能的改正方法是去除卫星离开阴影区后的一段时间数据（约 1h），同时引入伪随机参数（见 3.1.4 节）。

IGS 分析中心协调处对每周轨道结果进行比较（Kouba，1995b），发现处于日食阶段的卫星与其他正常卫星相比，轨道质量明显降低。

### 3.1.4　随机轨道建模

在轨道确定中，一般采用伪随机参数吸收未建模的摄动力。伪随机参数的物理意义是在预先定义的时间 $\tau$ 和方向 $\boldsymbol{e}$ 上施加脉冲力 $s$。卫星轨道位置是连续的，但是卫星速度在时间 $\tau$ 内存在一个不连续的脉冲。

$$v_{\text{new}} = v_{\text{old}} + s \cdot e$$

可能方向有径向、沿迹和轨道面法向。我们在下述应用中成功利用了这一模型。

1）日食期间卫星轨道建模

由于日食期间卫星轨道的不可预测性（见 3.1.3 节），有必要设置一些伪随机参数吸收一部分建模误差。增加参数后卫星轨道质量虽然还未达到非日食期间轨道，但轨道精度已经大大提高。一般情况下，我们在 ***R*** 方向和 ***S*** 方向设置随机参数，每天两个，分别在 UT 时的日中和零点时刻。***W*** 方向也会设置参数，但在参数估计时进行强约束。

2）为长弧段（大于 1 天）卫星轨道增加伪随机脉冲

图 3-1 给出了在长弧段情况下轨道模型的不足，单差 $L_1$ 载波相位观测数据验后 RMS 在逐步增大。从图 3-1 中可以看出在 ***R*** 和 ***S*** 方向利用先验 RMS 大于 $1\times10^{-5}\mathrm{m/s^2}$ 的伪随机参数可以保持验后 RMS 在一个很小的范围。在 ***W*** 方向增加参数不会产生任何提升。

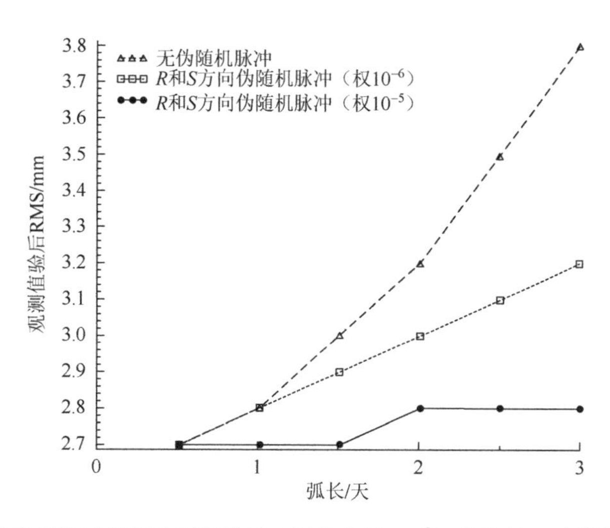


图 3-1　长弧段情况下使用伪随机脉冲（权单位是 $\mathrm{m/s^2}$）的单差 $L_1$ 观测值验后 RMS

轨道弧段越长随机脉冲模型越重要，长弧段轨道计算是第 4 章的主要内容。图 3-2 给出了 7 天弧段轨道的质量结果。其中，RMS 值是通过对 7 天弧段中的特定 1 天轨道与 CODE 轨道［3 天弧段中中间 1 天为所有卫星应用了随机参数，先验权值为 $1\times10^{-6}\mathrm{m/s^2}$（***R***）、$1\times10^{-5}\mathrm{m/s^2}$（***S***）、$1\times10^{-9}\mathrm{m/s^2}$（***W***），采用了直接照射压力模型和 $y$ 轴偏差参数］的 Helmert 比较。图 3-2 中上方实线对应于与 3 天弧段轨道采用相同模型的轨道对比结果。处于弧段边界的 1 天（后 3 天和前 3 天）轨道，可以看到存在高达 50cm 的偏差。弧段中间 1 天的轨道质量并未降低，一致性为 6～8cm。在三个方向分量上采用 $1\times10^{-4}\mathrm{m/s^2}$ 的先验权值时，有助于降低弧段边界的问题。然而轨道质量损失较大（在后 3 天和前 3 天的 RMS 值达到 20cm 左右）。

综合使用标准照射压力模型和伪随机脉冲参数的方法适用范围限于 3 天弧长。大部分随机参数的效果被扩展辐射压力模型式（3.1-5）吸收。扩展辐射压力模型也在参数估计程序 GPSEST 和组合计算程序 ADDNEQ 中进行了实现。

综合利用扩展辐射压力模型和伪随机参数（权值采用与 3 天弧段相同的值）可以使 7 天弧段中每天的 RMS 值保持在 10cm 以下水平，如图 3-2 所示。这意味着长弧段边界的轨道和中间轨道之间几乎没有差别（Springer et al.，1996）。

虽然存在较大的自由度，但是能为所有卫星增加随机参数对于短弧段（包括 1 天弧段）的轨道也是很有用的。对于 3 天弧段，这个优势是很明显的（见 8.5 节质心估计）。

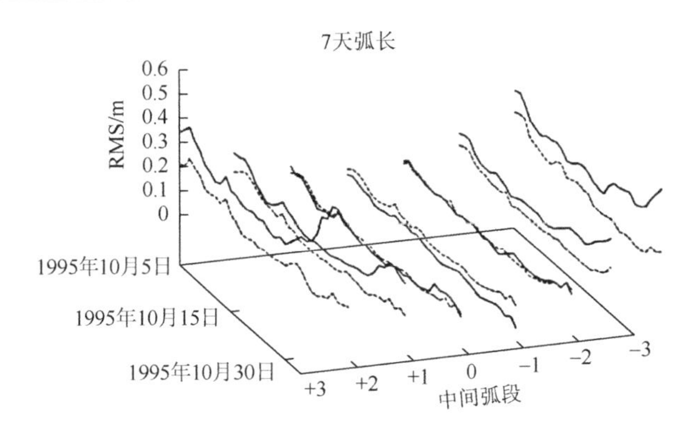


图 3-2　基于不同伪随机脉冲参数先验权的 7 天弧段轨道质量

3）采用法方程建模的灵活性

基于法方程进行轨道估计的方法可以使处理随机参数非常灵活。在每天解中为所有卫星设置随机参数可以在后期的组合过程再选择随机模型。对于运行正常的卫星可以对解进行强约束，对于其他卫星则可以进行弱约束（见 2.6.1 节）。我们还可以在连续弧段的每天边界增加额外的随机参数，参见 4.4 节。

## 3.2　卫星轨道估计

利用观测数据［GPS 载波相位和伪距观测数据，卫星星历形式（Dierendonck et al., 1978）或精密轨道形式（Remondi，1989）的卫星中心位置观测数据］进行轨道参数估计是轨道确定的主要任务。以下简要回顾“经典”轨道确定的理论方法。

将轨道参数作为未知参数的线性观测方程可以写作如下形式：

$$\boldsymbol{y}(t,\boldsymbol{r},\dot{\boldsymbol{r}},q_1,q_2,\cdots,q_n)+\boldsymbol{e}=\boldsymbol{y}(t,\boldsymbol{r}_0,\dot{\boldsymbol{r}}\big|_0,q_1\big|_0,q_2\big|_0,\cdots,q_n\big|_0)+[\boldsymbol{B}_{rv}\quad \boldsymbol{B}_q]\begin{bmatrix}\Delta\boldsymbol{rv}\\ \Delta q\end{bmatrix} \tag{3.2-1}$$

式中，$\boldsymbol{y},\boldsymbol{y}\big|_0$ 为 $n_{\text{obs}}$ 维的观测向量及其对应先验值；$\Delta\boldsymbol{rv}$ 为初始时刻的参数改正量，参数向量包含卫星中心位置 $\boldsymbol{r}$ 和速度 $\dot{\boldsymbol{r}}$，$\Delta\boldsymbol{rv}=\boldsymbol{rv}-\boldsymbol{rv}\big|_0$；$\Delta q$ 为动力学参数 $q_i$（$i=1,\cdots,n_q$）改正量，$\Delta q=q-q\big|_0$。

$\boldsymbol{B}_{rv}$ 为相对 $\boldsymbol{rv}$ 的偏导数：

$$(\boldsymbol{B}_{rv})_{ij}=\left.\frac{\partial(\boldsymbol{y})_i}{\partial(\boldsymbol{rv})_j}\right|_0;i=1,\cdots,n_{\text{obs}};j=1,\cdots,6$$

$\boldsymbol{B}_q$ 为相对动力学参数 $q$ 的偏导数：

$$(\boldsymbol{B}_q)_{ij}=\left.\frac{\partial(\boldsymbol{y})_i}{\partial(q)_j}\right|_0;i=1,\cdots,n_{\text{obs}};j=1,\cdots,n_q$$

卫星轨道确定过程不仅要实现与观测数据的最佳符合，而且要求最终轨道满足式(3.1-1)的运动方程。轨道确定是一个迭代的过程。用于最小二乘估计的先验轨道通过求解下述初值问题得到

$$\ddot{\boldsymbol{r}}\big|_0 = (\boldsymbol{a}_G + \boldsymbol{a}_P)\big|_0 = -\frac{GM}{r\big|_0^3}\boldsymbol{r} + \boldsymbol{a}_P(t, \boldsymbol{rv}\big|_0, \boldsymbol{q}\big|_0) \tag{3.2-2}$$

其中，下述初始时刻条件假定已知：

$$\begin{aligned} \boldsymbol{r}(t_0)\big|_0 &= \boldsymbol{r}(t_0, \boldsymbol{rv}\big|_0) \\ \dot{\boldsymbol{r}}(t_0)\big|_0 &= \dot{\boldsymbol{r}}(t_0, \boldsymbol{rv}\big|_0) \\ q\big|_0 & \end{aligned} \tag{3.2-3}$$

动力学参数的先验值 $q\big|_0$ 可假设为 0。在实际使用中，程序 DEFSTD 可以计算出先验轨道 $\boldsymbol{r}(t)\big|_0$，轨道结果形式并不是卫星位置的星历列表，而是由若干套 $q$ 阶多项式系数组成（通常情况下为每小时 1 套参数，且 $q = 11$），利用这套系数可以计算任何时间 $t$ 的卫星位置和速度（Rothacher，1992；Rothacher et al.，1993）。相对运动方程真实解的拟合误差可通过选取多项式维度进行控制，达到给定的要求。

多项式系数以及相对动力学参数的偏导数在主要的参数估计程序（GPSEST）中都进行了存储以备后面处理使用。相对开普勒参数的偏导数不再需要存储，因为这些偏导数可利用分析公式进行计算。

轨道计算的分析法和数值积分法之间的原理、优点和不足这里不再讨论。详细内容可参考 Beutler（1990）。下面将以式（3.2-1）作为参数估计过程的标准形式。

精化后的轨道 $\boldsymbol{r}(t)$ 可采用先验轨道 $\boldsymbol{r}(t)\big|_0$ 和改正量 $\Delta\boldsymbol{rv}$ 、$\Delta q$（相对未知参数线性化结果）进行表示：

$$\boldsymbol{r}(t) = \boldsymbol{r}(t)\big|_0 + [\boldsymbol{C}_{rv}(t) \quad \boldsymbol{C}_q(t)]\begin{bmatrix}\Delta\boldsymbol{rv} \\ \Delta q\end{bmatrix} \tag{3.2-4}$$

其中，$\boldsymbol{C}_{rv}(t)$ 为相对 $\boldsymbol{rv}$ 的偏导数：

$$(\boldsymbol{C}_{rv}(t))_{ij} = \frac{\partial(\boldsymbol{r}(t))_i}{\partial(\boldsymbol{rv})_j}\bigg|_0 ; i = 1,\cdots,3; j = 1,\cdots,6$$

$\boldsymbol{C}_q(t)$ 为相对动力学参数 $\boldsymbol{q}$ 的偏导数：

$$(\boldsymbol{C}_q(t))_{ij} = \frac{\partial(\boldsymbol{r}(t))_i}{\partial(\boldsymbol{q})_j}\bigg|_0 ; i = 1,\cdots,3; j = 1,\cdots,n_q$$

矩阵 $\boldsymbol{C}_{rv}(t)$ 和 $\boldsymbol{C}_q(t)$ 是式（3.2-2）和式（3.2-3）初值问题相对导数 $\boldsymbol{rv}$ 和 $\boldsymbol{q}$ 的微分。以矩阵形式表示的差分方程也被称为变分方程：

$$\begin{bmatrix}\ddot{\boldsymbol{C}}_{rv}(t) \\ \ddot{\boldsymbol{C}}_q(t)\end{bmatrix} = \begin{bmatrix}\boldsymbol{C}_{rv}(t) & \dot{\boldsymbol{C}}_{rv}(t) \\ \boldsymbol{C}_q(t) & \dot{\boldsymbol{C}}_q(t)\end{bmatrix}\begin{bmatrix}\boldsymbol{A}_r \\ \boldsymbol{A}_v\end{bmatrix} + \begin{bmatrix}\varnothing \\ \boldsymbol{A}_q\end{bmatrix} \tag{3.2-5}$$

初始条件为

$$\boldsymbol{C}_{rv}(t_0) = \frac{\partial\boldsymbol{r}(t_0)}{\partial\boldsymbol{rv}}\bigg|_0 ; \dot{\boldsymbol{C}}_{rv}(t_0) = \frac{\partial\dot{\boldsymbol{r}}(t_0)}{\partial\boldsymbol{rv}}\bigg|_0 \quad \boldsymbol{C}_q(t_0) = 0 \tag{3.2-6}$$

$3\times 3$ 矩阵为

$$(\boldsymbol{A}_r)_{ij} = \left.\frac{\partial(\boldsymbol{a}_G + \boldsymbol{a}_P)_i}{\partial(\boldsymbol{r})_j}\right|_0 ; (\boldsymbol{A}_v)_{ij} = \left.\frac{\partial(\boldsymbol{a}_G + \boldsymbol{a}_P)_i}{\partial(\dot{\boldsymbol{r}})_j}\right|_0 \tag{3.2-7}$$

$3 \times n_q$ 矩阵包含的元素为

$$(\boldsymbol{A}_q)_{ik} = \left.\frac{\partial(\boldsymbol{a}_G + \boldsymbol{a}_P)_i}{\partial(q)_k}\right|_0$$

如果卫星上不存在与速度相关的摄动力（针对 GPS 卫星，这时成立的），则 $\boldsymbol{A}_v = 0$ 的简化是合理的，而且如果忽略摄动力 $\boldsymbol{a}_P$，则 $\boldsymbol{A}_r = -\frac{GM}{\boldsymbol{r}^3}\left(\boldsymbol{I} - 3 \cdot \frac{\boldsymbol{r}\boldsymbol{r}'}{\boldsymbol{r}^2}\right)$（Beutler，1982）。

对变分方程积分的精度要求要远小于对运动方程的积分精度要求。Beutler 等（1994a，1994b）提供了一种近似计算方法，可大大降低变分方程解的负担。

这种近似非常有用，因为在每一步迭代过程中，都必须解算式（3.2-2）和式（3.2-3）的非线性差分运动方程，以及式（3.2-5）和式（3.2-6）的 $6 + n_q$ 线性差分方程。然而应该说明的是，当前变分方程的解都通过数值积分的形式进行计算。

利用精化的轨道参数重新进行数值积分可以得到最终轨道，该轨道结果将是最符合最小二乘估计中观测数据的运动方程解。

# 4　连续单天解组合

## 4.1　引　　言

只有当参数针对相同的先验信息时，才可能在法方程层次进行参数组合。否则需要按照式（2.5-5）将参数转换变成一致，在转换过程中需要了解每一个特定解的先验信息。这个原理已经在2.5.2节的多个示例中进行了应用，仅需确认线性化仍然有效。

在以下各节我们将在轨道组合中应用参数转换方法：基于包含所有参数（包括以明确的单天先验轨道为参考轨道参数）的单天法方程系统，我们将给出计算 $n$ 天弧长的组合公式，这些公式发表于Beutler等（1996）的论文中。以下基于第2章理论简要回顾该计算公式。

## 4.2　问 题 定 义

假设在共计 $n$ 天弧长中每一个单天解 $i$ 可能包含每个卫星的如下轨道参数。

（1）密切轨道根数 $E_{ik}$，$i=1,2,\cdots,n$；$k=1,2,\cdots,6$，在第 $i$ 天弧段，开普勒轨道根数以 $t_{0i}$ 为参考时刻（一般为该天0时）。表示为 $E_{\rm i}=(E_{i1},E_{i2},\cdots,E_{i6})=(a,e,i,\Omega,\omega,u)_i$。

（2）动力学参数 $q_{ik}$，$i=1,2,\cdots,n$；$k=1,2,\cdots,m_1$，用于对太阳辐射压力建模的轨道参数（见3.1.2.4节）。通常情况下仅估计2个辐射参数（直接项和 $y$ 轴偏差）：$q_i=(a_d,a_y)_i$；$m_1=2$。根据式（3.1-5）进行辐射压力表征的其他参数也进行了实现。

（3）伪随机参数 $s_{ik}$，$i=1,2,\cdots,n$；$k=1,2,\cdots,m_2$，用于描述在预定时间、预定方向进行的方向改变。随机参数对于吸收未建模的摄动力非常有用，因此在长弧段评估非常重要。

汇总单颗卫星所有 $m=6+m_1+m_2$ 个轨道参数，得到：

$$o_i=(o_{i1},o_{i2},\cdots,o_{im})=(E_{i1},E_{i2},\cdots,E_{i6},q_{i1},q_{i2},\cdots,q_{im_1},s_{i1},s_{i2},\cdots,s_{im_2}) \tag{4.2-1}$$

为了简化，假设每天轨道参数中都包括同样数目的动力学参数和随机参数（通常情况下并非如此）。各天法方程以先验弧段为参考：

$$r_i(t)\big|_0=r(t;o_{i1}\big|_0,o_{i2}\big|_0,\cdots,o_{im}\big|_0) \tag{4.2-2}$$

先验轨道的每个分量（通过解算摄动重力场的运动方程获得）存储为一套多项式，可计算任何时刻卫星的位置和速度。太阳辐射压参数的先验值可进行指定（见3.1.2.4节），随机参数的先验值设置为0。这些信息同法方程一起作为组合程序ADDNEQ的输入。

估计得到的第 $i$ 天轨道为

$$r_i(t)=r(t;o_{i1},o_{i2},\cdots,o_{im}) \tag{4.2-3}$$

是利用“改进”的参数 $o_i=o_i\big|_0+\delta o_i$ 进行轨道积分的结果。

定义组合轨道 $\boldsymbol{r}_c(t)$ 为

$$\begin{aligned}\boldsymbol{r}_c(t) &= \boldsymbol{r}(t;o_{c1},o_{c2},\cdots,o_{cm}) \\ &= \boldsymbol{r}(t;E_{c1},E_{c2},\cdots,E_{c6},q_{c1},q_{c2},\cdots,q_{cm_1},s_{11},s_{12},\cdots,s_{1m_2},\cdots,s_{n1},s_{n2},\cdots,s_{nm_2})\end{aligned} \tag{4.2-4}$$

这里，整个 $n$ 天弧段 $\boldsymbol{r}_c(t)$ 表示为 6 个开普勒轨道根数、$m_1$ 个动力学参数和 $n$ 套 $m_2$ 个伪随机参数的方程，利用第一个弧段的初始历元 $t_1$ 作为参考。这意味着第 $i=2,3,\cdots,n$ 弧段的轨道根数必须由第一天的根数进行表示。

如果先验模型一致，通过简单的法方程部分叠加，就可将不同天的动力学参数 $q_i$ 进行组合。即使轨道根数多天相同，也可以针对每一天单独解算动力学参数，这将会在 4.3 节进行详细描述。

另外，在组合轨道式（4.2-4）中所有 $n\times m_2$ 个伪随机参数仍然为未知参数，因为第 $i$ 天的伪随机参数 $s_{ik}$ 对后续第 $i+1,i+2,\cdots,n$ 天的轨道有影响。

也可能在连续两天的三个线性独立方向（如 $\boldsymbol{R}$、$\boldsymbol{S}$、$\boldsymbol{W}$）设置附加的随机参数。这种情况下，就必须增加随机参数 $s_{ik}^*$ 对组合轨道式（4.2-4）进行建模。

针对不同类型参数的所有组合方法都可通过式（2.5-5）的参数转换进行实现。为了简便起见，我们分以下几步讨论法方程组合：①轨道根数和动力学参数的组合；②随机参数的组合；③所有轨道参数一起进行组合。

## 4.3 轨道根数和动力学参数组合

### 4.3.1 整个弧段采用一套动力学参数进行组合的方法

因为第 $i$ 天 $t$ 时刻的 6 个开普勒轨道根数 $E_i=(a,e,i,\Omega,\omega,u)$ 与该时刻的位置 $\boldsymbol{r}_i(t)$、速度 $\boldsymbol{v}_i(t)$ 是等价的，因此如果采用第 $i$ 天的轨道根数表示第 $i+1$ 天的参数，需要在每天的边界处（表示为历元 $t_{i+1}$）保持位置和速度的连续。于是对应的 $6+m_1$ 状态方程为

$$\begin{aligned}\boldsymbol{r}_i(t_{i+1}) &= \boldsymbol{r}_{i+1}(t_{i+1}) \\ \boldsymbol{v}_i(t_{i+1}) &= \boldsymbol{v}_{i+1}(t_{i+1}) \\ q_i &= q_{i+1} = q_c\end{aligned} \tag{4.3-1}$$

利用线性化状态方程可以给出从第 $i+1$ 天到第 $i$ 天的转换方程。为了简化标识，我们省略时间参数 $t_{i+1}$，在所有独立方程中保持不变。

$$\begin{gathered}\boldsymbol{r}_i\big|_0 + \sum_{k=1}^{6}\frac{\mathrm{d}\boldsymbol{r}_i\big|_0}{\mathrm{d}E_{ik}}\cdot\Delta E_{ik} + \sum_{k=1}^{m_1}\frac{\mathrm{d}\boldsymbol{r}_i\big|_0}{\mathrm{d}q_{ik}}\cdot\Delta q_{ik} = \boldsymbol{r}_{i+1}\big|_0 + \sum_{k=1}^{6}\frac{\mathrm{d}\boldsymbol{r}_{i+1}\big|_0}{\mathrm{d}E_{i+1k}}\cdot\Delta E_{i+1k} + \sum_{k=1}^{m_1}\frac{\mathrm{d}\boldsymbol{r}_{i+1}\big|_0}{\mathrm{d}q_{i+1k}}\cdot\Delta q_{i+1k} \\ \boldsymbol{v}_i\big|_0 + \sum_{k=1}^{6}\frac{\mathrm{d}\boldsymbol{v}_i\big|_0}{\mathrm{d}E_{ik}}\cdot\Delta E_{ik} + \sum_{k=1}^{m_1}\frac{\mathrm{d}\boldsymbol{v}_i\big|_0}{\mathrm{d}q_{ik}}\cdot\Delta q_{ik} = \boldsymbol{v}_{i+1}\big|_0 + \sum_{k=1}^{6}\frac{\mathrm{d}\boldsymbol{v}_{i+1}\big|_0}{\mathrm{d}E_{i+1k}}\cdot\Delta E_{i+1k} + \sum_{k=1}^{m_1}\frac{\mathrm{d}\boldsymbol{v}_{i+1}\big|_0}{\mathrm{d}q_{i+1k}}\cdot\Delta q_{i+1k}\end{gathered} \tag{4.3-2}$$

$$q_i\big|_0 + \Delta q_i = q_{i+1}\big|_0 + \Delta q_{i+1} \tag{4.3-3}$$

进一步将位置和速度向量 $\boldsymbol{r}_i|_0$，$\boldsymbol{v}_i|_0$ 写成一个列向量形式则为

$$\boldsymbol{r}_i = \begin{bmatrix} \boldsymbol{r}_i|_0 \\ \boldsymbol{v}_i|_0 \end{bmatrix} \tag{4.3-4}$$

将状态方程式（4.3-2）写成矩阵形式，则为

$$\begin{bmatrix} \boldsymbol{H}_{i+1} & \boldsymbol{Q}_{i+1} \\ 0 & \boldsymbol{I} \end{bmatrix} \begin{bmatrix} \Delta E_{i+1} \\ \Delta q_{i+1} \end{bmatrix} = \begin{bmatrix} \boldsymbol{H}_i & \boldsymbol{Q}_i \\ 0 & \boldsymbol{I} \end{bmatrix} \begin{bmatrix} \Delta E_i \\ \Delta q_i \end{bmatrix} + \begin{bmatrix} \boldsymbol{rv}_i|_0 - \boldsymbol{rv}_{i+1}|_0 \\ q_i|_0 - q_{i+1}|_0 \end{bmatrix} \tag{4.3-5}$$

式中，$i$ 为天数标记；$\boldsymbol{H}_i$ 为雅克比矩阵，将轨道根数转换为历元 $t_{i+1}$ 的初始位置和速度；分析法计算公式在参考文献中给出（Beutler et al.，1996）。

$$\left[ \left. \frac{\mathrm{d}(\boldsymbol{r}_i)_j}{\mathrm{d}E_{ik}} \right|_0 \quad \left. \frac{\mathrm{d}(\boldsymbol{v}_i)_j}{\mathrm{d}E_{ik}} \right|_0 \right]_{(6\times 6)} ;\ j=1,2,3;\ k=1,2,\cdots,6 \tag{4.3-6}$$

$\boldsymbol{Q}_i$ 为位置和速度相对动力学参数的偏导数，数值计算方法请参考 3.2 节：

$$\left[ \left. \frac{\mathrm{d}(\boldsymbol{r}_i)_j}{\mathrm{d}q_{ik}} \right|_0 \quad \left. \frac{\mathrm{d}(\boldsymbol{v}_i)_j}{\mathrm{d}q_{ik}} \right|_0 \right]_{(6\times 6)} ;\ j=1,2,3;\ k=1,2,\cdots,6 \tag{4.3-7}$$

$\Delta E_i$ 为估计的第 $i$ 天轨道根数：

$$\Delta E_i = [E_{ij} - E_{ij}|_0]_{(6\times 1)};\ j=1,2,\cdots,6 \tag{4.3-8}$$

$\Delta q_i$ 为估计的第 $i$ 天动力学参数：

$$\Delta q_i = [q_{ij} - q_{ij}|_0]_{(6\times 1)};\ j=1,2,\cdots,m_1 \tag{4.3-9}$$

$E_i|_0$ 为各天在 $t=t_{i+1}$ 时刻的先验密切轨道根数：

$$E_i|_0 = (E_{i1}, E_{i2}, \cdots E_{i6})|_0 \tag{4.3-10}$$

$\boldsymbol{rv}_i|_0$ 为各天在 $t=t_{i+1}$ 时刻的先验位置和速度；

$q_i|_0$ 为各天轨道的先验动力学参数：

$$\boldsymbol{q}_i|_0 = (q_{i1}, q_{i2}, \cdots q_{im_1})|_0 \tag{4.3-11}$$

为了推导出与式（2.5-5）$\boldsymbol{\Delta\hat{\beta}} = \boldsymbol{B\Delta\tilde{\beta}} + \mathrm{d}\boldsymbol{\beta}$ 一致的转换方程，必须解算方程（4.3-5）得到参数 $\boldsymbol{\Delta\hat{\beta}} \equiv [\Delta E_{i+1}, \Delta q_{i+1}]'$。利用式（4.3-12）

$$\begin{bmatrix} \boldsymbol{H}_{i+1} & \boldsymbol{Q}_{i+1} \\ 0 & \boldsymbol{I} \end{bmatrix}^{-1} = \begin{bmatrix} \boldsymbol{H}_{i+1}^{-1} & \boldsymbol{H}_{i+1}^{-1}\boldsymbol{Q}_{i+1} \\ 0 & \boldsymbol{I} \end{bmatrix} \tag{4.3-12}$$

可以得到

$$\begin{bmatrix} \Delta E_{i+1} \\ \Delta q_{i+1} \end{bmatrix} = \begin{bmatrix} \boldsymbol{K}_{i+1,i} & \boldsymbol{L}_{i+1,i} \\ 0 & \boldsymbol{I} \end{bmatrix} \begin{bmatrix} \Delta E_i \\ \Delta q_i \end{bmatrix} + \begin{bmatrix} \boldsymbol{M}_{i+1,i} \\ \boldsymbol{N}_{i+1,i} \end{bmatrix} \tag{4.3-13}$$

其中，

$$\begin{aligned} \boldsymbol{K}_{i+1} &= \boldsymbol{H}_{i+1}^{-1} \cdot \boldsymbol{H}_i \\ \boldsymbol{L}_{i+1,i} &= \boldsymbol{H}_{i+1}^{-1} \cdot (\boldsymbol{Q}_i - \boldsymbol{Q}_{i+1}) \\ \boldsymbol{M}_{i+1,i} &= \boldsymbol{H}_{i+1}^{-1} \cdot \{(\boldsymbol{rv}_i|_0 - \boldsymbol{rv}_{i+1}|_0) - \boldsymbol{Q}_{i+1} \cdot (q_i|_0 - q_{i+1}|_0)\} \\ \boldsymbol{N}_{i+1,i} &= q_i|_0 - q_{i+1}|_0 \end{aligned} \tag{4.3-14}$$

最后一步，必须进行一系列式（4.3-13）的转换，将第 $i+1$ 天的参数转换到第一天的参数。这可以通过递推公式进行计算，而不需要采用运动方程的数值积分：

$$\begin{bmatrix} \Delta E_{i+1} \\ \Delta q_{i+1} \end{bmatrix} = \begin{bmatrix} \boldsymbol{K}_{i+1,1} & \boldsymbol{L}_{i+1,1} \\ 0 & \boldsymbol{I} \end{bmatrix} \begin{bmatrix} \Delta E_1 \\ \Delta q_1 \end{bmatrix} + \begin{bmatrix} \boldsymbol{M}_{i+1,1} \\ \boldsymbol{N}_{i+1,1} \end{bmatrix} \tag{4.3-15}$$

其中，

$$\begin{aligned} \boldsymbol{K}_{i+1,1} &= \boldsymbol{K}_{i+1,i} \cdot \boldsymbol{K}_{i,1} \\ \boldsymbol{L}_{i+1,1} &= \boldsymbol{L}_{i+1,i} + \boldsymbol{K}_{i+1,i} \cdot \boldsymbol{L}_{i,1} \\ \boldsymbol{M}_{i+1,1} &= \boldsymbol{M}_{i+1,i} + \boldsymbol{L}_{i+1,i} \cdot (q_1|_0 - q_i|_0) + \boldsymbol{K}_{i+1,i} \cdot \boldsymbol{M}_{i,1} \\ \boldsymbol{N}_{i+1,1} &= q_1|_0 - q_{i+1}|_0 \end{aligned} \tag{4.3-16}$$

在进行法方程叠加组合（仅包含参数 $E_c \equiv E_1, q_c \equiv q_1$）之前，必须对第 $i+1$ 天的法方程根据式（2.5-8）～式（2.5-10）及式（2.5-11）进行转换。

另外一种替代的方法是引入式（4.3-15）作为伪观测值，并根据 2.6.2 节附加大的权值，与附加约束的高斯-马尔可夫模型处理一致。这种处理过程的缺点是第 $i = 2,3,\cdots,n$ 天的所有轨道参数 $E_i$ 和 $q_i$ 都保留在组合法方程中。

这里是利用状态方程将后面几天的参数与第一天的参数连续起来。参数转换的方法是一种非常简练的方法，可以保证组合法方程尽可能小。

### 4.3.2 整个弧段采用 *n* 套动力学参数进行组合的方法

如果针对 $n$ 天弧段解算 $n \times m_1$ 个动力学参数，即 $q_{1k}$，$k = 1,\cdots,m_1$，则可省略式（4.3-1）中的第三个条件方程。此时，线性化转换方程（4.3-13）则可简化为

$$\Delta E_{i+1} = [\boldsymbol{K}_{i+1,i} \quad \tilde{\boldsymbol{L}}_{i+1,i} \quad \tilde{\boldsymbol{L}}_{i+1,i+1}] \begin{bmatrix} \Delta E_i \\ \Delta q_i \\ \Delta q_{i+1} \end{bmatrix} + \tilde{M}_{i+1,i} \tag{4.3-17}$$

其中

$$\begin{aligned} \boldsymbol{K}_{i+1} &= \boldsymbol{H}_{i+1}^{-1} \cdot \boldsymbol{H}_i \quad \text{（与 4.3.1 节相同）} \\ \tilde{\boldsymbol{L}}_{i+1,i} &= \boldsymbol{H}_{i+1}^{-1} \cdot \boldsymbol{Q}_i \\ \tilde{\boldsymbol{L}}_{i+1,i+1} &= -\boldsymbol{H}_{i+1}^{-1} \cdot \boldsymbol{Q}_{i+1} \\ \tilde{\boldsymbol{M}}_{i+1,i} &= \boldsymbol{H}_{i+1}^{-1} \cdot (\boldsymbol{rv}_i|_0 - \boldsymbol{rv}_{i+1}|_0) \end{aligned} \tag{4.3-18}$$

对应的递推计算公式则为

$$\Delta E_{i+1} = [\boldsymbol{K}_{i+1,i} \quad \tilde{\tilde{\boldsymbol{N}}}_{i+1,i} \quad \cdots \quad \tilde{\tilde{\boldsymbol{N}}}_{i+1,i+1}] \begin{bmatrix} \Delta E_1 \\ \Delta q_i \\ \vdots \\ \Delta q_{i+1} \end{bmatrix} + \tilde{\boldsymbol{M}}_{i+1,i} \tag{4.3-19}$$

其中

$$\boldsymbol{K}_{i+1,1} = \boldsymbol{K}_{i+1,i} \cdot \boldsymbol{K}_{i,1} \quad \text{（与 4.3.1 节相同）}$$

$$\tilde{\tilde{\boldsymbol{N}}}_{i+1,j}=\begin{cases}\tilde{\boldsymbol{L}}_{i+1,i+1}, j=i+1\\ \tilde{\boldsymbol{L}}_{i+1,i}+\boldsymbol{K}_{i+1,i}\cdot\tilde{\tilde{\boldsymbol{N}}}_{i,i}, j=i\\ \boldsymbol{K}_{i+1,i}\cdot\tilde{\tilde{\boldsymbol{N}}}_{i,j}, j\leqslant i-1\end{cases} \tag{4.3-20}$$

$$\tilde{\boldsymbol{M}}_{i+1,1}=\tilde{\boldsymbol{M}}_{i+1,i}+\boldsymbol{K}_{i+1,i}\cdot\tilde{\boldsymbol{M}}_{i,1}$$

上述递推计算公式是用于将第 $i+1$ 天的轨道参数 $\Delta E_{i+1}$ 进行转换的计算方程。与上节相同，在进行法方程叠加组合之前首先必须进行参数转换。

## 4.4 随机参数组合

首先简要回顾一下伪随机参数的定义。考虑第 $i$ 天的时间边界为 $t_i$ 和 $t_{i+1}$，根据 3.1.4 节，在 $\tau\leqslant t_i$ 历元时刻，在 $\boldsymbol{e}$ 方向上施加伪随机脉冲 $s$ 则可以产生一个速度变化：

$$v_{\text{new}}(t)=v_{\text{old}}(t)+s\cdot\boldsymbol{e} \tag{4.4-1}$$

进行轨道组合具有很重要的作用，可以计算特定脉冲对于 $t_i$ 时刻及后续历元轨道参数的影响效果。利用天体力学的特别摄动理论，可以将轨道根数的影响结果表示为脉冲 $s\cdot\boldsymbol{e}$ 的线性方程。

$\tau$ 时刻的随机脉冲 $s\cdot\boldsymbol{e}$ 对半长轴的影响可以表示如下（Beutler et al.，1996）：

$$\Delta a_s(\tau)=s\cdot\frac{2}{n\cdot\sqrt{1-e^2}}\cdot\left(e\cdot\sin\boldsymbol{v}\cdot\boldsymbol{e}_{\text{R}}+\frac{a\cdot(1-e^2)}{r}\cdot\boldsymbol{e}_{\text{S}}\right) \tag{4.4-2}$$

对于其他的轨道根数也存在相同的与 $\boldsymbol{e}_{\text{R}}$、$\boldsymbol{e}_{\text{S}}$、$\boldsymbol{e}_{\text{W}}$ 相关的计算方程，其中，$\boldsymbol{e}_{\text{R}}$、$\boldsymbol{e}_{\text{S}}$、$\boldsymbol{e}_{\text{W}}$ 为 $\boldsymbol{e}$ 在 $\boldsymbol{R}$、$\boldsymbol{S}$、$\boldsymbol{W}$ 方向的分量。采用矩阵形式可以简化式（4.4-2）为如下形式：

$$\Delta E_{\text{s}}(\tau)=\boldsymbol{k}_{\text{s}}(\tau)\cdot s \tag{4.4-3}$$

对于 $\tau\leqslant t_i$ 的情况，已经证明对轨道根数的影响是脉冲 $s$ 的线性方程。

对于 $\tau\leqslant t_i$ 的情况，必须利用轨道根数 $E_i=E(t_i)$ 解算摄动力方程，在线性化过程中忽略泰勒级数展开中所有高于一阶的项：

$$\Delta E_{\text{s}}(\tau)=\boldsymbol{M}_{\text{s}}(t_i,\tau)\cdot\Delta E_{\text{s}}(t_i) \tag{4.4-4}$$

其中

$$(\boldsymbol{M}_{\text{s}}(t_i,\tau))_{jk}=\frac{\mathrm{d}(E_i(\tau))_j}{\mathrm{d}(E(t_i))_k} \tag{4.4-5}$$

式中，$\boldsymbol{M}_{\text{s}}$ 为考虑所有轨道摄动力的式（3.2-5）的变分方程解。

只有在简单开普勒近似过程中，$\boldsymbol{M}_{\text{s}}=\boldsymbol{I}$ 对于短弧段精度才是足够的。另外，可以利用式（4.4-3）和式（4.4-4）通过线性化转换公式计算 $\tau$ 历元的随机脉冲 $s$ 对 $t_i$ 历元轨道根数的影响

$$\Delta E_s(t_i) = \boldsymbol{M}_s^{-1}(t_i, \boldsymbol{\tau}) \cdot \boldsymbol{k}_s(\boldsymbol{\tau}) \cdot s \tag{4.4-6}$$

这个结果也使在弧段边界 $t_i$ 增加随机参数（最多可在三个线性独立方向）成为可能。这样在 $t_i$ 历元的轨道根数（在第 $i$ 天法方程中）可以根据式（4.4-6）写成增加的随机参数的线性方程。但是即使不进行这样的处理，第 $i$ 天的轨道根数也与历元 $t_i$ 的随机参数存在一定的关系。

假设 $\Delta\tilde{\boldsymbol{\beta}}_i$ 包含法方程 $i$ 的所有参数，以及在前 1 天设置的所有伪随机参数，再加上在各天边界 $t_j$； $j = 2, i$ 设置的伪随机参数。利用式（4.4-6）可得到与式（2.5-5）类似的参数转换方程 $\Delta\hat{\boldsymbol{\beta}}_i = \boldsymbol{B}\Delta\tilde{\boldsymbol{\beta}}$：

$$\Delta\hat{\boldsymbol{\beta}}_i = \Delta\tilde{E}_i = [\boldsymbol{I}\boldsymbol{T}_1 \cdots \boldsymbol{T}_{i-1}\boldsymbol{T}_2^* \cdots \boldsymbol{T}_i^*]\begin{bmatrix} \Delta\hat{E}_i \\ \hat{s}_1 \\ \vdots \\ \hat{s}_{i-1} \\ \hat{s}_2^* \\ \vdots \\ \hat{s}_i^* \end{bmatrix} \tag{4.4-7}$$

式中，$\Delta\tilde{E}_i$ 为第 $i$ 个法方程的开普勒参数；$\hat{s}_j$ 为第 $j$ 个法方程的伪随机参数，$s_{j1}, s_{j2}, \cdots, s_{jm_2}$ $(j = 1, 2, \cdots, i-1)$；$\hat{s}_j^*$ 为在前一天弧度边界处的额外伪随机参数，$\hat{s}_{j1}^*, \hat{s}_{j2}^*, \cdots, \hat{s}_{jm2}^*$（$j = 2, \cdots, i-1$）；$\boldsymbol{T}_j$ 为根据式（4.4-6）确定的前一个弧段 $j = 1, 2, \cdots, i-1$ 伪随机参数转换矩阵；$\boldsymbol{T}_j^*$ 为根据式（4.4-6）确定的在弧段边界 $j = 2, \cdots, i-1$ 增加的额外伪随机参数转换矩阵。

应用转换公式（2.5-8）～式（2.5-10）及式（2.5-11）可以得到扩展的法方程系统 $i$，这样可以通过传统的叠加方式进行法方程组合。

这里要指出的是，因为增加的行和列是根据式（4.4-6）对原有法方程中摄动参数的行和列进行线性计算得到的，扩展的法方程系统将变奇异。经过 $n$ 天弧段组合后，奇异性将会消除。

于是考虑之前伪随机脉冲对当前历元轨道参数的影响成为可能，而且在每天边界对任何卫星增加额外的伪随机参数成为可能。对于频率超过每天一次的随机脉冲估计需要在单天解中设置这些参数。

## 4.5 轨道根数、动力学参数及随机参数组合

在 4.3 和 4.4 节分别介绍了密切轨道根数、动力学参数组合方法和伪随机参数组合方法。对于密切轨道根数和动力学参数分别推导了式（4.3-15）针对共同动力学参数和式（4.3-19）针对不同动力学参数的递推转换方程。针对随机参数必须应用转换方程（4.4-7）。对于所有类型轨道根数的组合进行转换方程简单相加即可实现。

在实际中一般进行序贯处理，当完成随机参数转换后会得到一个扩展的法方程系统，因此需要对单天法方程中的密切轨道根数和动力学参数进行转换。

## 4.6 具体实现

在 Bernese 软件的 3.6 版中，在 ADDNEQ 程序中实现了将 $n$ 个单天弧段解组合为 $n$ 天长弧段解的功能。该功能的主要目的是减少 CODE IGS 处理中心的处理时间，同时又不损失处理精度。因为随着数据量的稳定增长（表 1-2）每天解的计算时间增长非常快，在发生故障后预留的时间严重不足。5.5 节给出了基于单天解的新处理方案与传统的基于原始观测数据处理的比较（3 天解重叠弧段）。

另外的目的是对 UT1-UTC 及可能的地球自转速率进行长弧段估计时将更加稳定，8.4 节将对此进行详细描述。

对于所有长弧段应用，这种方法的优势是与弧段长度无关，不存在弧段长度限制。即使只考虑长度大于 10 天的弧段这种方法也是实用的。这里唯一需要输入的是每天的法方程及相应的先验信息，而传统的方法需要所有 $n$ 天的先验信息。

对 CPU 的需求也不允许采用传统方法基于原始观测数据处理 3～4 天的弧段。从后文中可以看出原始观测数据的存储需求也是不可忽略的。

在卫星故障情况下，灵活好用的处理工具在长弧段评估时也是必需且有帮助的。行为异常的卫星将会相对观测数据展示很大的残差（增大的载波相位观测值估计 RMS）。其他检验标准，如根据 Beutler 等（1994）提出的对各天轨道进行 7 天弧段的拟合，或者对连续各天的轨道进行单差等，都是监测这些故障非常有用的方法。

以下使用方式对于用户也是可用的。

（1）任意长度的弧段也是可能的。对于较长的弧段（大于等于 2 天）需要增加额外的随机参数吸收未建模的摄动力（见 3.1.4 节）。

（2）可以在任何弧段边界对任何卫星设置新弧段（新密切轨道根数和新动力学参数）。

（3）可以在任何弧段边界对任何卫星以任何权值设置 $\boldsymbol{R}$、$\boldsymbol{S}$、$\boldsymbol{W}$ 方向的新随机参数（新密切轨道根数和新动力学参数）。

（4）如果在一个数据文件中某颗卫星缺失可以填补这一空白（在空白前后保持相同的轨道参数）或者在空白后设置新的轨道根数。

（5）$n$ 天弧段每颗卫星一次机动允许在特定天设置新的弧段而不损失数据。为了安全性删除轨道机动时刻前后一个小时的数据是很有用的。在一天内原始弧段和新设置弧段必须在主要参数估计中进行处理。

（6）在完整的 $n$ 天弧段内设置一套动力学参数（见 4.3.1 节），或在特定天设置动力学参数是可能的（见 4.3.2 节）。

这些选项的主要目的是避免重新处理各项数据。

## 4.7 偏导数：计算与精度

最小二乘估计的一个重要特征是可以对中等精度的未知参数偏导数进行迭代计算。为了避免这些迭代过程，必须进行足够精度的偏导数计算以保证不会影响参数估计的结果。如果（偏导数）×（参数修正值）的乘积远小于特定参数的标准误差，则上述结论成立。该乘积表明计算结果依赖偏导数和参数先验信息的质量。

假设卫星开普勒轨道参数在 1 天后偏离真实轨道 10km，3 天后偏离真实轨道 100km（表 3-1）。从表面看近似程度较差，但考虑到卫星绝对距离为 20000km，相对误差只有 0.5%。利用开普勒近似值可以得到相同误差的偏导数计算结果。这意味着每次迭代参数修正值将减少 1/2000。

图 4.1 给出了单天解 1D 轨道和 3 天解 3D 轨道间的转换 RMS 误差，可以看出，基于单天解的轨道组合较 3 天解轨道精度提高约 20cm（图 4-1）。由于最大的参数修正值为 2～3cm 量级，因此传统解的最后迭代并没有被该误差污染。0.5%的偏导数相对误差和 20cm 的参数修正值对最终轨道造成的影响远小于 1mm。半长轴 $\Delta a = 1\text{mm}$ 的误差由于开普勒第三定律 $n^2a^3 = GM$ 引起的误差传播经过 $N$ 周以后可造成沿迹方向 $-3\pi N\Delta a = 2.5\text{cm}\cdot N$ 的误差。这一参数对于长弧段变得非常重要。

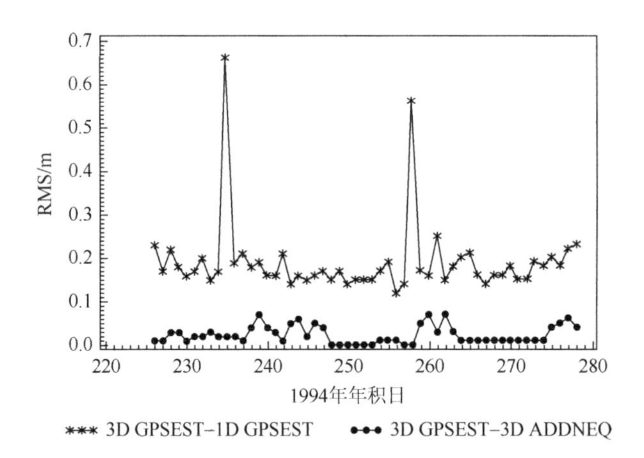


图 4-1 传统计算方法（GPSEST）和基于组合的新方法（ADDNEQ）计算的轨道间 7 参数 Helmert 转换 RMS 误差

为安全起见，利用分析公式计算式（4.2-10）的偏导数比利用摄动方法计算（Beutler et al.，1996）更加准确。事实上仅考虑地球扁率（$C_{20}$项）就可以相对开普勒近似提高 10 倍。

相对动力学参数的偏导数通常根据 3.2 节的简化力学模型进行数值积分计算。从性能角度考虑这时满足要求，但从存储角度考虑并不满足要求（单天弧段，每天约 0.5MB）。

经过几次采用分析法计算偏导数的努力后，最终还是采用了数值积分法计算所有的偏导数。通过进行多项优化，偏导数存储容量实现了最小化。

## 4.8 轨道组合方法与传统轨道确定方法的等价性

图 4-1 显示了传统计算方法（基于原始观测数据）和新的轨道组合方法性能的等价性。在 1 个月内（从 1994 年 226 天起），两种方法计算的轨道利用 7 参数 Helmert 转换方法进行比较分析。在不设置随机参数情况下（在 248～260 天时间段内不存在日食卫星），转

换 RMS 值在 1cm 左右，在此前和此后，RMS 值达到 8cm。造成这一结果的原因是针对日食卫星单天解和 3 天解选择了不同的随机参数。如果某颗卫星在 3 天弧段的第 3 天进入日食，传统计算情况下将在所有 3 天的 12h 设置随机参数（共计 6×历元数个随机参数），但是在新的组合方法中仅在最后 1 天和弧段边界设置随机参数（共计 3×历元数个随机参数）。

在其他情况下（相同的随机参数），两者的一致性为 1～2cm。事实上，如果假设 3 天解轨道的精度为 10cm（在 1994 年和 1995 年）（Kouba，1995b），那么新方法引起影响仅为其 1/5。

地球自转参数间比较也表现为类似结果。对于 $x$ 轴和 $y$ 轴分量，偏差小于 0.03 mas，对于 UT1－UTC 偏差小于 0.002ms/d，约为当前精度水平的 1/10，该精度由国际地球自转服务年度报告通过比较不同空间技术获得。自 1995 年，该方法一直在实际中应用，没有出现任何问题。

利用上述提及的分析方法计算偏导数（见 4.7 节），传统计算轨道与组合方法计算轨道间的一致性在 1～3mm，因此在 1996 年轨道精度得到进一步提高。

# 5 利用法方程的处理策略

序贯最小二乘在处理 GPS 观测数据方面具有广泛的应用，从近实时处理应用到多年数据解等。法方程处理的模块化特性允许对不同应用进行组合，下面我们将对这些应用形式进行详细讨论。

## 5.1 多区域组合解

ADDNEQ 的设计初衷正是为了进行多时段解。随着全球 GPS 永久跟踪网规模不断扩大（大部分是监测地壳形变或作为本地参考站的区域网络，同时也包括全球 IGS 网），需要采用一定工具针对最终位置坐标和速度相关的众多观测数据进行压缩。

通常，这些网络每天会进行独立解算，然后利用组合程序 ADDNEQ 对单天解法方程进行组合。这对于全球网地球物理学参数（如地球质心和重力参数等）具有非常重要的意义。为了获得这些参数的可靠估计结果，对各种独立解的信息进行总结，并获得最终解就显得非常重要。

图 5-1 给出了 CODE 分析中心利用永久 IGS 跟踪网 2 年观测数据估计结果的统计信息。组合结果在统计意义上是正确的。所有原始观测数据间的相关性必须在单天解中进行考虑。在 5.2 节将会详细讨论这些方面。假设不同天的原始观测数据间没有相关性（这有可能是成立的），根据 2.3 节，组合结果将与一步法中同时处理所有观测数据（理论上）是一致的。

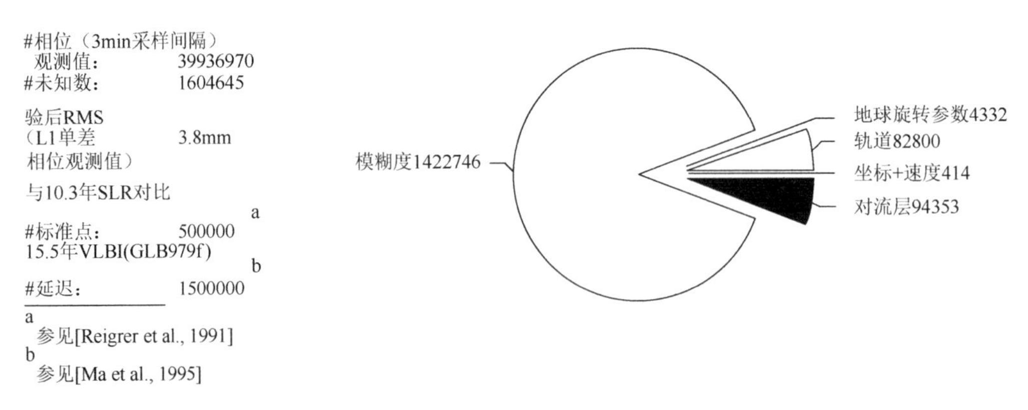


图 5-1 2 年组合解的统计性能

值得一提的是，所有参数都可以在单天解中存储，即使是那些只对单天解有意义的参数。对流层参数需要保留在法方程系统中，这样可以根据 2.5.2 节改变相关参数的个数，或者改变绝对的或相对的约束，而不需要回溯到原始观测数据。在 IGS 网中，同时存储包括章动参数的地球自转参数。根据 2.6.3 节开放或约束章动参数，改变参数个数等都是很有用的应用场景。

在进行法方程累加时，无意义的参数可以根据 2.2 节的方法进行预消除以保证最终法方程系统的规模尽量小。这对模糊度参数非常重要。由于模糊度参数数量非常大（图 5-1），通常在法方程存储之前预先消除。

对于很多应用，所有解中共同的参数只有坐标。在这种情况下，一般采用简化的法方程进行组合处理。这时，新的参数可以进行补充（见 2.5.2 节），如站点速度等。

这些预先消除的参数（轨道、地球自转参数、对流层等）在第二步处理中进行估计，此时引入组合估计的结果作为已知值。

图 5-2 给出了多区域解处理单个法方程的过程。

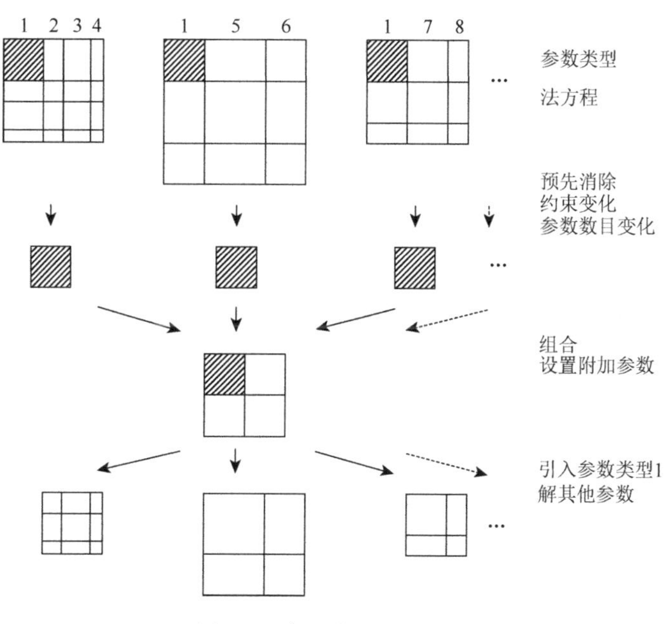


图 5-2 多区域解处理流程

利用所有解中公共参数（如坐标等）的协方差信息则需要进行补充说明。

图 5-3 给出了当为多段解增加越来越多的弧段（天）时对 KOSG 坐标估计结果的影响。每一个点代表对直到该天的所有弧段进行组合时获得的估计结果。点与零值的偏差代表与组合解平均值的差值。

结果并不令人惊奇，与切比雪夫定理一致（Bronstein and Semendjajew，1985），即结果与使用的协方差信息越来越不相关。100 天或 3 个月后增加序贯解已经不能对最终结果产生任何重要贡献。与横轴的偏差越来越不明显，证明对于长时间段组合值收敛于纯平均值。

在法方程中使用完整信息对于图 5-2 中最后一步的后向替换非常重要。由于参数估计量大，仅涉及单独解的参数估计无法获得平滑效应。它们实质上只由相关的法方程确定。对于估计站点速度，长时段对估计结果的可靠性更加重要。详见第 6 章。

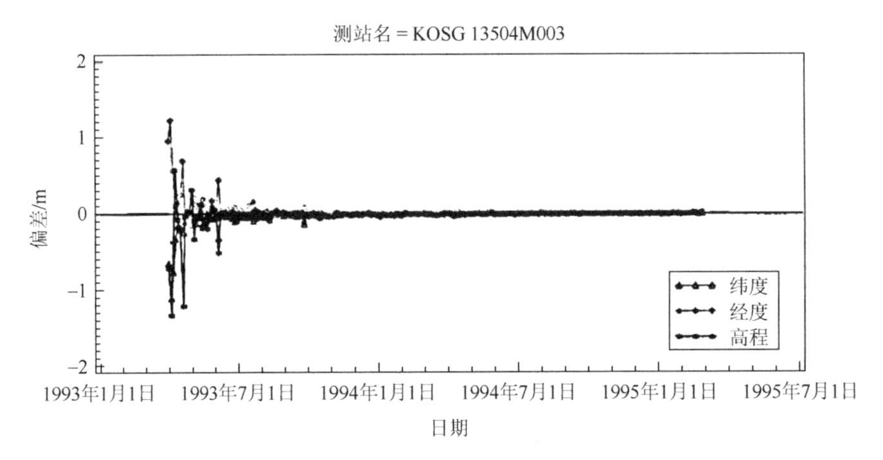


图 5-3　增加观测数据对 KOSG 位置坐标估计的影响

参考值是包括站点速度估计的 23 个月 GPS 解结果。偏差值近似为 0，几乎可以忽略，表示组合解和平均值间的偏差

## 5.2　基线模式处理

### 5.2.1　与网平差的区别

网平差通常利用不同站点间观测数据的正确相关性进行计算。即使针对双差解，相关性也会采用正确的方式予以考虑（Beutler et al.，1986，1987）。

在基线解模式下，每条基线独立处理。不同基线间观测数据的相关性被忽略。对于较大的网（24h 数据，大于 30 个站）正确的计算过程是很耗时的（一个无模糊度解过程是正确基线处理时间的 2～3 倍）。

基线处理模式是较优的，因为每个基线处理过后，非公共参数（如载波相位模糊度）可以被预先消除。这可以保证法方程变小。另外，在基线处理模式下，处理时间只会随基线数量线性增加。更多关于基线处理模式的细节将在 5.2.2 节给出。

正确处理相关性的影响情况在一个包括25～30个欧洲永久GPS站点的试验行动中进行了分析。这些站点的数据在观测约 10 天时间后进行了处理。约两个月（1995 年 9 月和 10 月）的数据分别基于基线模式（也称作 A 模式解）和正确处理相关性模式（也成为 B 模式解）进行了处理。

其他处理选项，两种处理模式完全一致：估计对流层 12 参数（无先验权值）、不进行模糊度固定、180s 采样间隔、20°截止高度角、采用 CODE 轨道和 CODE 地球自转参数、基线采用最大化单差观测数据原则选取。

### 5.2.1.1 后验相关矩阵

图 5-4 给出了包含 26 个站点（或 78 个坐标估计值）的单天解相关矩阵。零相关元素为黑色，相关性为±1.0 的表示为白色。

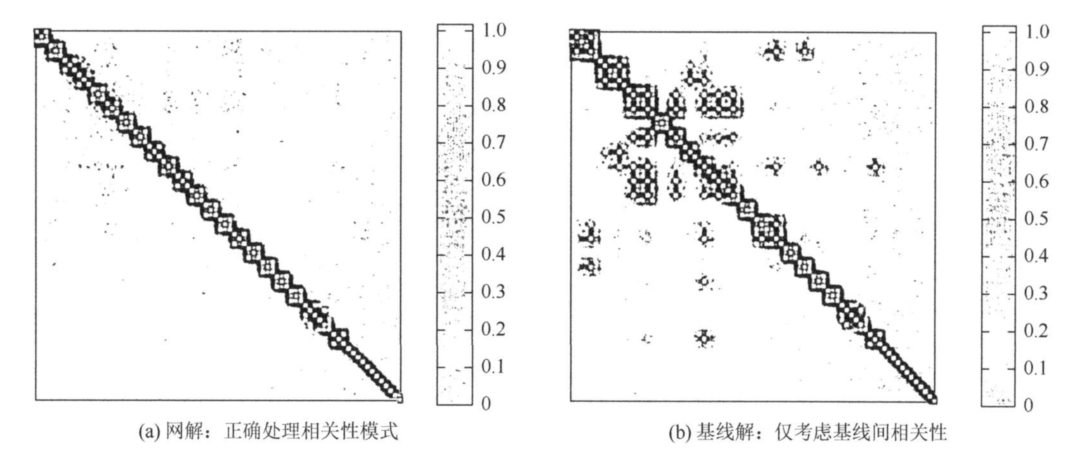


(a) 网解：正确处理相关性模式　　(b) 基线解：仅考虑基线间相关性

图 5-4 在地心坐标系下包含 26 个欧洲站的单天解后验相关矩阵绝对值

对于没有数据缺失的完整观测情况，期望观测卫星相同的站点估计精度相同（位于网络边缘的站点可能会有所降低），同时不同位置坐标分量间协方差信息对于所有监测站配对也近似相等。这意味着对于结果相关矩阵，每个站点分量间的相关值包含相同的信息，同时站点间相关值很小，并且所有站点对相等。

这两个表述仅对 B 模式解成立，A 模式基线解的相关矩阵受基线选择影响很大。可以发现通过基线连接的两个站点间相关值很大。需要指出的是：①最后 4 个站点的情况是因为这些站点被约束作为大地基准的结果；②重复的 3×3 矩阵，非对角元素非零（尤其是 $x$-$z$ 相关），说明 $x$-$y$-$z$ 三轴坐标的误差椭圆并不一致。GPS 确定的误差椭圆与本地大地系较为一致（见 6.5 节）。在该坐标系中，对应纬度、经度和高程的非对角线元素可以忽略。

对所有天数选择相同的基线可能会在相关矩阵中引起系统误差效应。在本次处理中，基线选择采用最大化观测数据的准则，这一般会在不同天形成不同基线。相邻站点在相同的高度角情况下会观测到相同的卫星。这样两个站点连接形成基线比距离很大站点形成基线的可能性更大。对于范围为 5000km×5000km 的观测网，永远不会获得随时间随机分布的基线。

如果分析长时间间隔组合解的相关矩阵可以明显看到性能提升。如果考察不同站点所有可能组合中两个坐标参数（比如 $x$-$y$）间的相关值，可以导出平均相关值及 RMS 值来表示其变化程度。表 5-1 给出了每个坐标轴间（$x$-$x$、$x$-$y$、$x$-$z$、$y$-$y$、$y$-$z$、$z$-$z$）在不同组合时长情况下（1 周到 2 个月）的 RMS 值。假设不同站点间所有 $x$-$y$ 相关值一致，则可得到 RMS 值为 0。换言之，RMS 值越小，相关矩阵的表示图越规则（图 5-5）。对于 B 模式解，相关矩阵表示图与组合时长无关。而 A 模式解则随时长增加而减小。即使组合时长达到两个月，B 模式解也未得到规则的相关性表示图。

**表 5-1　站点间相关 RMS 值作为 GPS 载波相位观测值随机模型是否正确的指标：在不同时间长度情况下对欧洲子网进行组合处理，并对相关矩阵进行分析**

| 时长 | 相关性类型 | 不使用基线间相关性 | | | 使用基线间相关性 | | |
|---|---|---|---|---|---|---|---|
| | | *x-x* | *x-y* | *x-z* | *x-x* | *x-y* | *x-z* |
| 1 周 | *x-x* | 0.13 | 0.01 | 0.10 | 0.02 | 0.00 | 0.02 |
| | *y-x* | | 0.23 | 0.01 | | 0.02 | 0.00 |
| | *z-x* | | | 0.12 | | | 0.02 |
| 2 周 | *x-x* | 0.12 | 0.01 | 0.09 | 0.02 | 0.00 | 0.02 |
| | *y-x* | | 0.21 | 0.01 | | 0.04 | 0.00 |
| | *z-x* | | | 0.11 | | | 0.02 |
| 1 月 | *x-x* | 0.10 | 0.01 | 0.08 | 0.03 | 0.00 | 0.02 |
| | *y-x* | | 0.16 | 0.01 | | 0.04 | 0.00 |
| | *z-x* | | | 0.09 | | | 0.02 |
| 2 月 | *x-x* | 0.09 | 0.01 | 0.07 | 0.03 | 0.00 | 0.02 |
| | *y-x* | | 0.11 | 0.01 | | 0.05 | 0.00 |
| | *z-x* | | | 0.08 | | | 0.02 |

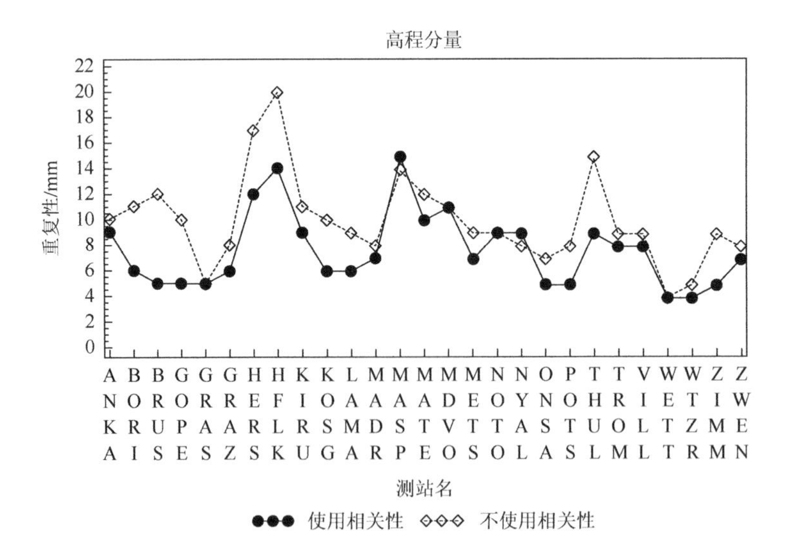


图 5-5　欧洲站点处理高程方向重复性：网解与基线解对比

#### 5.2.1.2 坐标估计

坐标估计的质量也是基线间相关性影响的一个重要指标。在图5-5中分别给出了两个月的自由解重复性，并且对每个单天自由解和组合解进行了 Helmert 转换比较。网解（B模式解）在高度分量上被认为质量更高一些。图5-6中利用所有站点计算的B模式解RMS值为7.6mm，A模式基线解RMS值为9.9mm。

由于两种模式解几乎一致的估计质量，这里未给出其他两个分量的结果（平均RMS值北方向为2.5mm与2.5mm；东方向为3.8mm与4.3mm）。

组合坐标估计结果受处理模式影响不大，表5-2给出了不同组合时长情况下三轴方向（本地坐标系下）Helmert 转换结果。水平分量差别约为1mm，高程分量的差别稍大一些，尤其是当位于边界的站点MASP、THUL和KIRU（噪声数据）同时参加比较时。这些站点由于增大的RMS值高程残差达到2cm。

**表5-2 两种是否利用正确基线间相关性的组合方法 Helmert 转换 RMS 值**（单位：mm）

| 组合时长 | 包含所有测站 | | | 不包含 THUL、MASP、KIRU 测站 | | |
|---|---|---|---|---|---|---|
| | 南北 | 东西 | 高程 | 南北 | 东西 | 高程 |
| 1周 | 1.3 | 1.4 | 5.3 | 0.9 | 1.3 | 3.0 |
| 2周 | 1.2 | 1.5 | 5.6 | 0.8 | 1.0 | 3.0 |
| 1月 | 0.9 | 1.1 | 5.8 | 0.7 | 0.8 | 2.9 |
| 2月 | 0.8 | 1.1 | 4.9 | 0.6 | 0.8 | 2.2 |

#### 5.2.1.3 总结

基线间相关性对最终协方差矩阵具有很大的影响。垂直分量的估计结果与网平差估计结果更加一致，在坐标估计结果中影响很小。如果这些误差可以被忽略，则可以将观测网分割成较小的部分（基线或子网）。

### 5.2.2 基线处理概念

图5-7给出了基于基线的组合处理过程。在参数估计程序 GPSEST 中，一次只有一个基线文件输入。即使利用一个基线值无法对这些参数进行有效确定，处理中也需要设置所有待估计的参数（如地球质心参数、卫星轨道参数、地球自转参数等）。对于可能导致奇异性问题参数需要根据2.6.1节设置相应的先验权。而且可能会出现未知参数比实际观测数据多的情况。

当前，设置为未知参数的包括位置坐标、每站每天12个对流层参数、振动漂移率2h分辨率的ERP参数、每颗卫星的轨道参数（6个开普勒轨道根数及根据3.1.2.4节设置的

9 个辐射压力模型参数)、每颗卫星在 UT 正午时刻的 3 个伪随机脉冲、地球质心参数和卫星天线偏差等。

利用 ADDNEQ 程序对各单独基线处理的法方程进行组合得到最终网解。在累加之前约束被去除，为最终解增加新的约束（见附录 A)。

各条基线的残差存储在文件中。当存在野值时，仅对受到影响的基线进行重新处理，节省一定 CPU 时间。

如果忽略相关性，该方法是处理大型观测网络的有效方法：计算时间只与站的数量线性相关。各条基线可以在不同 CPU 上进行并行处理。处理时间将会通过增加处理器不断缩短。这种处理过程已经在 CODE 分析中心得到应用，用于处理第一次迭代时的单天解。

## 5.3　基于子网结果的网络解

### 5.3.1　处理方案

将大型观测网络划分为若干小型子网络（或簇)，并在子网络内按照正确的方式进行相关性建模，然后将这些子网解组合为大型网解。这可能是在处理复杂性和统计正确性之间一种有价值的平衡。

划分为子网络，与基线处理类似，适于减少处理时间，尤其是当多个 CPU 可用时。处理过程与图 5-6 中基线处理相同，唯一的区别是将基线解替换为子网解。

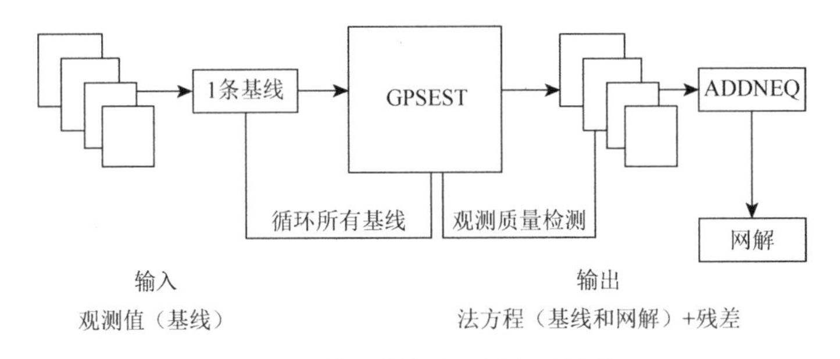


图 5-6　基于基线处理的组合过程

### 5.3.2　子网对网解的影响

自 1995 年 7 月，CODE 处理中心的最终单天网解都由 5 个子网组成，在每个子网中，相关性被正确建模。5 个子网分别是欧洲子网、北美子网、南美子网、亚洲子网及澳大利亚子网。另外，第 6 个子网被用来处理未正确进行相关性处理的（超长）基线。这一方法可以保证对未包括在子网中的观测数据进行利用。

作为这种处理方法的副产品，可以就每个子网对组合解的影响程度进行分析。图 5-7 给出了采用单个不同子网或不同子网组合获得的轨道质量。这里对每种情况的 3 天轨道与所有子网情况下的 3 天轨道进行了对比。共对以下几种情况进行分析：仅利用欧洲子网、仅利用北美子网、除去冗余基线的所有子网、仅利用欧洲子网加北美子网。给出的 RMS 值由包括所有卫星的两种轨道进行 7 参数 Helmert 转换推导得到。对于单子网情况，同时给出了在该区域卫星轨道比较的 RMS 值。

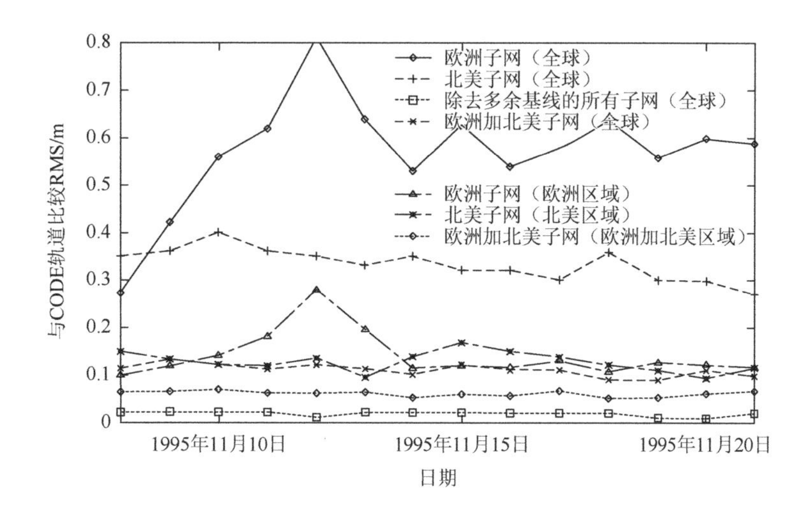


图 5-7 由子网观测计算的轨道质量（参考值为根据所有子网观测数据计算的 3 天轨道 CODE 官方解）

根据图 5-7 可以得出以下结论。

（1）仅利用单子网观测数据情况下获得的全球轨道精度约为 40cm（北美子网）和 60cm（欧洲子网）。作为参考轨道（CODE 官方解）的 IGS 轨道精度约为 10cm（Kouba，1995b）。

（2）利用 Helmert 参数转换解算的平移偏差为 5～7cm 量级，旋转偏差约为 2mas。然而，轨道在局部区域精度较高（约为 20cm 以下）。Brockmann 等（1993）通过坐标重复性给出了高质量区域定轨结果。

（3）两个子网情况下（欧洲和北美）可以给出良好的定轨结果，与全球确定的轨道比较一致性优于 15cm。偏差基本可以忽略（平移偏差最大为 4mm，旋转偏差最大为 0.2mas）。从结果可以看出利用所有子网确定的轨道主要由这两个子网的观测数据决定。

（4）冗余基线的影响是可以忽略的（1～2cm RMS 值）。一方面由于冗余基线长度很长，仅在单天解中占用很少数量的观测数据。然而这些附加的基线在不同子网间联系较弱时可以保持解的稳定。

需要指出的是，对于其他全球参数可以得到相同的精度。仅由欧洲子网确定的地球自转参数与 C04 极相比一致性为 2～3mas，欧洲和北美两个子网确定的地球自转参数与 C04 一致性在 1mas 以下。

## 5.4　亚周日项处理

对于近实时应用，采用更高频率（高于每天一次）处理 GPS 数据可能是必要的。典型应用包括地壳形变监测或大气行为确定等。

对于序贯处理过程，间隔大于 0.5～1h 是可以实现的。所谓“近实时”正是按照这种方式理解。对于高于每 30min 一次的高频处理在当前情况下从通信链路和观测网络数据管理上都不现实。

这里介绍的“堆积”处理方法对于动态应用并非最优的工具，而 2.4.2 节介绍滤波算法则更适合这些应用。这里的应用更多是指需要在观测后几个小时而非几天后给出结果。

处理原理与前面介绍完全相同。对于每个基线和每个时间段分别处理 GPS 观测数据。当同一时间段的所有法方程都处理完后进行堆积组合形成该时段网络解。对每天所有时段，如 24h 进行堆积组合形成单天解。

处理方法的实现与实际目标和网络规模强相关。一些总体考虑包括以下几点。

（1）卫星轨道确定需要长时段观测，这里不再考虑。未来可能会存在短时延高精度轨道（甚至轨道预报）需求。

（2）处理方案必须与 IGS 质量的精密轨道无关，这对于模糊度解算尤其重要。

（3）由于在每个时段开始需要为所有卫星设置新的模糊度参数，2h 时段的网络解比 24h 的网络解差。

（4）对流层参数组合通过 ADDNEQ 处理得到。可以通过指定相对约束将几个不同时段对流层连接起来形成一个共同参数（见 2.6.3 节和 2.5.2 节）。

这种处理策略在 UNAVCO 的对流层参数近实时处理中得到应用（Rocken et al., 1994）。

## 5.5　长弧度计算

在 4.6 节中给出了长弧段计算（超过 1 天）的主要原因。3 天弧段的 UT1－UTC 与轨道估计质量都比 1 天弧段的要好。对卫星故障处理的理论基础和选项已经在 4.6 节进行讨论。

利用这些方法可以将单天法方程和相关轨道结果组合形成较长弧段解。实际限制由轨道模型质量（见 3.1.4 节）和线性化误差给出。

基于单天弧段的长弧段组合计算是一种灵巧的计算方法，与原始 GPS 观测数据和先验轨道长度无关。

图 5-8 给出了 CODE 分析中心进行轨道和地球自转参数 3 天重合轨道解的处理方案。

图 5-8（a）直接对原始观测数据进行处理。在 3 天重叠弧段解情况下，每一天的数据实际被处理了 3 次。图 5-8（b）只需在生成法方程时对每天数据处理一次。表 5-3 证明新方法 CPU 处理时间仅为老方案的 1/10。

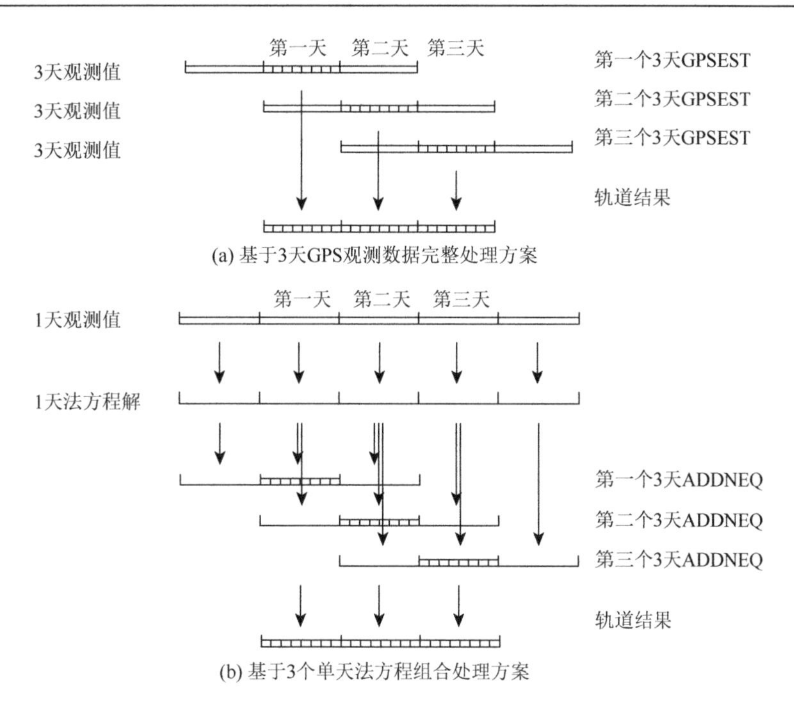


图 5-8　CODE 分析中心轨道和地球自转参数 3 天重合轨道解的处理方案

**表 5-3　不同处理方案所需 CPU 时间和磁盘空间的对比**

| 解算策略 | 基于法方程 | | 基于观测数据* | |
|---|---|---|---|---|
| | 4 个对流层参数 | 12 个对流层参数 | 4 个对流层参数 | 12 个对流层参数 |
| | CPU**/min | | | |
| 参数估计：基线或者 6 个子网 | 15 | 30 | 20*** | 40*** |
| 网解（1 天） | 2 | 6 | | |
| 3 天 + 轨道组合 | 8 | 16 | 120 | — |
| 3 天解（仅 CRD、ERP） | 0.2 | | — | |
| 2 年解 | 60 | | | |
| 解算策略 | 磁盘空间/MB | | | |
| 基线解（1 天、CRD、ERP、ORB、TRP）<br>或者 6 个子网 | 7.5<br>2.5 | 25<br>8 | 25 | |
| 网解（1 天、CRD、ERP、ORB、TRP） | 1.5 | 6 | | |
| 3 天解（CRD、ERP、ORB） | 1 | | 75 | |
| 3 天解（CRD、ERP） | 0.2 | | | |
| 2 年解（CRD、VEL） | 0.6 | | 18×1024 | |

*压缩 Rinex 文件（与 Bernese 二进制非差相位文件同样大小）、50 个测站、24h 数据。

**DEC 3000 M 600 Alpha 处理器。

***无正确相关性。

CRD、VEL：坐标、速度参数。

ERP：地球旋转和章动参数 $x$、$y$、UT1-UTC、$\delta\varphi$、$\delta\varepsilon$（一阶多项式、2 个参数）。

ORB：每颗卫星：6 个开普勒根数、2 个太阳光压参数、1 套伪随机脉冲（$\boldsymbol{R}$、$\boldsymbol{S}$、$\boldsymbol{W}$ 分量各 1 个）。

TRP：对流层参数（每天每个测站 4 个或 12 个）。

需要强调的是，长弧段处理方法对计算快速轨道非常有效，这些快速轨道对于近实时应用尤其重要（参见以前章节）。每天结束后 12～24h 计算的轨道质量与站点数据的可用性非常相关。数据传输问题可能会导致多天内网络规模急剧减小。5～7 天的长弧段适合降低这些影响。辐射压力模型［式（3.1-5）］和随机轨道建模（3.1.4 节）可确保足够精度的轨道模型（一周内小于 10cm）。利用后续可用的站点数据对老的法方程进行更新可以提高最后几天的轨道确定精度，甚至是预报精度。利用该方法也可实现高质量（小于 0.5～1m）的实时轨道（根据最终长弧段组合解进行预报）。

## 5.6　模块化组合策略

基于法方程组合的模块化特性，可以将已经组合的法方程再进行组合处理。假设各单独解之间没有相关性，这样进行处理不会损失任何信息。

图 5-9 给出了 CODE 分析中心使用的处理策略。从每个基线法方程（或者基线簇）开始，逐步得到单天网络解，进而得到用于每天地球自转参数以及卫星轨道计算的 3 天弧段解，这些地球自转参数和卫星轨道在更长弧段解（每月或每年）不再保存。

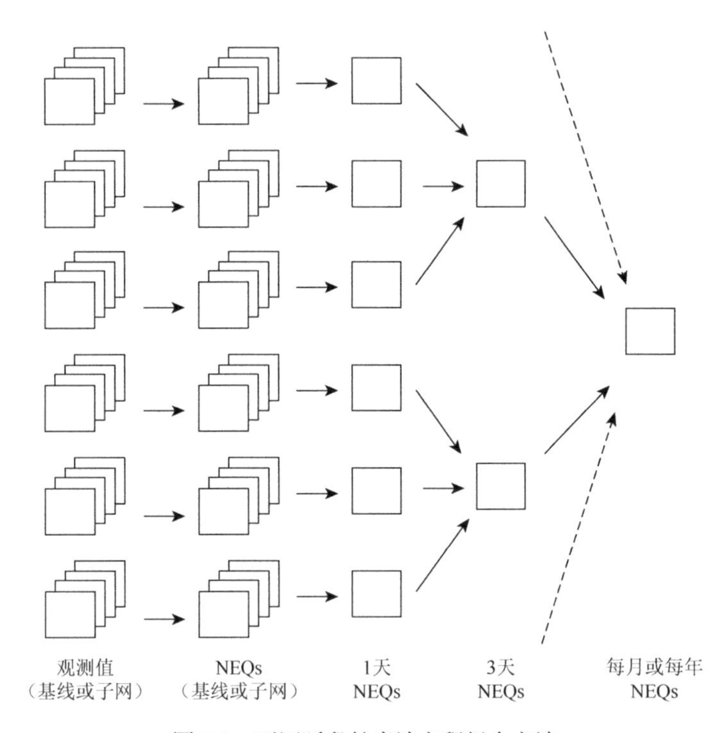


图 5-9　不同弧段长度法方程组合方法

表 5-3 给出了基于法方程和传统基于原始观测数据两种方法所需时间和存储容量的比较结果。利用法方程，而不是回溯到原始观测数据，不仅仅节约处理时间。如果在文件中只存储最少量的参数（即站点位置和地球自转参数），所需的磁盘空间与单差观测文件相比非常微小。

在每天每站 12 个对流层参数的基线解情况下，所占磁盘空间与单天观测数据文件大小相当。这些法方程文件仅用于临时目的，将在单天网解计算完成后立即删除。单个基线法方程包含的信息不会比单天网络解更多，因此存储这些文件没有任何意义。这一论断对于小的子网络和簇同样成立。

需要指出的是法方程的信息与原始观测数据的信息并不完全一致。很多模型的修改仅需要用到法方程（见第 2 章），但其他一些模型的修改则需要重新处理原始观测数据。这里对 CPU 时间和磁盘空间进行比较仅在没有第二类参数（如对流层先验模型、截止高度角、潮汐模型等）的情况下。

由 IGS（Blewitt et al.，1995）建议的分布式处理概念正是试图利用模块化的特性，对全球加密的参考框架法方程进行处理，第 7 章将会给出更详细的描述。

# 6　站点位置和速度估计

## 6.1　概　　述

以下给出由 GPS 解估计的位置坐标来计算站点速度（站点运动）RMS 值的方法，该方法也可用于分析采用何种观测方式（包括性能、频率、时间段等）获得要求精度的站点速度。

## 6.2　位置坐标和速度的估计精度

图 6-1 给出了在一个时间段（$t_{n-1}$）内，同时分布式处理得到的位置坐标结果（$y_i$，$i=1,\cdots,n$）。在 GPS 观测情况下，可以假设每个数据点是一个单天解结果。对于下一步处理而言，重要的是这些结果是如何产生的。更进一步可假设所有估计结果具有相同的质量，且互不相关。

如果将坐标分量 $y$ 的观测值看作时间的线性函数 $y+e=at+b=\boldsymbol{X}\beta$，且 $\boldsymbol{D}(y)=\sigma_0^2\boldsymbol{I}$，可根据式（2.1-4）～式（2.1-22）的最小二乘公式计算参数 $\beta=[a,b]'$ 如下：

$$\begin{bmatrix} a \\ b \end{bmatrix} = (\boldsymbol{X}'\boldsymbol{X})^{-1}\boldsymbol{X}'y = \begin{bmatrix} \sum_{i=1}^{n} t_i^2 & \sum_{i=1}^{n} t_i \\ \sum_{i=1}^{n} t_i & n \end{bmatrix}^{-1} \begin{bmatrix} \sum_{i=1}^{n} t_i y_i \\ \sum_{i=1}^{n} y_i \end{bmatrix} \tag{6.2-1}$$

$$\boldsymbol{D}\left(\begin{bmatrix} a \\ b \end{bmatrix}\right) = \hat{\sigma}_0^2 \boldsymbol{Q}_{\hat{\beta}\hat{\beta}} = \hat{\sigma}_0^2 \begin{bmatrix} \sum_{i=1}^{n} t_i^2 & \sum_{i=1}^{n} t_i \\ \sum_{i=1}^{n} t_i & n \end{bmatrix}^{-1} \tag{6.2-2}$$

$$\hat{\sigma}_0^2 = \left\{ \sum_{i=1}^{n} [y_i - (at_i + b)]^2 \right\} / (n-2) \tag{6.2-3}$$

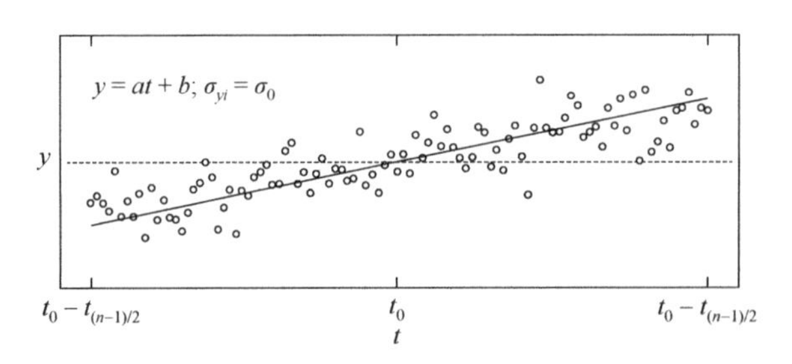


图 6-1　一个坐标分量的连续观测序列

如果将观测数据集中到时间段中点，则可以推导出更简单方程。这种情况下，可以得到$\sum_{i=1}^{n}t_i$、$\sum_{i=1}^{n}y_i$，则式（6.2-2）变为

$$\begin{bmatrix} a \\ b \end{bmatrix} = (\boldsymbol{X}'\boldsymbol{X})^{-1}\boldsymbol{X}'y = \begin{bmatrix} \sum_{i=1}^{n} t_i^2 & \sum_{i=1}^{n} t_i \\ \sum_{i=1}^{n} t_i & n \end{bmatrix}^{-1} \begin{bmatrix} \dfrac{\sum_{i=1}^{n} t_i y_i}{\sum_{i=1}^{n} t_i^2} \\ 0 \end{bmatrix} \tag{6.2-4}$$

$$\boldsymbol{D}\left(\begin{bmatrix} a \\ b \end{bmatrix}\right) = \hat{\sigma}_0^2 \boldsymbol{Q}_{\hat{\beta}\hat{\beta}} = \hat{\sigma}_0^2 \begin{bmatrix} \dfrac{1}{\sum_{i=1}^{n} t_i^2} & 0 \\ 0 & \dfrac{1}{n} \end{bmatrix} \tag{6.2-5}$$

$$\hat{\sigma}_0^2 = \left\{ \sum_{i=1}^{n} [y_i - (at_i + b)]^2 \right\} / (n-2) \tag{6.2-6}$$

$b=0$ 的估计结果是定义参考时间的结果。协方差矩阵 $\boldsymbol{D}(\beta)$ 表明两个参数的精度可以相互独立确定。

初步计算结果为

（1）$\sigma_{\text{vel}} = \sigma_a = \hat{\sigma}_0 \sqrt{\dfrac{1}{\sum_{i=1}^{n} t_i^2}}$

时间段越长，速度估计结果精度越高。

（2）$\sigma_{\text{coo}} = \sigma_b = \hat{\sigma}_0 \sqrt{\dfrac{1}{n}}$

平均坐标的精度与观测数据数量的均方根成正比，与时间顺序无关。

（3）坐标和速度的估计平均误差与观测数据方差 $\hat{\sigma}_0$ 成正比。

（4）计算公式与运动速率相互独立。

这一简单公式非常适于计算不同观测情况下坐标和速度精度的提升和损失。

## 6.3 不同处理策略的精度

本节通过对 RMS 值计算和图 6-1 中统一连续观测值进行比较推导出针对不同观测场景增益因子的计算公式。计算公式表示为输入参数的方程。对仿真的正态分布数据进行分析可以确认这一结果。增益因子与不同处理策略的精度无关。

1. 连续单天观测的长时段情况

连续观测 $k\times n$ 天，而非 $n$ 天可得到下述增益因子[利用式(6.2-5)和 $\sum_{i=1}^{n} i^2 = 1/6\times n(n+1)(2n+1)$ ]。

坐标：

$$g_1=\sqrt{(ki)/i}=\sqrt{k} \tag{6.3-1}$$

速度：

$$g_1=\sqrt{\frac{\sum_{i=1}^{kn} i^2}{\sum_{i=1}^{n} i^2}}=\sqrt{\frac{k(1+kn)(1+2kn)}{(1+n)(1+2n)}}=\sqrt{k^3} \quad n\gg 1 \tag{6.3-2}$$

表 6-1 给出了不同 $k$ 值条件下得到的不同增益因子。

**表 6-1　观测时段增长 $k$ 倍后位置坐标和速度的性能提升**

| 参数 | $k$ | | | |
|---|---|---|---|---|
| 类别 | 2 | 3 | 4 | 5 |
| 坐标 | 1.4 | 1.7 | 2.0 | 2.2 |
| 速度 | 2.8 | 5.2 | 8.0 | 11.2 |

正如预期，速度增益因子随时间长度的提升比坐标更加明显。

2. 具有相同数量单天解的长时段情况

假设同时具有两次观测活动，在活动 1 中，以平均值为中点共有 $2n/k$ 个观测数据，在活动 2 中，包括两个部分（2a 和 2b）。活动 2 具有与活动 1 相同数量的观测数据，但是时间段长度更长（图 6-2）。观测数据间的时间间隔对于活动 1 和活动 2 完全相同。活动 2 相对于活动 1 的增益因子可以计算如下。

坐标：

$$g_2=1 \quad （相同观测数据） \tag{6.3-3}$$

速度：

$$g_2=\sqrt{\frac{2\cdot\sum_{i=n-\frac{n}{k}}^{n} i^2}{2\cdot\sum_{i=1}^{\frac{n}{k}} i^2}}=\sqrt{\frac{k+2n-6kn+6k^2n}{1+2n}}$$

$$=\sqrt{3k^2-3k+1} \quad n\gg k \tag{6.3-4}$$

增益因子与观测值数量 $n$ 完全无关。

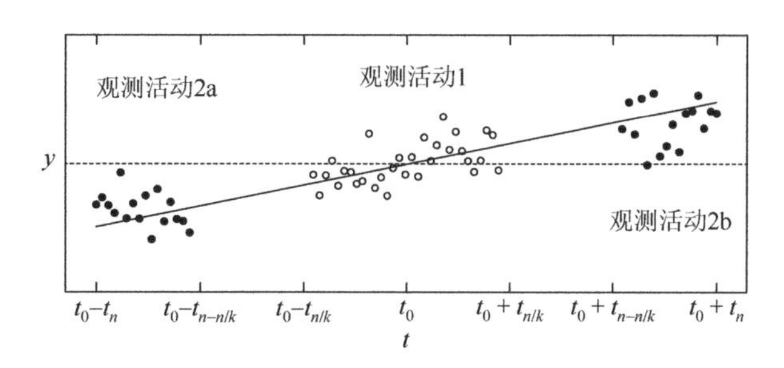


图 6-2 坐标连续观测与坐标分离观测的对比

表 6-2 给出了长时间跨度对速度估计的提升情况。

**表 6-2 观测时段增长 $k$ 倍，观测数量不变时位置坐标和速度性能提升情况**

| 参数 | $k$ | | | |
|---|---|---|---|---|
| 类别 | 2 | 3 | 4 | 5 |
| 坐标 | 1.0 | 1.0 | 1.0 | 1.0 |
| 速度 | 2.6 | 4.3 | 6.0 | 7.8 |

观测弧段长度是速度估计性能的决定性因素。弥补两次观测间空缺的连续观测序列对坐标性能的提升比对速度性能的提升更明显（表 6-1），这两者间可能并不相关。

### 3. 不同采样速率

采样率为 $k$ 时，得到如下的增益因子。

坐标：

$$g_3=\sqrt{i/(ki)}=\sqrt{1/k} \tag{6.3-5}$$

速度：

$$g_3=\sqrt{\frac{\sum_{i=1}^{n/k} i^2}{\sum_{i=1}^{n} i^2}}=\sqrt{\frac{(k+n)(k+2n)}{k(1+n)(1+2n)}}=\sqrt{1/k} \quad n \gg k \tag{6.3-6}$$

增益因子的导出更多是从理论意义方面而言。在这一特定情况下，坐标和速度性能以 $\sqrt{1/k}$ 比例降低。

### 4. 间歇性观测

IGS 分析中心可能会不时将特定区域的站点纳入其单点解中，仅用于网络加密以大量降低计算负担。

假设在一次长度为 $n$ 天的时段内，进行了 $r$ 次长度为 $d$ 天的观测。因此，在该时段内共有 $f=n/r$ 次间歇性观测。与 $n$ 天的连续观测相比，间歇性观测的坐标和速度的精度损失可采用如下公式计算。

坐标：

$$g_4 = \sqrt{\frac{\sum_{i=0}^{f}\sum_{j=1}^{n}1}{n}} = \sqrt{\frac{d(f+1)}{rf}} = \sqrt{d/r} \quad f \gg 1 \tag{6.3-7}$$

速度：

$$g_4 = \sqrt{\frac{\sum_{i=0}^{f}\sum_{j=1}^{n}\left(i\cdot\frac{n}{f}-\frac{d}{2}+j\right)^2}{\sum_{i=1}^{n}i^2}}$$

$$= \sqrt{\frac{d(f+1)(2f+d^2f+6fn+2n^2+4fn^2)}{rf(2f+6fn+4fn^2)}}$$

$$= \sqrt{d/r} \quad n \gg d,r \tag{6.3-8}$$

对于高重复率和长时段情况，这与以采样率 $r/d$ 进行数据抽样的处理等价。以 4 年时间为例，各种典型重复率间歇观测相对连续观测而言，坐标和速度的增益分别如下所示。

（1）每半年进行一周观测 ($d=7$，$r=182$)：$g_4=0.21$；

（2）每年进行一周观测 ($d=7$，$r=365$)：$g_4=0.15$；

（3）每半年进行一个月观测 ($d=30$，$r=182$)：$g_4=0.42$；

（4）每年进行一个月观测 ($d=30$，$r=365$)：$g_4=0.32$。

每年组织一次一个月观测活动可以达到永久网络连续观测的 1/3 精度。这对于 IGS 中加密处理非常重要。

以上论断所得到的增益因子，其前提要求各次观测活动之间不存在系统误差。尤其是不但要避免人为因素（本地偏心率向量、天线高度等），而且要避免改变一个网络中接收机与天线间的组合关系。

## 6.4　坐标精度的误差传播

上述所有坐标精度的估计都是针对观测时段中间历元 $t_0$ 而言。对于任意观测历元，需要利用下述公式计算：

$$y(t_i) = (t_i - t_0)a + b \tag{6.4-1}$$

利用式（6.2-5），根据误差传播定理可得到

$$\sigma_y(t_i) = \sqrt{(t_i - t_0)^2\sigma_a^2 + \sigma_b^2} \tag{6.4-2}$$

从图 6-3 可以看出，中间历元的坐标精度最高，长时段的外推精度由速度估计的不确定性确定。

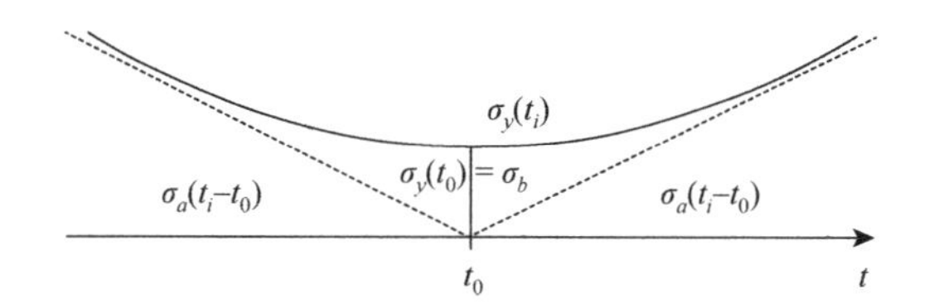


图 6-3 由估计速度外推坐标的误差传播情况

## 6.5 长时段连续观测序列的期望精度

本节应用前面几节的结果来推导坐标和速度精度。然后将这些推导结果与全球 IGS 网络实际结果进行对比。

式（6.2-5）给出了所有感兴趣的关系：利用给定时间段内连续单天观测和每个单独坐标估计的精度，可以推导出所有观测平均历元处坐标估计 $\sigma_b$ 的精度，以及速度估计 $\sigma_a$ 的精度。表 6-3 给出了不同观测时间和同步观测质量的精度。

**表 6-3 采用不同数据质量和时间间隔时连续 3 天坐标 $\sigma_{coo}$ 和速度 $\sigma_{vel}$ 精度，$\sigma_0$ 是每一个单独坐标估计的 RMS 值误差**

| $k$ / a | $g_1^*$ | $\sigma_{coo}$/mm | | | | | $g_1^{**}$ | $\sigma_{vel}$/(mm/a) | | | | |
|---|---|---|---|---|---|---|---|---|---|---|---|---|
| | | $\sigma_0$/mm | | | | | | $\sigma_0$/mm | | | | |
| | | 10 | 15 | 30 | 50 | 100 | | 10 | 15 | 30 | 50 | 100 |
| 0.5 | 1/8 | 1.3 | 1.9 | 3.8 | 6.4 | 12.8 | 1/2.2 | 4.5 | 6.7 | 13.4 | 22.3 | 44.6 |
| 1 | 1/11 | 0.9 | 1.4 | 2.7 | 4.5 | 9.0 | 1/6.3 | 1.6 | 2.3 | 4.7 | 7.9 | 15.8 |
| 2 | 1/16 | 0.6 | 1.0 | 1.9 | 3.2 | 6.4 | 1/18 | 0.6 | 0.8 | 1.6 | 2.8 | 5.6 |
| 3 | 1/19 | 0.5 | 0.8 | 1.5 | 2.6 | 5.2 | 1/33 | 0.3 | 0.5 | 0.9 | 1.5 | 3.0 |
| 4 | 1/22 | 0.5 | 0.7 | 1.3 | 2.3 | 4.5 | 1/51 | 0.2 | 0.3 | 0.6 | 1.0 | 2.0 |
| 5 | 1/25 | 0.4 | 0.6 | 1.2 | 2.0 | 4.0 | 1/71 | 0.1 | 0.2 | 0.4 | 0.7 | 1.4 |

*是根据式（6.3-1）除以$\sqrt{3}$得到的增益因子。

**是根据式（6.3-2）除以$\sqrt{3}$得到的增益因子。

在 CODE 分析中心通常采用的处理策略是采用 3 天解（利用 3 天轨道的优点）。因此，表 6-1 的增益因子需要根据式（6.3-5）和式（6.3-6）除以 $\sqrt{3}$ 得到。

即使单个解的精度在 10cm，利用两年的观测数据进行处理，所有坐标和速度的误差也能达到 1cm 和 1cm/a 以下。

由图 6-4 可以看出速度精度随时间提高过程，这里利用了 CODE 分析中心两年的处理结果。根据式（6.3-2）对首个月解精度为 60mm/a 的误差进行预测的结果（首月存在观测数据的站点结果）也一并在图 6-4 中给出。对于不同长度时间段，分别解算了坐标和速度精度。一组挑选站点的速度标准 RMS 值及根据式（6.3-2）对假设 RMS 值（起始月 RMS 值为 60mm）预测结果一同在图 6-4 中给出。误差传播规律（$\sim\sqrt{k^3}$）很容易验证。在图 8-8 中对速度估计和 ITRF 结果进行了比较。从中可以看出内符合精度的提高也意味着站点速度精度的提高。

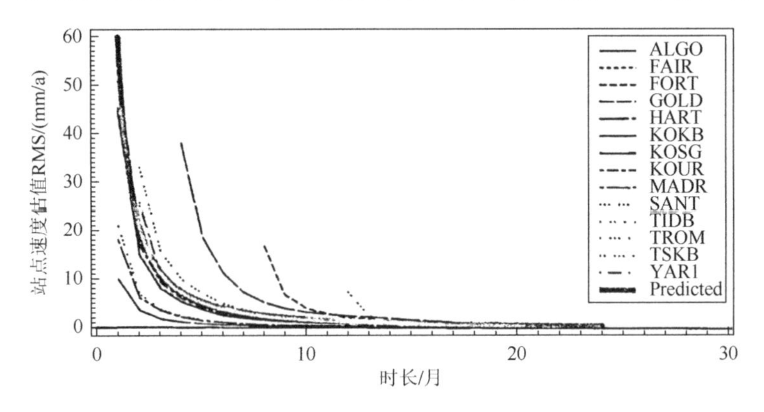


图 6-4　站点速度的估计 RMS 误差

与前面计算表 6-3 时所做的假设不同（特定坐标间不相关，并且都以相同精度序贯处理获得），这里考虑了序贯解的完整协方差矩阵。

可以看出，坐标性能以 $\sqrt{2}=1.4$ 的比例因子提高，速度性能以 $\sqrt{8}=2.8$ 的比例因子提高。

比较表 6-3 中 1 年和 2 年观测对应的（无量纲）值可以发现，利用 2 年解可以比确定位置坐标更好地确定站点每年移动值（mm/a），也可以看出速度误差椭圆比坐标误差椭圆更小。

在 8.2.2 节和 8.3.1.3 节可以看到，不仅标准误差随着时间减小，与 ITRF 的符合性也在不断提高。

式（6.2-2）或式（6.2-5）的简单误差传播公式可用于预测实际结果的精度正是基于这一事实，即随着观测数量的增加，正确处理协方差的影响在逐步消失。在前面 5.1 节已经指出了这一影响。

表 6-3 的结果对于未来 IGS 意义很大，即增加 3 年观测数据，速度精度可以提高 4 倍。

对于坐标估计，在同样的数据条件下仅能获得 1.5 的增益因子。而且由于无法通过查看内部一致性检测系统误差，坐标估计还可能存在一定问题。物理参考点的实现很难达到 mm 量级。在对不同接收机类型进行组合时，由于高度角（方位角）引起的天线相位中心变化可能会导致高达 10cm 系统误差（Rothacher，1995b）。

对于速度估计，情况会好一些。尽管可能在坐标中存在一定的系统误差，但是当采用相同的天线/接收机组合和处理选项时，速度的绝对值是不会受到影响的。

# 7　不同分析中心 GPS 解的组合

不同分析中心的 GPS 结果组合对于参考系和网络加密都是很重要的。本章将分成两个部分，第一部分的主题是网络加密，采用具体实例描述组合的原理，并对不同处理和组合策略的性能进行比较，第一部分的最后是一些具体应用；第二部分的主题是对不同 IGS 分析中心的周解（以及相关的协方差信息）进行组合。

## 7.1　区域解与全球网解进行组合

### 7.1.1　概述

将区域解和全球网解进行正确组合是全球永久 GPS 观测站数量逐步增加背景下的一项重要工作。创建与软件无关的坐标数据（及相关站址和协方差信息）交换文件格式，SINEX（Kouba，1996）可使不同分析中心利用不同软件计算的结果进行相互交换，也可以采用这种方式对不同空间技术［甚长基线干涉测量（VLBI）、卫星激光测距（SLR）、精密测距测速系统（PRARE）、多里斯系统（DORIS）等］获得的处理结果进行组合。

本章将讨论采用不同的方法对全球 IGS 网络进行加密，并对这些方法的性能进行比较。

### 7.1.2　现有的全球和区域观测网络

第一个全球 GPS 网络是于 1988 年 7 月开始运行的国际合作 GPS 网络，8 个站点分布在北美、欧洲和日本。建立一个更加密集跟踪网络的重要性被广泛接受。历时 3 周的 GIG'91 观测活动（Melbourne，1991）是这一认识的第一次尝试，观测网络由分布在全球的 100 台监测接收机组成。IGS 从 1992 年 7 月开始运行，组成了 20 个永久观测站（Beutler et al.，1994b）。1996 年初，IGS 网络扩展到大约 60 个站点（表 1-2）。目前，几乎每个月都有新的站点加入。

与全球观测活动同步展开的是在很多地区也建立了区域永久观测网络。这里尤其需要提及的几个区域观测网络包括：加利福尼亚的永久 GPS 大地测量网络（Bock，1991；Lindqwister et al.，1991），用于探测北美-太平洋板块边缘变形；加拿大主动控制系统（Delikaragkou et al.，1986；Kouba and Popelar，1994），用于为加拿大所有大地测量应用提供足够精度的轨道（其中大部分也是 IGS 网络的组成部分）；美国国家大地测量网（Strange et al.，1994）（1995 年扩充了美国海岸警卫队 50 个站点及联邦航空管理局 30 个站点）的连续运行参考站系统（CORS）；日本两个用于探测地壳形变的区域网络（在东京密集地区站点间距约为15km，全国共包括600个站点）（Tsuji et al.，1995）；瑞士网络（SWEPOS）（Hedling and Jonsson，1995），约20个站点。

除了这些大型网络外，还有很多国家小型观测网络。在欧洲，这些观测活动由国际大地测量协会（International Association of Geodesy，IAG）下属委员会EUREF进行协调（见7.1.4节）。同时，还有数量众多的非永久区域观测活动，观测时间从几天到几周不等。对于上述列出的所有观测活动，需要采用一种正确的方法将其集成到全球参考框架中。

全球IGS网络主要用于卫星精密轨道确定，而区域网络主要用于ITRF参考框架加密，两个网络的不同目的是导致站点数量不断增加的主要原因。基于法方程组合的处理过程是解决目前站点数量超过100个的区域永久观测网络的一种正确方式。如果这种处理由区域部门执行，则被称为分布式处理。

区域和地区部门可以作为区域网络关联分析中心（Regional Network Associated Analysis Centers，RNAAC）（也被称为一类联合分析中心），对其自有观测数据进行处理，然后以7.1.1节提到的SINEX格式向全球网络解提供，实现对观测网络的加密。

全球网络联合分析中心（GNAAC）（也被称为二类联合分析中心）可在全球参考系统中进行组合（见7.2节）。

从理论上讲，对所有可用站点，连同卫星轨道一起在一次最小二乘中进行整体平差是最优的选择。但考虑到所涉及的工作量，这是不现实的。一些IGS分析中心已经证明利用全球分布的稀疏网络可以获得非常好的全球产品（包括轨道和地球自转参数）（加拿大自然资源局EMR仅用30个站点进行处理得到其发布产品）。

### 7.1.3 实例研究：欧洲分布式处理

#### 7.1.3.1 解的类型

为了研究针对区域网络的不同处理策略，CODE分析中心采用不同方式对欧洲1994年11月1日至1994年12月31日之间的观测数据进行了处理。首先，对全球和区域站点进行了区分。在图7-1中，全球站点采用大的字母进行表示，区域站点采用小的字母进行表示。总之，欧洲18个站点中，9个为全球站点，9个为区域站点。

在上述时间段内，完成了两类全球网络的处理。

第一类，所有欧洲和欧洲以外站点的数据都纳入处理获得轨道和ERP结果。这类全球解为CODE中心的常规例行解，可作为“真值”，并称其为一类全球解；第二类，利用除欧洲9个区域站点外的其他所有站点数据进行处理，可称其为二类全球解。

除了这两类网络解外，还进行了第三类处理：按照7.1.3.4节指定的情况进行区域网络解。为了建立与全球网络的联系，其中也使用了一定数量的全球站点。这些在区域网络中使用的全球站点也称为锚固站。

在全球网络中，每一天采用最大化单差观测数据量的准则独立组成基线。图7-1也给出了两个月试验中每一天的基线选择情况。

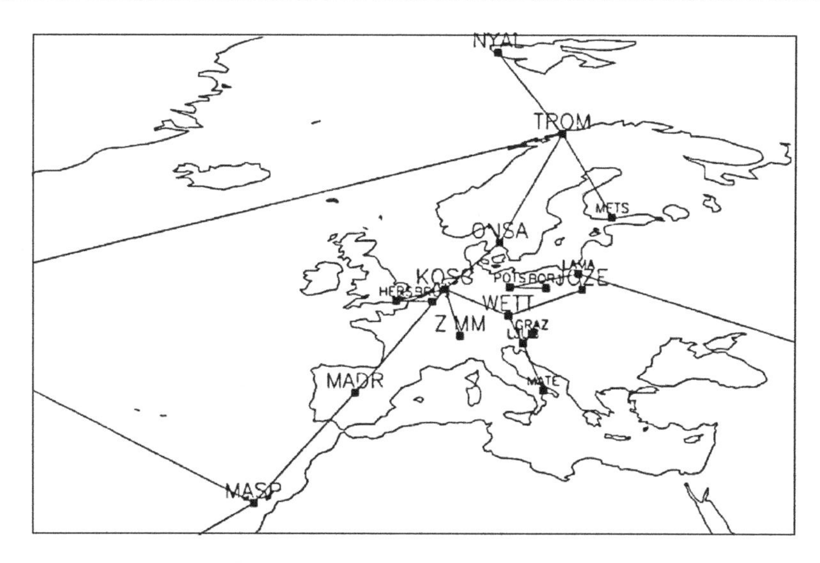


图 7-1 欧洲子网的基线配置（1994 年 12 月 21 日，年积日 355）

本次试验的目的是将区域网络解和二类全球网络解进行组合。组合结果与“真值”之间的差别能够展示不同处理策略的性能。这些将在 7.1.3.4 节和 7.1.3.6 节分别进行详细描述。

#### 7.1.3.2 处理方面

这里需要指出的是，三类处理都采用基线处理方案。未考虑分区处理的更多修正方法。由于所有单天解都是基于基线法方程获得，因此全球网络解通过组合该天所有可用法方程得到（参见 5.2 节）。二类全球单天解通过去除所有包含 9 个区域站点的基线法方程获得，3 天解通过综合各单天解的结果得到。

二类全球解由包括所有未知参数（载波相位模糊度参数除外）的法方程组成。对于 3 天解和单天解情况相同。

一类全球解和二类全球解中卫星轨道参数和地球自转参数间的差别可直观反映 9 个欧洲区域站点的影响。这些结果将在 7.1.3.3 节中完整给出。

#### 7.1.3.3 区域站点对全球解的影响

图 7-2 给出了两类解中轨道间 Helmert 转换的 RMS 误差。9 个欧洲区域站点加入对解性能的影响（最大 RMS 误差为 3cm）几乎可以忽略。将单天全球解轨道和 3 天全球解轨道与 IGS 轨道进行比较，从 RMS 误差角度看上述判断仍然成立。平均来看，一类全球解误差约为 IGS 轨道的 3～5 倍。

9 个欧洲区域站点加入对地球自转参数的影响在表 7-1 中给出。9 个区域站点对 3 天解的影响较单天解要小，这与同样条件下轨道性能差异一致。

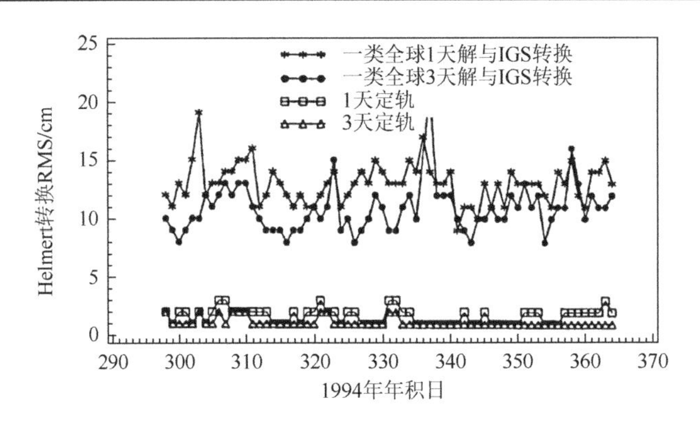


图 7-2　一类轨道解（全球站）和二类轨道解（去除欧洲区域站）的 Helmert 转换 RMS（作为对比，一类全球解与 IGS 最终轨道间的转换结果也一并给出）

**表 7-1　分别对两个月数据进行处理后两类全球解中地球自转参数 RMS 误差**

| 参数 | 3 天解 RMS 误差 | 1 天解 RMS 误差 |
|---|---|---|
| 极移 $x$ | 0.02mas | 0.03mas |
| 极移 $y$ | 0.02mas | 0.03mas |
| UT1—UTC 偏移率 | 0.02ms/天 | 0.03ms/天 |

综上可以得出，去除欧洲 9 个区域站点对于全球产品的性能影响很小。

如果考虑分布极不均匀的观测网络时，即在特定区域有 100 个站点，而在其他区域则非常稀疏，也可能会得到不同结果。因为使用了所有站点进行组合处理，可能会得到与特定区域契合很好的卫星轨道。

特定站点对于卫星轨道的影响总体上与基线长度成比例（Bauersima，1983），对于轨道确定非常重要的点不应作为区域站点。

### 7.1.3.4　区域观测的处理策略

下面我们对区域处理的不同方法，以及将区域处理结果与全球结果进行组合的不同方法分别进行分析。需要指出的是，在分布式处理的情况下，较少修正的方法更易于实现。

下面分别对五种不同处理策略进行研究。

（1）策略 A：尽可能进行修正（相对整网单天解而言）。这里利用了二类全球解的极移和轨道信息。因此，区域站点不再对极移和轨道进行精化。这是与一类全球解（完整全球网络）的唯一差别，一类全球解中所有站点都用于卫星轨道和地球自转参数的确定。这一处理策略的未知参数为所有站点的坐标，每站每天 12 个对流层参数，以及载波相位模糊度。载波相位模糊度（与其他处理策略相同）将从法方程中预消除。因此，法方程中仅保留位置坐标和对流层参数。SINEX 格式（当前）并不支持对流层参数和相应的协方差信息。对于包含对流层信息的全球和区域解组合目前仅适合使用同一软件的部门。

（2）策略 B：这种策略的特点是与软件无关。在区域最小二乘中，通过从全球网络中引入锚固站的对流层估计结果作为先验已知值，避免在法方程中进行对流层参数的组合。因此，仅需解算区域站点的对流层参数。因为区域站点的对流层参数在与全球网络进行组合时没有对应的参数，因此，在法方程中仅存储位置坐标信息。MET RINEX 格式（Gurtner and Mader，1990）非常适合存储二类全球解中站点的天顶延迟。从数学角度看，因为在区域处理中全球站点的对流层估计结果并未在组合过程中为对流层参数做出任何贡献，因此策略 B 比策略 A 进行的修正少。由于绝对的对流层并不能完全从高程完全分离（Rothacher，1990），对于小型网络（半径＜50km），不会造成任何问题。在小型网络中，通用的处理过程是用对流层模型约束一个站点，然后估计其他站点的对流层参数。策略 B 从全球解中获取全球站点对流层的估计结果。

（3）策略 C：这种策略用于分析不同先验轨道信息对区域网络处理的影响。在区域网络处理中不使用单天解轨道和 ERP 参数，而是采用 3 天解中的轨道和 ERP 参数。单天解和 3 天解中轨道的 Helmert 转换结果与图 7-2 基本类似，平均转换 RMS 值为 15～20cm。除了使用不同轨道和 ERP 参数外，策略 C 与策略 A 的其他处理过程一致。

（4）策略 D：为所有站点（包括锚固站）设置对流层参数，但并不在法方程中存储这些参数。这种情况下，按照策略 A 进行对流层参数组合已经不太可能。这里预计忽略对流层参数主要会对区域位置坐标的高程产生影响。

（5）策略 E：在策略 D 中，已将全球解的对流层参数和区域解的对流层参数进行了分离。除了这些以外，这里采用不同的 IGS 轨道（根据图 7-2，IGS 轨道和单天解轨道从 Helmert 转换角度看约为 15cm）。C04 极移与 CODE 分析中心估计的单天地球自转参数差别在 $x$ 轴偏差约为 0.5mas，$y$ 轴偏差约为 0.8mas。离散程度约在 0.25mas 量级。从内部一致性角度看，这种策略是最坏的情况，从处理和组合的便利性和实用性角度看，这种策略非常适合分布式处理。

利用广播星历的影响这里未进行研究。Brockmann 等（1993）的研究给出，当使用广播星历而非 IGS 精密星历情况时，欧洲基线的重复性精度下降为原来的 $y_{10}$～$y_{5}$。

在所有策略中，基线和锚固站点完全一致。由于需要最大化观测数据的数量，每天会获得不同的锚固站。固定一定数量的锚固站（3～4 个站点）保持不变更适合区域观测网络的典型处理。在 7.1.5 节详细描述锚固站的选择方案。

#### 7.1.3.5　二类全球解和区域解的组合

图 7-3 给出了区域解和二类全球解组合的不同处理策略。

这里需要区分两种情况。在策略 B、策略 D 和策略 E 中仅进行坐标参数的组合，但在其他两个策略中还需要进行对流层参数组合。

法方程组合意味着对应同一参数的两个法方程叠加，以及仅在一个法方程中出现时对叠加法方程的扩展，这也是图 7-3 中组合的意义。

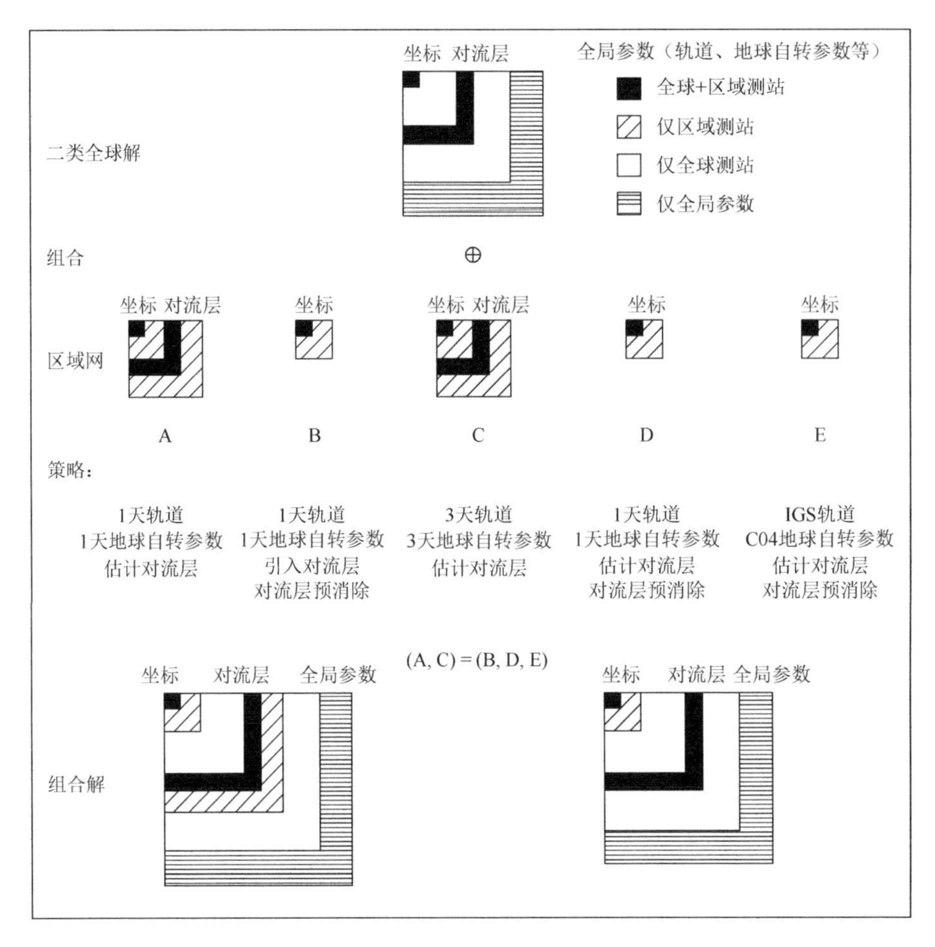


图 7-3　区域解和二类全球解组合的不同处理策略

由于在不同处理策略中近似的关系，不可能得到与正确组合完全一致的结果。近似的影响将在 7.1.3.6 节进行分析。

#### 7.1.3.6　不同处理策略的性能

1. 单天解对比

在约两个月的时间里，对不同组合处理策略的单天解坐标与一类全球解结果进行了比较。需要指出的是，在一类全球解和各类组合策略中，大地基准的定义是通过将 13 个 IGS 核心站（图 1-1）固定于（紧约束）ITRF93 的坐标值上实现的。因此，对于这些站点不进行 Helmert 转换。

图 7-4 给出了站点 GRAZ 分别利用策略 A 和策略 E 处理后结果的差别。利用策略 A 可获得 ±0.1mm（北向）、±0.2mm（东向）、±0.5mm（高程）的重复性，利用策略 E 可获得 ±2.2mm（北向）、±2.4mm（东向）、±6.4mm（高程）的重复性。很明显，策略 A 要优于策略 E。

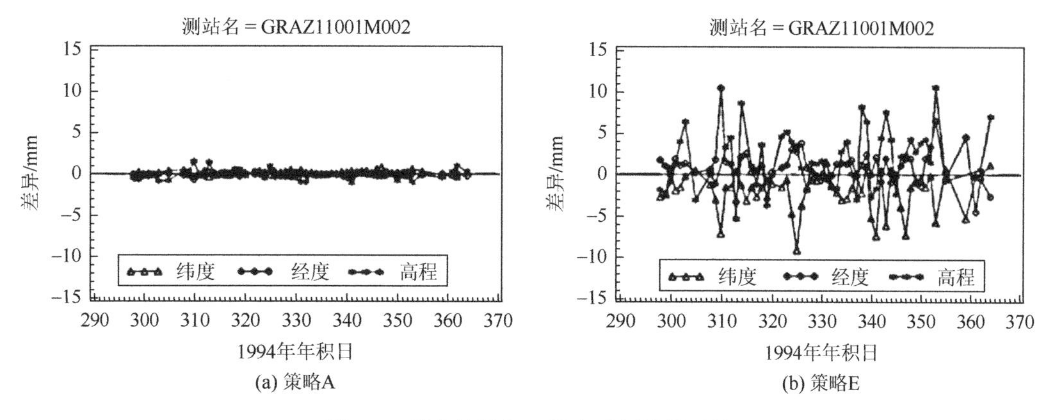


图 7-4 组合结果与一类全球解结果对比

表 7-2 对策略 A～E 的性能（处理结果与全球解做差后取平均 RMS 误差）进行了对比。其中，LAMB、LJUB、POTS 站因为两个月期间并不总是可用，因此未包括在 RMS 计算中。因为站点高程和对流层估计存在很强的相关性，所以分别从纬度、经度和高程方向分别给出结果更有意义。表 7-2 表明，当对流层估计被正确修正，则站点高程不会被影响。只有策略 A 和策略 B 是令人满意的。

**表 7-2 不同组合策略与一类全球解对比重复性（对区域所有站点平均）**

| 策略 | 差值 RMS/mm | | |
|---|---|---|---|
| | 南北 | 东西 | 高程 |
| A | 0.2 | 0.5 | 1.1 |
| B | 1.7 | 1.3 | 3.1 |
| C | 1.5 | 2.9 | 5.0 |
| D | 3.4 | 3.0 | 8.4 |
| E | 4.3 | 4.1 | 8.9 |

表 7-2 同时表明，所有策略与真值之间的一致性都在 1cm 以内。在各个策略中，最大误差出现在高程方向。然而，策略之间又有很大的差别：策略 A 性能较策略 E 性能在高程方向高出 8 倍。对应的在北方向更加显著。

很明显，策略 A 所做的近似（欧洲区域站点不对轨道和 ERP 参数进行修正）与组合不相关。策略 B 与全球网络解的差别也很小。这进一步确认了如下假设，即锚固站的对流层信息主要来自全球网络。该策略的基本假设看来是接近真值，即区域网络的观测数据对锚固站的对流层估计没有影响。

忽略对流层参数所带来的影响可通过比较策略 D 和策略 A 结果得以展示。策略 A 性能是策略 D 性能的 8 倍。

比较策略 C 和策略 A 的结果可以看出不同轨道的影响。这里没有使用二类全球解的单天轨道（与一类全球解符合程度为 1～3cm），而是使用了 CODE 官方的 3 天轨道解，这类解与一类全球解的一致性符合程度为 15cm。如果比较 IGS 轨道和某一特定分析中心的轨道，可以得到类似的结果。除此以外，该组合策略是对所有坐标和对流层参数进行组合的最可能途径。处理结果较策略 A 和策略 B 差，但是在高程方向 5mm 的性能仍然是可以接受的。

观察策略 D 的 RMS 值可以总结出，对流层参数的组合在组合策略中具有非常重要的作用。这一观点也同样可通过策略 E 的结果进行证实。策略 E 的性能与策略 D 几乎一致，尽管除了没有进行对流层处理外，两种策略还使用了不同的轨道信息。

2. 多天解的系统效应

除了对组合解和真值之间进行单天比较外，这里还对多天解进行研究，考察组合坐标与真值间差值是否符合零均值的随机特性，或者是否存在一定系统效应。

组合过程与 5.6 节介绍的完全一致。针对每类时间段（1 天、7 天、14 天、30 天、60 天），分别对“真值”单天法方程和区域与全球组合的（二类）单天法方程进行组合，形成对应时段的多天解。该类组合一般通过区域分析中心将多天区域解组合进全球网络解。

向量差的绝对值（标记为偏差）由图 7-5 给出。从表 7-2 可以看出，图 7-5 的偏差主要为高程偏差。

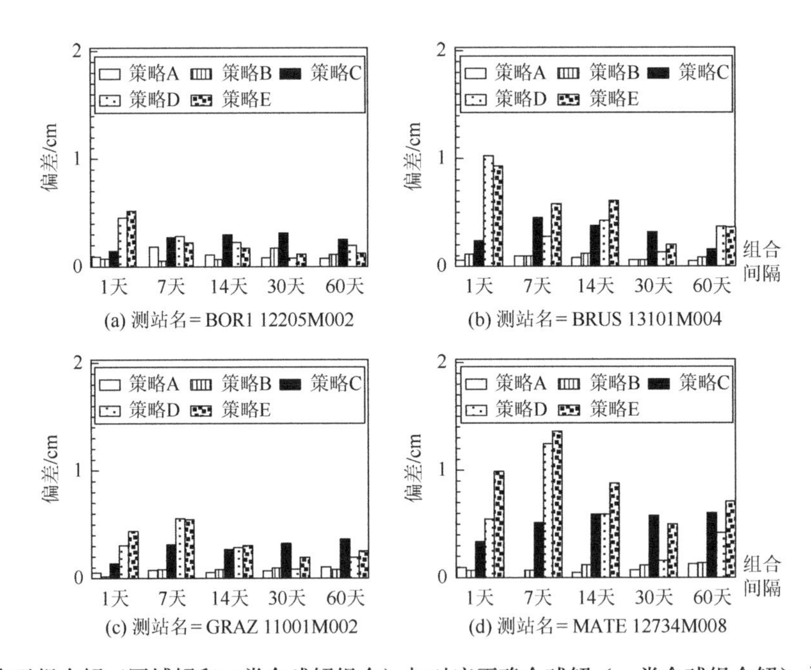


图 7-5　多天组合解（区域解和二类全球解组合）与对应正确全球解（一类全球组合解）之间的偏差

这里仅给出了 BOR1、BRUS、GRAZ 和 MATE 站点的比较结果，其他区域站点的结果与此类似。

通过比较可以总结出以下几点。

（1）一般情况下，随着多天解时段长度的增加偏差逐步缩小。对于更长时段，可以认为偏差趋向于 0。这对于网络加密而言是很重要的结果。

（2）对于策略 C 而言，偏差随时间减小的过程很缓慢。甚至对于站点 GRAZ 和站点 MATE，偏差反而增大。看来不一致的轨道信息存在一定的系统影响，对于长时段而言甚至成为重要误差。

（3）不同站点间性能存在差别。站点 GRAZ 和站点 BOR1 性能较好，站点 MATE 性能最差。这些差异主要是由与邻近锚固站的距离和站点数据质量引起的。

（4）为了最大可能与正确全球解保持一致，应该使用策略 A 和策略 B。这两种策略中偏差基本可以忽略。

尽管不同策略间存在明显的差别，这里需要指出的是所有策略都达到了非常优异的性能。但是，关于欧洲站点的单天坐标精度，上面提及的偏差也是不能忽略的。从一类全球解的重复性方面看，单天坐标估计的精度在 5mm（北）、7mm（东）、10mm（高）量级（见 8.2.1.2 节）。两个月组合解的内部精度误差约为单天解误差的$1/\sqrt{60}\approx 1/8$。策略 A 和策略 B 之间的一致性为 1～2mm。其他策略的组合结果更差一些，这意味着组合策略是一个非常重要的误差源。

### 7.1.4 应用

对于 IGS 分析中心而言，将整个处理过程分成用于卫星轨道确定的全球部分和用于网络加密的区域部分是一个非常有用的工具，可大大降低单天处理的计算负担。针对欧洲和北美两个网络加密的情况，这种进行分开处理的策略同样有效。将全球解和区域解进行组合可向 IERS 提供不损失精度的（采用策略 A 和策略 B）且在一致大地参考框架下的位置坐标和速度。

区域机构也能够利用上述介绍的方法来处理自己的观测网络。在处理中引入一些质量较好的全球站点（作为锚固站）可以在 ITRF 框架内确定位置坐标，并加密自身的大地参考框架。

将网络分成不同的子网还具有其他一些优点，如在小网络中可以解算最大达到 2000km 基线的大多数载波相位模糊度。Mervart（1995）给出了解算整周模糊度后性能提升的结果，较不结算模糊度东方向性能提升了两倍，但是在其他两个方向没有明显提高。

对于使用相同软件的处理情况，推荐使用策略 A（包括对流层参数的组合）。在其他情况下，策略 B 能够针对组合问题提供优异的处理结果。对流层估计结果的数据交换格式（MET RINEX 及未来的 SINEX）是策略 B 更加适合软件不同的组合情况。

对于一致性要求更高的情况，则需要在组合过程中保持对流层、卫星轨道、ERP 信息与协方差信息一致。这仅在某个特定的 IGS 分析中心产品可用的情况下才成立。当前，IGS 组合产品包括卫星轨道、ERP、位置坐标及相关的协方差信息（由全球网络联合分析中心每周对各个 IGS 分析中心提供的周 SINEX 文件进行组合获得，7.2 节给出了组合结果的性能）。对流层组合正在计划过程中，Gendt 和 Beutler（1995）给出了不同处理中心 2h 对流层估计结果的良好一致性结果。

为获得最好的处理结果而对某个特定分析中心的依赖不再成为必要条件（这里假设所有 IGS 产品是一致的）。这种依赖在策略 E 中也不再存在。通过使用 IGS 轨道可以确保一定的精度水平，并且以 SINEX 格式存储位置坐标结果可以保证后期能够与全球网络解进行组合。保持独立性带来的后果是在解的一致性方面会有所减低。

自 1996 年初，4 个欧洲区域分析中心在 EUREF 的统一协调下，定时处理产生位置坐标结果和相关的协方差信息。德国应用大地测量学院处理 13 个欧洲站点数据，巴伐利亚科学院国际全球大地测量联合会（BEK）处理 12 个位于地中海附近地区的站点数据，比利时皇家天文台（Royal Observatory of Belgium，ROB）处理 4 个比利时永久观测站和 6 个 IGS 欧洲站点的数据，华沙技术大学处理 3 个波兰站点（都是 IGS 站点），以及 7 个欧洲 IGS 站点的数据。

前两个机构使用的交换格式是 SINEX，而 ROB 和 WUT 使用的交换格式是 Bernese 3.5 软件基于法方程定义的交换格式。这是分布式处理的初步尝试，即使目前只有 3 个比利时的站点没有在 CODE 分析中心进行处理。对区域解和 CODE 分析中心的解进行比较说明组合方法是有效的，而且精度是较为优异的（Brockmann and Gurtner，1996）。CODE 分析中心对 ITRF95 贡献的数据中就已经包含上面提到的欧洲区域分析中心的解。

### 7.1.5 问题区域

有一些问题还没有进行讨论，主要包括：

（1）在组合处理中无法考虑全球网络和区域网络观测数据间的相关性。这里采用了一种折中方法，即在区域网络处理中使用 3～5 个锚固站以使区域网络尽可能与全球网络匹配。从统计学的角度讲这种处理是不正确的，因为对锚固站数据使用了两次。

（2）全球解和区域解间使用不同的采样率。组合处理过程默认所有法方程采用相同采样率的观测数据生成，区域子网中采样率增加 $k$ 倍，将会人为缩小法方程矩阵至 $1/k^2$ 。这一点必须在组合过程中考虑。

（3）不同软件协方差矩阵的缩放。对不同软件的协方差矩阵进行缩放的尺度是不同的，在使用协方差信息的组合中，协方差矩阵的缩放具有非常重要的作用。当给予某个特定解一个相当大的权重时，这个解将会支配最终的组合解。方差-协方差分量估计是一个估计某个（组）特定解与组合解间互因子值的有效工具（Koch，1988）。如果必须考虑完整的协方差矩阵，相关计算公式是极度耗费计算时间的。在 7.2 节将会给出一个确定互因子值的简单计算方法。

（4）利用区域观测数据提高全球网络解的结果。很明显，当将含有完整协方差信息的区域解与全球解组合时，会对所有位置坐标产生影响，包括全球解的位置坐标。在上面的试验中（图 7-5），对于所有欧洲全球站点，组合时长超过 14 天的偏差小于 0.5mm。有人可能会认为，这种情况与经典大地测量一阶参考网络类似，全球位置坐标不应该随着区域观测的加入而有所改变。在这种情况下，必须进行分层最小二乘估计，通过将全球解作为已知值解算区域位置坐标。这意味着必须将全球位置坐标固定为预先解算结果。

（5）组合频率问题。典型组合频率从 1 天 1 次到 1 年 1 次不等。从实际操作性上讲，对周组合解或月组合解进行操作比直接对天解进行操作更为简单。但是，从另一方面讲，如果组合时长过长（每年），将会损失站点速度信息。对于一些应用而言，频繁进行组合处理更加有用。比如，IGS 分析中心决定采用 SINEX 格式每周对包含完整协方差矩阵的位置坐标进行比较，以保证其与 IGS 其他官方产品一致。而且因为对于每周组合处理，站点速度并不是关键的，所以并不对站点速度进行比较。

## 7.2 IGS 分析中心全球解组合

1994 年，IGS 成立工作组，名为通过区域 GPS 网络加密 IERS 地球参考框架（JPL）。该工作组意在启动试验工程证明分布式处理概念的可行性。

IGS 工作组定义了一种与软件无关的交换格式——SINEX 格式测试版（0.05 版）（Kouba，1995a）。自从 GPS 第 817 周开始（1994 年 9 月 3 日），大部分 IGS 分析中心采用上述定义的格式处理产生每周坐标解。SINEX 格式除了包含坐标估计值和对应的协方差信息外，还包括其他重要信息，如站点名称（DOMES 数）、天线类型、天线偏心率、相位中心值、接收机类型、先验权重信息（先验值及先验协方差矩阵）等。

后续将基于这一数据格式进行组合、比较等。从组合的角度看（仅包括坐标值），分析方法是较简易的。下面将会看到各分析中心使用的协方差因子对于组合也是默认使用的。

### 7.2.1 数据分析

这里给出的结果是对大约半年（GPS 第 817 周到 845 周）内所有可用 SINEX 数据进行分析得出的。表 7-3 给出了数据的整体情况。表 1-1 给出了分析中心三个缩写字母的含义。三个全球网络联合分析中心（GNAAC）：NCL（纽卡斯尔大学）、MIT（麻省理工学院）、JPL（喷气推进实验室），也包括在比较过程中。这些联合分析中心基于各 IGS 分析中心的结果处理产生每周组合解，同时产生关于各分析中心提交结果的质量报告（即各单独解与组合解及 ITRF 间的比较结果）。组合数据文件保存在全球数据中心地壳动力学数据信息系统（Grustal Dynamics Data Information System，CDDIS），质量报告通过电子邮件提交（IGS 报告邮件发布系统）。

### 7.2.2 处理方法

Bernese 软件中编写了 SNXNEQ 程序，可以将 SINEX 文件转换成法方程文件，作为 ADDNEQ 程序的输入。在单独 SINEX 文件中的约束被去除（见 2.6.1 节）。在 2.7 节已经证明了协方差与法方程的等价性。

协方差因子的先验值也在这一步转换中推导得出。使用的方法很简单，对于一些站点（被所有分析中心都观测到的站点或是 13 个 IGS 核心站点），为每个坐标估计值分别相对每个分析中心 $i$ 在每周 $k$ 估计一个平均标准 RMS $\sigma_{i_k}^*$。因为进行自由网平差，所以这里平均标准 RMS 采用对应法方程矩阵的主对角线元素计算，而非采用协方差矩阵计算。

选择第一个分析中心作为参考，$\sigma_{1_k}=1.0$（方差因子为 1），得到其他分析中心在同一周的先验互因子值为$\sigma_{i_k}^2=\sigma_{i_k}^*/\sigma_{1_k}^*$。

如果处理多个周的数据，则在这一时间段内取平均值可以获得一个分析中心特定方差因子的可靠值$\sigma_i^2$。$1/\sigma_i^2$是对应法方程的尺度因子。

这里进行两类组合处理：

A 类组合为仅利用一个特定分析中心的结果进行组合；

B 类组合为对不同分析中心的结果进行组合。

对于 A 类组合处理，不需要方差因子（假设该分析中心所有协方差矩阵采用相同的尺度因子）。

对于 B 类组合处理，则必需互因子值。尤其是当仅对少量解进行组合时。上述提到的尺度处理可以保证不同解在组合过程中获得相同的权值。

A 类组合处理可以为特定分析中心的性能提供额外信息，这可能会导致不同的互因子值。

法方程文件和先验互因子值是组合程序 ADDNEQ 的输入。采用自由网平差处理（见 2.6.4 节）可判断解的性能。假设分析中心不进行地球质心坐标的估计（平移固定），这里仅指定三个旋转条件（13 个 IGS 核心站相对 ITRF93）用于定义单独解和周组合解的测量基准。这里自由网平差是可以实现的，因为如上所述 SINEX 文件的约束已经被去除。

这里有一个特殊情况是对 NGS 文件的处理。由于 NGS 的文件是每天提交的，因此需要将 7 天法方程文件组合为周文件。

这里需要指出的是，在 Bernese 软件 4.0 版中 ADDNEQ 程序和 SNXNEQ 程序已经实现了对 SINEX 文件 1.0 版的兼容。

### 7.2.3　组合结果

#### 7.2.3.1　重复性

本节对 A 类组合结果进行分析。表 7-3 给出了各分析中心连续多周的重复性。该值由 7 参数 Helmert 转换推导而来，Helmert 转换是每周自由网解相对整个时间段组合解的转换。每周网解的高性能（内部精度）将在 8.2.1 节进行说明。在进行分析的时间段内，正确处理站点速度问题可以忽略。在 COD 序列中，可以发现当应用从 2 年 GPS 观测数据中推导的速度模型时（见 8.3 节），可以获得小于 0.5mm 的 RMS 提升。

从观测表 7-3 可以看到一些未解决的问题，包括指定的天线偏心率问题、不同周解间先验坐标值存在几米的变化、天线和接收机间信息的不一致、SINEX 格式问题、协方差矩阵的数值问题、二进制文件转换问题等。这些问题连同比较时长的不同，很难用列出的值代表分析中心的性能情况。

然而，这里推导出的性能值却与每周轨道比较结果（Kouba，1995b）具有很好的一致性。同时也可以看出，组合解（MIT-G、NCL-G、JPL-G）的内部一致性也非常优异。在表 7-3 中，还给出了第四组组合解（COD-G）。这组组合解的计算方法将在 7.2.3.2 节给出。

**表 7-3 各分析中心连续多周 SINEX 文件的重复性**

| 分析中心 | GPS 周 | 测站数量 | 坐标分量 | Helmert 转换 RMS | | 备注 |
|---|---|---|---|---|---|---|
| | | | | 所有测站 | 核心测站 | |
| COD | 817～845 | 74 | 南北<br>东西<br>高程 | 4.8<br>6.3<br>11.5 | 5.8<br>7.5<br>11.2 | — |
| EMR | 817～845 | 39 | 南北<br>东西<br>高程 | 8.8<br>8.4<br>14.7 | 8.6<br>8.0<br>14.5 | 剔除了 823、834、841、843<br>TROM（829、830）<br>KOSG（838） |
| ESA | 840～845 | 59 | 南北<br>东西<br>高程 | 8.4<br>13.4<br>30.1 | 6.1<br>12.7<br>19.1 | — |
| GFZ | 817～845 | 53 | 南北<br>东西<br>高程 | 6.4<br>8.1<br>16.8 | 6.6<br>12.7<br>16.4 | — |
| JPL | 817～845 | 92 | 南北<br>东西<br>高程 | 4.9<br>6.4<br>9.6 | 4.2<br>6.1<br>11.4 | 剔除了 819 |
| NGS | 821～845 | 55 | 南北<br>东西<br>高程 | 14.7<br>16.0<br>31.3 | 19.2<br>13.8<br>21.5 | 剔除了 IICS、MASP、EISL、KELY、TAEJ<br>剔除 826、843 |
| SIO | 825～845 | 71 | 南北<br>东西<br>高程 | 6.6<br>7.3<br>18.1 | 9.0<br>18.3<br>23.7 | 836 测站信息错误<br>剔除 8230 |
| COD-G | 817～845 | 106 | 南北<br>东西<br>高程 | 4.4<br>6.1<br>12.7 | 4.4<br>8.0<br>10.6 | — |
| JPL-G | 837～845 | 93 | 南北<br>东西<br>高程 | 3.3<br>4.3<br>9.6 | 2.4<br>3.7<br>6.2 | 841、842 不可读<br>剔除了 HART、KELY 部分无结果 |
| MIT-G | 821～845 | 142* | 南北<br>东西<br>高程 | 4.3<br>6.0<br>14.0 | 4.9<br>6.3<br>9.8 | 剔除了 BRAZ、KELY、KOSG、HART 部分无结果 |
| NCL-G | 817～845 | 104 | 南北<br>东西<br>高程 | 5.2<br>6.7<br>13.7 | 5.4<br>7.5<br>12.3 | 817、818、819 不同比例 |

* 增加了 PGGA 测站。

注：东北天方向的重复性是由每周网解与整个时间段自由组合解间的 Helmert 转换推导得出。在标记为“核心站点”的列中仅利用图 1-1 中 13 个 IGS 核心站点数据计算的结果。这里应用了 ITRF93 速度模型。PAMA 和 IISC 站点已从所有分析中心排除。

### 7.2.3.2　对不同分析中心进行组合

在大约半年的时间段，处理产生了名为 COD-G 的组合解。正如前面提到的，恰当的互因子值对于进行不同分析中心解的组合是必不可少的。在第一次迭代中，采用 7.2.2 节推导的互因子值 $\sigma_i^2$，给所有参与组合处理的解以相等的权重。组合结果的重复性与重复性最好的分析中心相比大幅变差。另外，在各独立解和组合解间存在很大的残差，远大于对不同分析中心间比较的期望。这不是应该期望的组合解。

这里设定的标准是要求组合解每周重复性优异。这个标准与要求大部分分析中心性能一致的标准在理论上是相互独立的。然后，在组合处理试验中发现，每周重复性越好，大部分分型中心的一致性也越好。

对于组合解 COD-G，采用了表 7-4 列出的尺度因子值。与先验值 $\sigma_i^2$ 相比，这里对 ESA 解采用 $\sqrt{3}$ 尺度因子，EMR 和 GFZ 解采用 $\sqrt{2}$ 尺度因子，NGS 采用 $\sqrt{5}$ 尺度因子。本节最后给出一种估计互因子的替代方法。

**表 7-4　组合处理中不同周解法方程的尺度因子 $1/\sigma_i^2$**

| IGS 分析中心周解 | | | | | | |
|---|---|---|---|---|---|---|
| COD | EMR | ESA | GFZ | JPL | NGS | SIO |
| 1.0 | 8.0 | 3.0 | 2.5 | 7.7 | 1.0 | 7.3 |

| 组合周解 | | | |
|---|---|---|---|
| COD-G | MIT-G | NCL-G | JPL-G |
| 0.2 | 7.3 | 1.2 | 0.2 |

除了处理产生 COD-G 序列外，这里还对各组合解进行了组合处理，产生了名为 MEAN 的组合解，这一解主要用于比较不同 GNAAC 的结果。在处理“组合解的组合解”过程中使用了表 7-4 给出的互因子值。这些值是根据 7.2.2 节给出的简易方法推导得到。由于时间长度较短，JPL-G 解为包括在组合处理中。

下面将给出一些处理实例。由于坐标垂直分量是最关键的部分，所以将主要聚焦于垂直分量结果分析。与 7.2.3.1 节相同，这里采用与自由网解的 7 参数 Helmert 转换进行比较分析。

其中一个站点的高程方向（WETT 站）比较结果在图 7-6 中已经给出。各分析中心的差别小于 4cm，与组合解的差别小于 2cm。

表 7-5 给出了各分析中心所有站点水平和高程方向的平均 RMS 值。除 ESA 和 NGS 分析中心外，所有分析中心高程分量都处于 2cm 的水平。

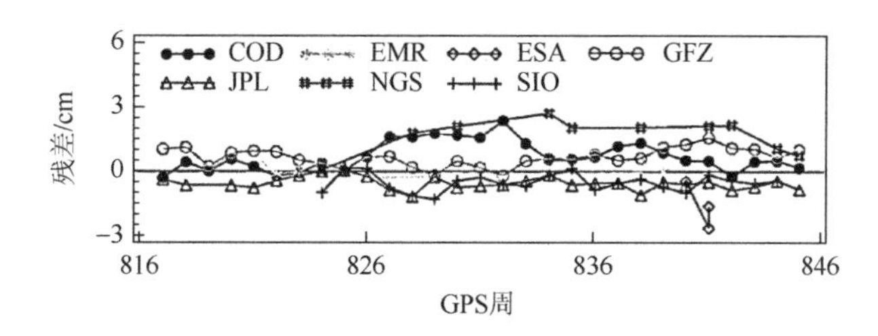


图 7-6 WETT 站高程方向残差

**表 7-5 各分析中心解与 COD-G 组合解间 7 参数 Helmert 转换后残差平均 RMS 值（GPS 周 826～845）以及各组合解（-G）与平均值（GPS 周 817～845）间的 RMS**

| 分析中心 | 时长（GPS 周） | 分量 | 平均 RMS/mm |
|---|---|---|---|
| COD | 21 | 南北<br>东西<br>高程 | 5.9<br>5.7<br>17.8 |
| EMR | 20 | 南北<br>东西<br>高程 | 5.7<br>8.8<br>14.3 |
| ESA | 6 | 南北<br>东西<br>高程 | 10.8<br>13.3<br>56.4 |
| GFZ | 21 | 南北<br>东西<br>高程 | 6.0<br>8.3<br>17.3 |
| JPL | 21 | 南北<br>东西<br>高程 | 6.0<br>8.3<br>17.3 |
| NGS | 21 | 南北<br>东西<br>高程 | 24.3<br>29.6<br>60.3 |
| SIO | 21 | 南北<br>东西<br>高程 | 6.2<br>6.5<br>21.5 |
| COG-G | 29 | 南北<br>东西<br>高程 | 2.0<br>2.5<br>6.6 |
| MIT-G | 25 | 南北<br>东西<br>高程 | 2.4<br>3.0<br>6.2 |
| NCL-G | 29 | 南北<br>东西<br>高程 | 2.3<br>2.7<br>7.1 |

可以看出，不同分析中心间的一致性只比各分析中心每周间的一致性略微变差（表 7-3）。同时也可以得出，不同组合策略（主要是使用不同余因子值）的影响小于 1cm。这对于每周全球坐标估计而言影响是很小的。鉴于各分析中心内部符合精度（每周连续重复性）很高，各分析中心间又有极强的一致性，因此，组合策略的影响是不可忽略的。

其他组合策略，如方差-协方差分量估计（已在 7.1.5 节提到）等，允许在坐标组合估计同时为每个分析中心估计互因子值。如果有大量的观测数据（每个分析中心多周的坐标估计结果），这种递推过程可以形成非负且可靠的方差分量。一周的数据是必需的。此外，当处理每个分析中心多周的数据，同时包括完整协方差信息时，计算过程是相当耗时的。Davics 和 Blewitt 也给出了其他 一些有用的建议。

除了表 7-3 中列出的问题外，这里需要指出的是通过对不同分析中心进行比较可以检测出各独立解之间存在的系统性差别。根据卫星高度角进行天线载波相位中心建模对站点高度具有一定的影响。然而，大部分分析中心未采用任何模型，CODE 处理中心采用 Rogue/TurboRouge 天线作为参考（不进行高度角相关的天线相位中心变化改正），对其他天线类型（即在 ZIMM 和 JOZE 站点的 Trimble 天线）采用 Schupler 差值（根据室内测试得到）进行改正（Rothcacher et al.，1995b，1996）。通过与 SLR/ITRF 结果进行比较显示，这种建模方法可以消除不同天线间的载波相位中心的主要变化影响。

JOZE 站点高程的影响在图 7-7 中给出，可以发现差值为 5～8cm。ZIMM 站点的影响甚至更大（达到 12cm）。

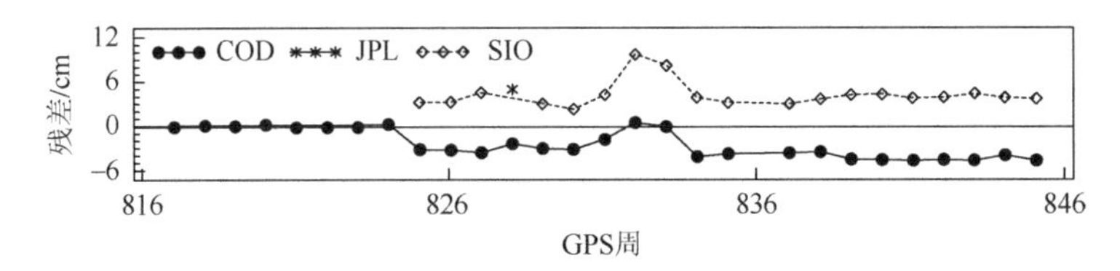


图 7-7 站点 JOZE 高程方向残差

# 8 GPS 多年解结果

在本章各节中，将会对超过两年的 IGS 数据进行分析。这里将主要聚焦于那些能够从长时段数据中得到提升的参数，即位置坐标和速度、地球质心、卫星天线偏差等。由于位置坐标和站点速度及地球自转参数存在高度相关性，这里同时增加了地球自转参数的分析。

## 8.1 多年组合解概述

同时采用如下所述的各类条件进行多年组合解处理。

（1）对从 1993 年 4 月到 1995 年底的 33 个月 GPS 数据进行了分析（基于非重叠的 3 天解进行）。参数的统计情况及包含的未知参数数量在图 5-1 中已经给出。

（2）解算所有位置坐标。大地基准通过强制坐标解（选择部分站点）相对 ITRF93 没有整体平移和旋转定义（参见 2.6.4 节）。对与 ITRF93 一致性最好的六个站点（KOSG、WETT、TROM、FAIR、GOLD、YAR1）构建四个条件方程。其中，一个 $z$ 轴旋转条件用于定义大地基准的方位（图 2-7），$x$ 轴和 $y$ 轴旋转可通过 GPS 确定。由于地球质心坐标已作为未知参数，所以需要三个平移条件。

（3）如果可用数据段超过半年，同时解算站点水平速度。其他速度分量，如果 ITRF 速度模型可用，则约束到 ITRF 速度模型，如果不可用则约束到 NNR-NUVEL1（Demets et al.，1990；Argus and Gordan，1991）。大地基准也可以采用不同的方法进行定义，一种选择是将站点 WETT 速度约束到 ITRF93 的值上；另一种选择是采用与位置坐标类似的方法，采用无整体旋转条件。开放垂直方向速度估计仅在 8.3.2 节进行实现。

## 8.2 坐标估计结果

### 8.2.1 坐标重复性

GPS 是首选也是最好的干涉测量技术。对于区域网络而言，这种表述意味着 GPS 技术在确定站点间的相对位置和每个站点相对地心的绝对位置中，更有利于前者。全球网络将所有站点在全球进行连接，这意味着高精度的相对差值信息可被转换为全球的，而不是转换为以地心为中心的。

每一个独立解与组合解的比较结果可以给出每个独立解的性能情况（就重复性而言）。

如上所述，自由网解的大地基准主要由观测值定义。6 个站中 1 个站某一天的一小部分数据可能导致所有站当天的方位与其他天方位的错位。这也就是在自由解中更应注重基线结果，而不是坐标重复性。

如果所有单独解的大地基准都采用相同的定义方式，对坐标分量的比较才有意义。自由解比较仅在通过 Helmert 转换将基准定义的差别去除后才可进行。在 8.2.2 节将给出坐标重复性结果。

#### 8.2.1.1　基线长度

1. 3 天解和 7 天解精度

基线长度通常是基线中确定最好的参数。图 8-1 给出了两个不同的基线，图 8-1（a）为相对较短的欧洲基线 WETT-ONSA，图 8-1（b）的长度为 7770km，连接两个不同大陆板块站点的 KOKB-TIDB 基线。针对第二条基线，通过组合解估计的两个站点的相对速度约为 50mm/a，相对变化是较为明显的，而欧洲基线相对速度则较小，但也是可以观测到的（在图 8-1 中两条基线的尺度不同）。

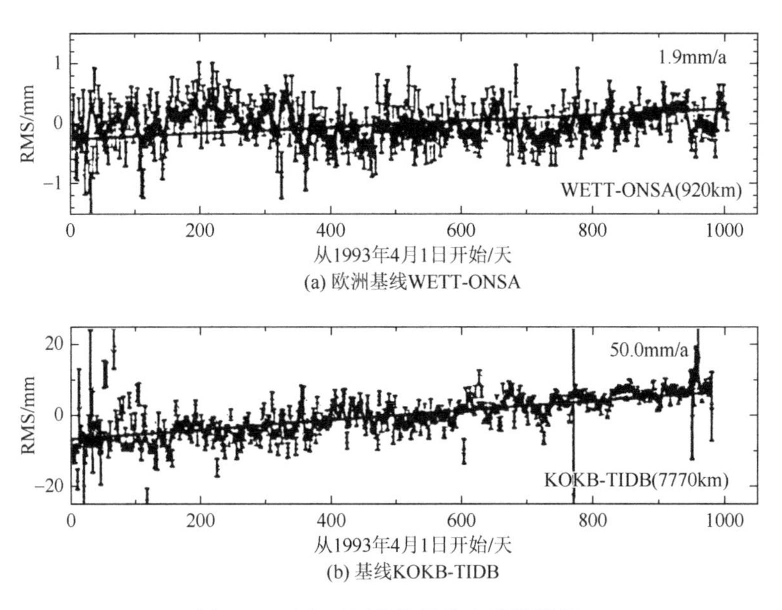


图 8-1　两个不同基线的长度估计结果

为了估计每个序列解的性能，需要考虑相对直线的变化。从图 8-1 中周解（实线）和 3 天解（灰线）的差别可以看出式（6.3-5）给出的长时段组合解的平滑效果。图 8-1 中误差条为从单独坐标估计结果推导的 $3\sigma$ RMS 值，直线不是对基线长度残差的拟合，而是多年组合解估计的站点速度。

基线长度估计的质量与基线长度的关系将是图 8-2 关注的内容。这里分析了所有与 13 个 IGS 核心站点有关的基线。为了获得更实际的 RMS 估计值，这里仅排除了在 1000 天里观测数据少于 100 天的基线。

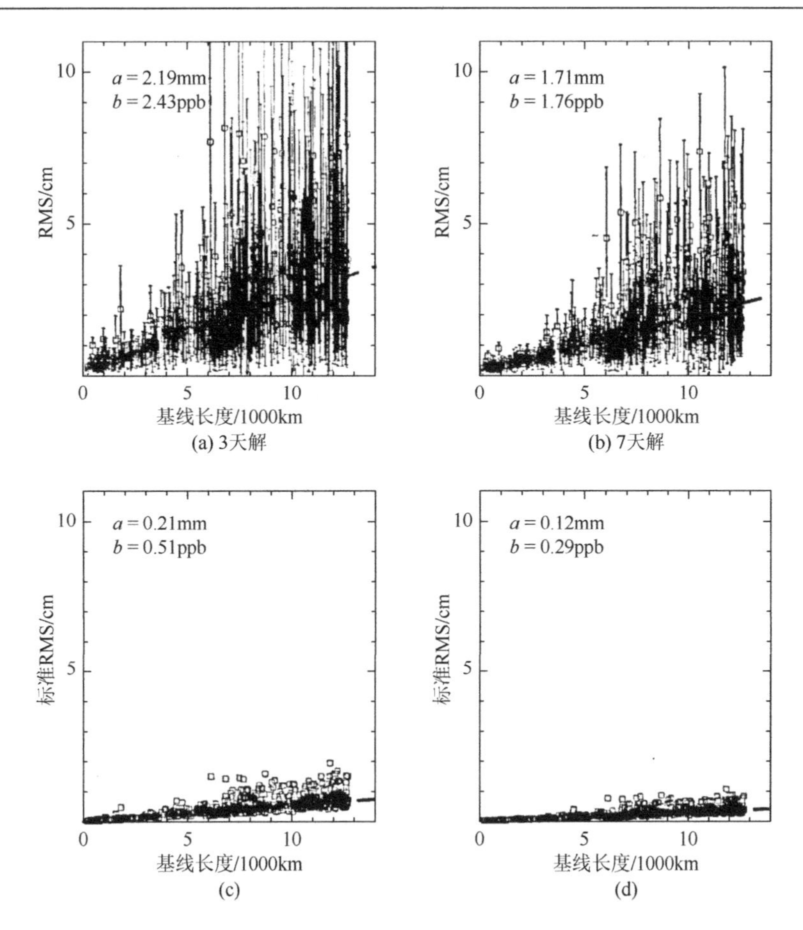


图 8-2 3 天解和周解的基线长度重复性。图（a）和（b）采用非加权残差相对平均值推导得出。图（c）和（d）中平均估计标准误差在图（a）和（b）中以$3\sigma$误差条给出

图 8-2（a）和图 8-2（b）分别给出了 3 天基线长度估计和 7 天基线长度估计的非加权 RMS 值。误差条代表$3\sigma$标准 RMS 平均值。换言之，这里将图 8-1（a）和图 8-1（b）的信息综合为一个带有相应误差条的单独数据点。$1\sigma$标准 RMS 平均值在图 8-2（c）和图 8-2（d）中给出。后面将会重点关注平均标准 RMS 与重复性 RMS 的关系。

一个存在很多异常值或数据问题的站点将会影响到所有包含这一站点的基线。因此，直线拟合采用每个基线平均标准 RMS 值进行。利用一个偏差参数 $a$ 和一个斜率参数 $b$ 可以计算出长度为$L$（单位为 1000km）的基线平均估计质量$\sigma_L$为

$$\sigma_L = a + b \times L \tag{8.2-1}$$

对于图 8-1 中的 WETT-ONSA 基线，可看出周解重复性为 2.3mm。利用图 8-2（b）确定的参数 $a$ 和 $b$ 可以得出，基线长度为 920km 基线的重复性为$1.71 + 1.76 \times 0.92 = 3.3$ mm。这表明本例结果是乐观的。但对于图 8-1 中的 KOKB-TIDB 基线却并不成立。其周解质量约为 25mm。这比根据式（8.2-1）计算的 7770km 长基线的性能恶化 15mm。

通常情况下，不得不指出长基线前 200～300 天（1993 年）的较大残差。精度随着时

间提高主要是因为不断增长的站点数目和加密的全球网络。不得不指出的是，在 3～4 年前（IGS 成立前），可获得的处理精度仅为当前的 1/10（Beutler et al.，1989）。

表 8-1 汇总了 1993～1995 年 3 天解和周解的基线处理性能。从 1993 年到 1995 年，性能提高约 2 倍。通过比较 3 天解结果和周解结果（值为 1.4～1.8），证明周解性能更好。3 天解和周解结果比值为 1.4～1.8 与式（6.3-5）的结论（$\sqrt{7/3} \approx 1.5$）恰好一致。在 2.8 节最后已经说明，标准 RMS 值与推导的重复性值大体上成比例。在本例中，比例因子相当稳定（$\approx 5.0 \sim 6.0$）。

**表 8-1　不同组合时长情况下基线长度估计的重复性和平均标准 RMS**

| 年（间隔） | 基线数量/个（统计个数） | 结果类型 | 重复性 RMS/mm | | 标准 RMS 平均值/mm | | $b/b'$ |
|---|---|---|---|---|---|---|---|
| | | | $a$ | $b$ | $a'$ | $b'$ | |
| 1993（0.75 年） | 383<br>33 | 3 天解<br>周解 | 0.00<br>0.09 | 4.63<br>2.96 | 0.28<br>0.16 | 0.79<br>0.44 | 5.9<br>6.7 |
| 3 天解/周解比值 | | | 1.8 | | 1.8 | | |
| 1994（1 年） | 520<br>44 | 3 天解<br>周解 | 1.51<br>1.07 | 2.96<br>2.00 | 0.45<br>0.22 | 0.62<br>0.35 | 4.8<br>5.7 |
| 3 天解/周解比值 | | | 1.5 | | 1.8 | | |
| 1995（1 年） | 765<br>65 | 3 天解<br>周解 | 2.24<br>1.77 | 1.93<br>1.41 | 0.14<br>0.08 | 0.44<br>0.24 | 4.4<br>5.8 |
| 3 天解/周解比值 | | | 1.4 | | 1.8 | | |
| 1993～1995（2.75 年） | 837<br>71 | 3 天解<br>周解 | 2.19<br>1.71 | 2.43<br>1.76 | 0.21<br>0.12 | 0.51<br>0.29 | 4.8<br>6.1 |
| 3 天解/周解比值 | | | 1.4 | | 1.8 | | |

2. *系统效应*

由于估计性能较高，所以很容易检测到基线长度的系统效应。基线长度相对平移和旋转的变化允许对自由网解进行进一步的分析。因为 3 天解的数据密度更大，所以将重点对 3 天解的残差进行分析。在图 8-3 中，选择了长度 600～3200km 的 5 条欧洲基线（都与 WETT 站点相连）进行分析。

Brockmann 在 1990 年采用了一种迭代的方法来确定估计结果的频率、幅度和相位延迟。在第一步迭代中，采用谱分析方法检测最主要的频率。第二步将上一步检测的频率作为先验值，利用最小二乘方法估计未知的频率、幅度、相位延迟，以及偏差和漂移率。由于整个问题的非线性，不得不迭代使用最小二乘估计，直到估计结果没有明显变化为止。残差谱可进一步作为检测额外周期的谱分析的输入，最终频率和幅度为最小二乘估计的结果。

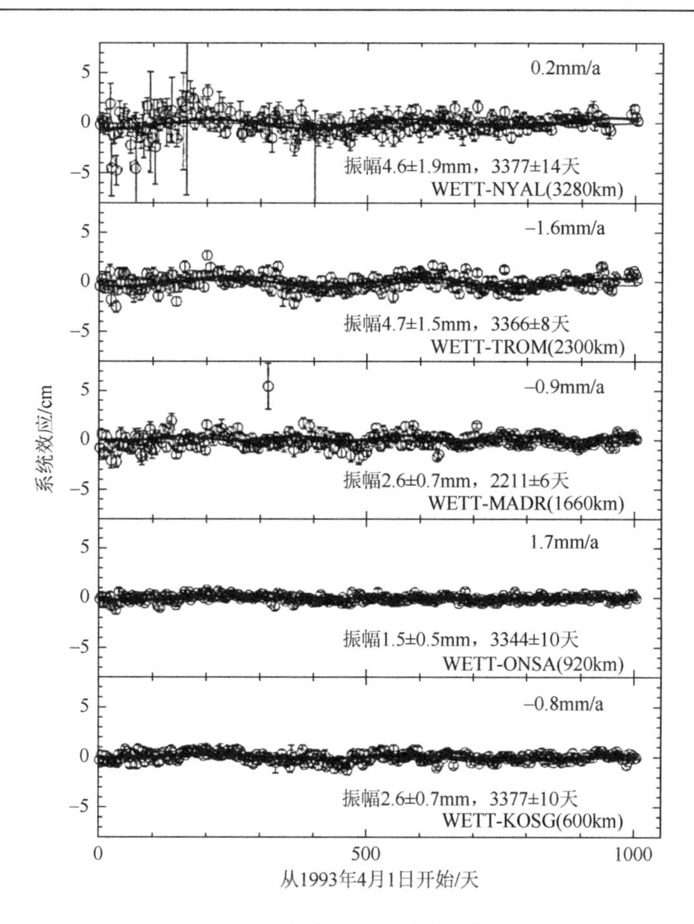


图 8-3 不同长度欧洲基线的系统效应

对于大部分欧洲基线（图 8-3）可以检测出明显的一年周期。仅在 WETT-MADR 基线下，半年周期信号强于一年周期信号。估计的幅度随着基线长度增加而变大，这表明潮汐模型存在一定缺陷。对于沿海站点 TROM 站点和 NYAL 站点，海潮负荷效应也具有很重要的作用。在对东北天方向变化分析时，还会回头对这一点进行分析。

图 8-4 中给出了北美和欧洲站点间的基线情况。这部分基线最明显的频率周期为 1 年以上（380～430 天）。标准 RMS 的周期约为 20 天。6000km 长基线估计的幅度为 6～7mm，8000km 长基线估计的幅度为 9～11mm。第二个强信号的周期约为最强信号周期的一半（170～220 天，RMS 为 5 天）。估计的幅度为 5～6mm，不确定性小于 3mm，已非常接近探测的极限。稍低于探测极限的周期是众所周知的 14 天潮汐频率和一些情况下的 60 天周期（图 8-5）。

这个结果还不足以形成结论。这里将基线长度的系统效应归因于不完善的潮汐模型。使用的先验模型与 IERS（1992）推荐的第一步修正潮汐模型一致。IERS 推荐的第二步修正（采用频率相关的 $K_1$ 潮汐对测站高度进行修正）及由于极移导致的旋转变形修正并未被应用。

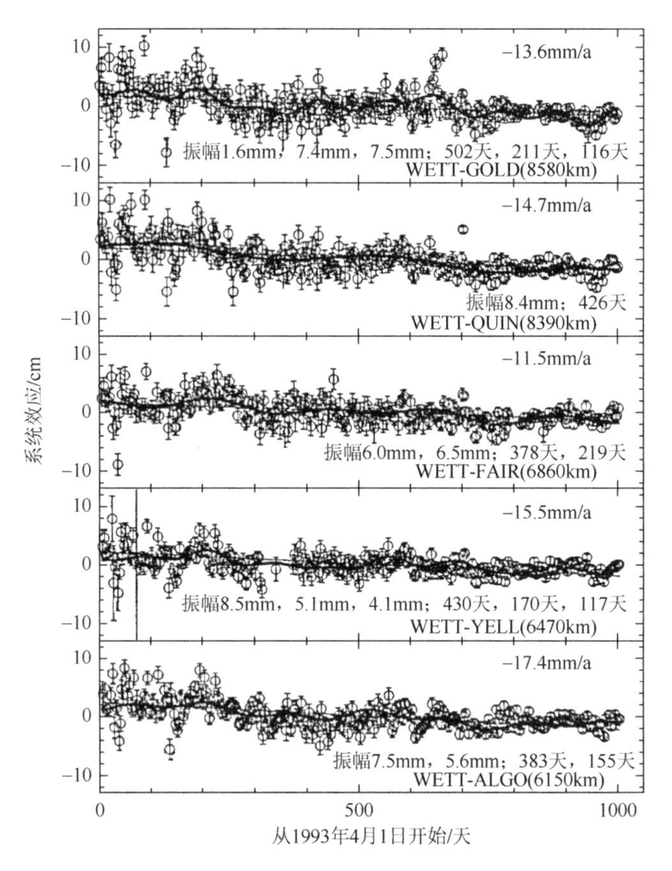


图 8-4　北美和欧洲站点间基线的系统效应

“极潮”改正不能用来解释基线长度的任何变化。WETT-GOLD 基线中 3.8mm 的固定偏差是所有大陆内部基线的最大值。欧洲基线长度影响小于 0.5mm。

站点高程的第二步修正引起基线长度每年变化幅度达到 3.5mm（WETT-NYAL 或 WETT-FAIR）。将第二步修正与估计变化情况进行相关的试图未能成功。需要注意的是每个独立解的尺度变化都未被约束。全球尺度变化似乎对基线长度具有很重要的影响。

### 8.2.1.2　基线分量精度

#### 1. 东北天方向分量

东北天方向精度的差别主要是由卫星几何分布引起的。表 8-2 分别给出了 3 天解和周解坐标分量的性能。与表 8-1 不同，这里无法看出不同年份性能的差别。每一个独立的自由解（3 天或 7 天解）与组合解通过 7 参数 Helmert 转换进行比较。转换参数通过采用每个独立解的所有站点估计。

表 8-2　基线东北天方向分量重复性

| 分量 | 结果 | 重复性 RMS *a*/mm | 重复性 RMS *b*/ppb |
|---|---|---|---|
| 南北 | 3 天解<br>7 天解 | 2.57<br>1.94 | 1.24<br>0.88 |
| 东西 | 3 天解<br>7 天解 | 3.30<br>2.51 | 2.61<br>1.80 |
| 高程 | 3 天解<br>7 天解 | 11.19<br>8.16 | 2.45<br>1.74 |
| 距离 | 3 天解<br>7 天解 | 2.19<br>1.71 | 2.43<br>1.76 |

北方向分量估计精度最高，东方向分量对于短基线具有良好的精度。推导的标准误差在图 6-5 中以误差椭圆的形式给出，从图 6-5 中也可以看出上述结论的正确性。误差随基线长度变大的趋势与高程方向误差变大的趋势一致。同时，与经验感觉一致，高程方向误差为水平方向误差的 2～3 倍。

具体实例可以帮助理解表 8-2 中列出的数量概念，对于一条 1000km 的基线，作为 CODE 分析中心典型的周解 SINEX 结果，利用式（8.2-1）可以得出北方向误差为 2.8mm，东方向误差为 4.3mm，高程方向误差为 9.9mm，基线长度误差为 3.5mm。

2. *系统效应*

上面已经提到，由未完全建模的潮汐信号或海潮负荷引起的系统效应会残存在基线结果的时间序列中。潮汐主要影响高程分量。图 8-5 给出了 WETT-TROM 基线 6～80 天周期谱分析的结果。其中，14 天周期的幅度由最小二乘估计得到，约为 6.2 ± 2.6mm，较显著性水平略高。在欧洲所有基线中，仅在 WETT-NYAL 基线中存在显著性信号。高程方向较大的噪声（表 8-2 中 2300km 基线 3 天解 RMS 值为 17mm）与较小的期望潮汐信号（每年第二步修正幅度为 2～3mm）相比使确认潮汐模型更加困难。

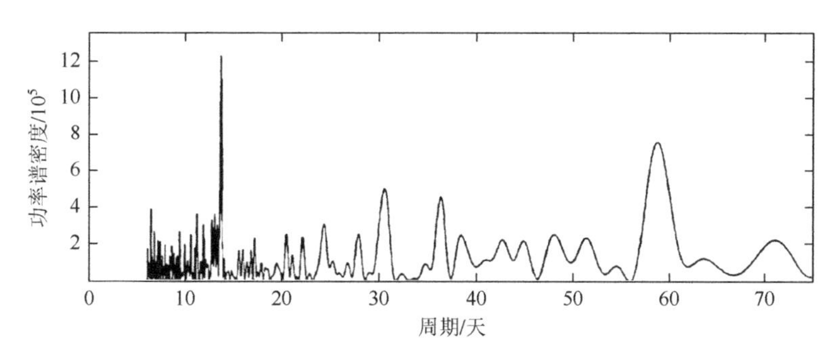


图 8-5　基线 WETT-TROM 高程方向功率谱分析结果

对于更长的基线情况则不同，因为效果更加明显。在同一大陆上的基线，第二步修正幅度可能达到 25mm。相对欧洲基线而言，高程方向的第二步修正可以很好解释前 400 天高程残差情况（图 8-6）。然而，这里却很难解释由 $K_1$ 项修正引起的完整变化量。提到的 14 天周期信号也能看到，但是幅度约为$8.0\pm5.0$，低于显著性水平。随着越来越多的时间序列和不断提升的精度，从坐标结果中提取出潮汐改正或海潮负荷仅仅是个时间问题。

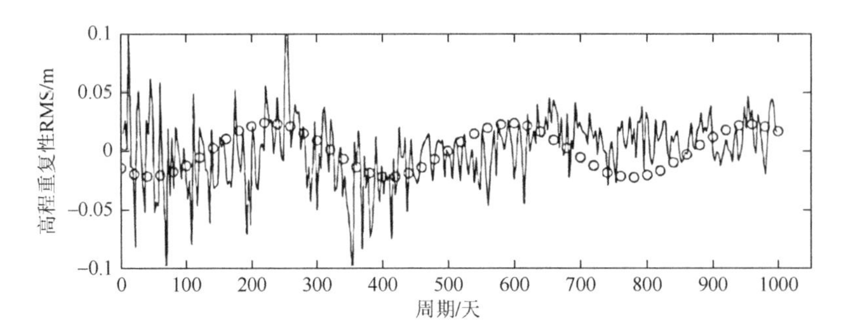


图 8-6 基线 WETT-QUIN 以米为单位的高程重复性（实线）

为了对比，这里同时给出了 IERS 潮汐模型第二步修正值（圆圈）（未应用）

对东方向和北方向进行谱分析也产生了明显的周期信号，但是功率谱具有较小的能量，且估计值幅度也小很多。以 WETT-TROM 基线为例，北方向存在周期为$363\pm12$天、幅度为$3.3\pm1.2$ mm 的信号。可以确认在水平方向存在的较小信号是由独立解在基准定义问题引起的。

## 8.2.2 全球位置坐标精度

对 GPS 坐标估计结果与其他空间技术估计结果进行比较是目前确认 GPS 技术精度的唯一手段。ITRF93 的坐标和速度是采用多种手段——包括 VLBI、SLR、Doris 和 GPS——进行混合处理的结果。因此，很适合作为评定的手段。但是，必须牢记的是 GPS 结果已经包含在 ITRF（即 ITRF93）中。

### 8.2.2.1 欧洲站点

从表 8-3 可以得出，0.5 年解与 2.5 年解 Helmert 转换后在水平方向的一致性为 1～2mm，高程方向的一致性在 4mm 左右。

**表 8-3 0.5 年解与 2.5 年解间 7 参数 Helmert 转换的 RMS 值**

| 结果 | Helmert 转换 RMS/mm | | | | | |
|---|---|---|---|---|---|---|
| | 核心站 | | | 欧洲站 | | |
| | 南北 | 东西 | 高程 | 南北 | 东西 | 高程 |
| 93/2 | 1.9 | 3.0 | 7.9 | 0.8 | 0.9 | 4.2 |
| 94/1 | 3.3 | 5.5 | 12.0 | 1.8 | 2.4 | 4.0 |
| 94/2 | 6.3 | 5.7 | 8.2 | 1.3 | 2.1 | 4.0 |
| 95/1 | 4.6 | 3.2 | 10.7 | 0.6 | 0.9 | 4.2 |
| 95/2 | 3.1 | 4.3 | 7.8 | 0.5 | 0.8 | 4.2 |

需要注意的是，所采用的速度模型对坐标的比较非常重要。为获得最好的一致性，GPS 坐标解采用估计的速度推算到比较历元时刻（1994 年 8 月 8 日）。正如下面即将看到的，估计的速度与 ITRF93 之间的差值是很小的，但也是不可忽略的。

#### 8.2.2.2 与 ITRF 的比较

所有 IGS 分析中心都采用 13 个 IGS 核心站点的 ITRF 坐标定义自己单天解的大地基准，并确保其产品（地球自转参数和卫星轨道）处于良好的参考框架之下。在 1993 年，各分析中心使用 ITRF91 坐标值和速度值，在 1994 年使用 ITRF92 值，在 1995 年和 1996 年使用 ITRF93 值。

表 8-4 给出了从 GPS 解角度反映的 ITRF 性能提升情况。最新公布的 ITRF94 坐标（Boucher and Altamimi，1996）也同样进行了比较。除了 HART 站点、ALGO 站点和 SANT 站点外，其他站点与 ITRF93 符合性在所有方向好于 8mm。ITRF94 对于核心站点没有明显提高。这主要是由 ITRF94 在 TROM（东方向 10mm）站点和 YAR1（北方向 14.8mm）站点无法解释的较大残差引起的，而这些较大残差则是因为速度问题导致的（从 GPS 解的角度看，RAY 1996 年也讨论了同样的问题）。不得不承认的是，在全球范围内不同空间观测手段间亚厘米级的一致性还没有达到。

在表 8-4 中列出的两组位置坐标性能提升主要是因为 GPS 对 ITRF 的贡献。ITRF94 得到 IGS 近 3 年时间历史数据的支持。共同历元是 1994 年 8 月 8 日，对 13 个 IGS 核心站点和 13 个欧洲站点应用了 7 参数 Helmert 转换。不同分析中心间的一致性已经在 7.2 节给出。

另一方面需要承认的是，早期 ITRF 坐标都是在 1988.0 历元组合的。ITRF91 和 ITRF92 中较大的残差也是因为速度误差传导的时间超过 6 年。

**表 8-4 GPS 坐标解（2.5 年组合解）与 ITRF91、ITRF92、ITRF93、ITRF94 之间的比较结果**

| 坐标系统 | 核心站*Helmert 转换 RMS/mm | | | 欧洲站**Helmert 转换 RMS/mm | | |
|---|---|---|---|---|---|---|
| | 南北 | 东西 | 高程 | 南北 | 东西 | 高程 |
| ITRF91 | 16.6 | 14.9 | 34.6 | 10.5 | 13.7 | 26.2 |
| ITRF92 | 12.1 | 12.0 | 23.9 | 9.2 | 7.4 | 17.7 |
| ITRF93 | 4.7 | 4.3 | 11.7 | 3.7 | 3.4 | 9.7 |
| ITRF94 | 5.2 | 4.2 | 11.9 | 2.1 | 1.6 | 5.0 |

* 对于 ITRF91 剔除了 TIDB 站（原因：高程方向残差大于 10cm）。

** 对于 ITRF91 和 ITRF92 剔除了 NYAL、MASP、JOZE 站（原因：无法获得 IRTF 值）。

## 8.3 速度估计结果

### 8.3.1 GPS 估计的 IGS 网水平方向速度

#### 8.3.1.1 速度解概况

速度解的特征与坐标计算的特征基本一致（见 8.1 节），唯一的差别是采用 ITRF94 坐标值和速度值作为多年解的参考。在这种情况下，因为 ITRF94 速度场是与 NNR-NUVEL1（Argus and Gordon，1991）关联的，所以速度解结果与 NNR-NUVEL1 比较就会更容易。而 ITRF93 速度场是通过 C04 的 IERS 极移定义的（Boucher and Altamimi，1994）。目前，仅解算了水平速度。高程方向速度严格约束到 ITRF94 的速度值上。半年观测时间是进行速度估计的最低要求，一些孤立站点甚至需要更长时间。

由于 TROM 和 YAR1 站点的较大残差（见 8.2.2.2 节），这里只选了 WETT、KOSG、FAIR、GOLD 和 YELL5 个站点作为自由网解的参考。

速度场大地基准采用 5 个站点相对 ITRF94 速度场无整网平移定义。另外还增加 3 个约束方程，即 WETT 速度与 ITRF 速度一致。同时，还对具有多个天线堆的站点引入“相对”速度约束（WETT-WTZE、MASP-MAS1、RCM2-RCM4-RCM5、MCMU-MCMU-MCM4 等）。这可以允许估计多个坐标，但只有一个共同的速度。

#### 8.3.1.2　速度估计结果

GPS 估计的站点速度与 ITRF94 的一致性非常好。根据 6.5 节和表 6-3，GPS 估计速度的性能主要与时间段长度及单天坐标解的性能相关。这就能解释为何南半球站点速度误差较大。

这里有趣的现象是亚洲站点间的相互矛盾。USUD、TSKB（北美板块 NOAM）、SHAO 和 TAIW（两者都是欧亚板块 EURA）4 个站点的估计速度都比 ITRF94 预测速度大。另外，GUAM 站点则比其预测的速度慢，该站点位于菲律宾板块（PHIL）。需要承认的是，这些站点与欧洲站点及澳大利亚站点的连接关系非常弱。通过利用已经运行的 LHAS（Lhasa，中国）、IRKT（Irkutsk，俄罗斯）、IISC（Bangalore，印度）及 POL2（Poligan，吉尔吉斯斯坦，靠近 KIT3）站加密 IGS 网络将会更好地估计这个岩土活动区域的运动。填补印度尼西亚区域空白的永久观测站也具有非常重要的作用。

#### 8.3.1.3　与 ITRF、VLBI 及 NNR-NUVEL1 比较

为了评估 GPS 估计速度的精度，这里分析站点间的相对运动（运动速率）。由于基准定义不同，两类速度之间可能存在的指向不同，但优势是互不相关。如果两个速度系统间不存在平移，则 GPS 与 ITRF94 和 VLBI 的比较将不会进行任何转换。

由于这些速度是向 NNR-NUVEL1 对准的（通过约束最少一个站点的速度或应用无整网旋转条件），上述比较方法是成立的。对 GPS 估计角速度进行比较的结果可参考相关文献（Argus and Heflin，1995）。

图 8-7（a）给出了 24 个站点 GPS 估计的站点运动和 ITRF94 站点运动的比较结果，这 24 个站点在 33 个月的时间段内都有观测数据。拟合直线的斜率（强制通过原点）可作为两类速度一致性的评判指标。速度估计的时间序列长度具有非常重要的作用。时间段长度越长，不仅标准误差越小，而且与其他技术（ITRF94）的一致性也得到明显提高。2～3 年时间对于速度估计的重要性可在表 6-3 中看出。

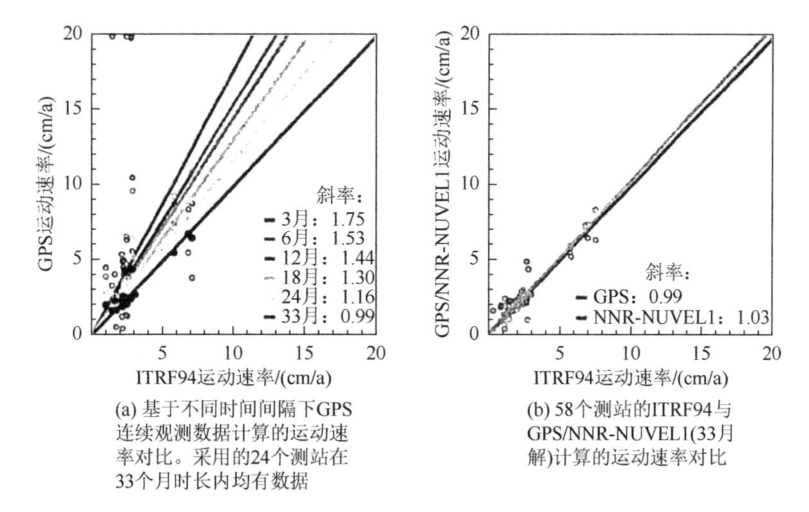

(a) 基于不同时间间隔下GPS连续观测数据计算的运动速率对比。采用的24个测站在33个月时长内均有数据

(b) 58个测站的ITRF94与GPS/NNR-NUVEL1(33月解)计算的运动速率对比

图 8-7 GPS 估计运动速率与 ITRF94 及 NNR-NUVEL1 运动速率的相关关系

估计结果与 NNR-NUVEL1 的良好一致性可从图 8-7（b）看出。不仅拟合直线斜率接近 1.0，而且各点偏离拟合直线也都小于 1.0cm/a。只有亚洲 SHAO 站点和 TAIW 站点［在图 8-7（b）中，两个点分别偏离拟合直线 3.0cm/a 和 3.5cm/a］大于 1.0cm/a。

对于 19 个 GPS 和 VLBI 并址站，也进行了同样的运动速率对比（图 8-8）。GPS-VLBI 直接比较的斜率为 1.06，最大残差为 SHAO 站点，达到 1.5cm/a。VLBI 站点观测历时长达 6 年，观测数据在 ITRF 解中扮演重要角色，也同样显示出了该地区 GPS 解的问题。

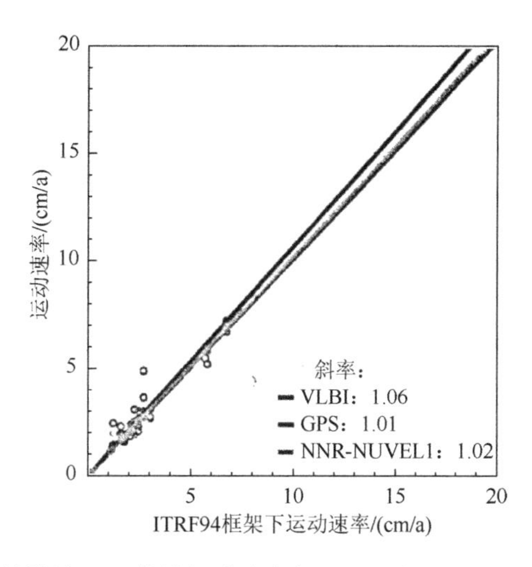

图 8-8 19 个 GPS 和 VLBI 并址站 GPS 估计运动速率与 VLBI 及 NNR-NUVEL1 估计运动速率的相关性

地磁反转的时间尺度问题（Demets et al.，1994）与 NNR-NUVEL1 速度模型（NNR-NUVEL1A 与 NNR-NUVEL1 模型一致，仅尺度因子为 0.9562）的尺度问题等价。因为无法获得分布在 14 个主要板块的站点，所以无法回答这一问题。欧洲和北美站点数量众多，可以得到良好确定，形成对比的是南半球站点稀少，确定精度较差。

## 8.3.2 垂直速度

前面已经提到，估计确定的椭球高较确定的水平位置性能差约 3 倍。这主要是由卫星几何分布及大量的无意义参数（载波相位模糊度、对流层天顶延迟）引起的。根据表 6-3，同样期望垂直速度也以类似降低的性能确定。

对观测数据超过 2 年时间的欧洲站点估计其垂直速度，以修订 8.3.1 节的速度结果。基准定义（WETT 站的 3 个方向均进行约束）也相应进行修改：仅强制 WETT 水平方向为 ITRF94 值。图 8-9 给出了水平和垂直方向速度估计的标准 RMS 值。性能基本相差 3 倍。

假设真实 RMS 与组合解标准 RMS 值的比例关系为 20。通过对比水平估计结果和其他技术（比如 VLBI）估计结果可以看出，当前欧洲地球 GPS 估计速度的精度低于 1～2mm/a。比例因子 20 是通过简单比较推导得出。

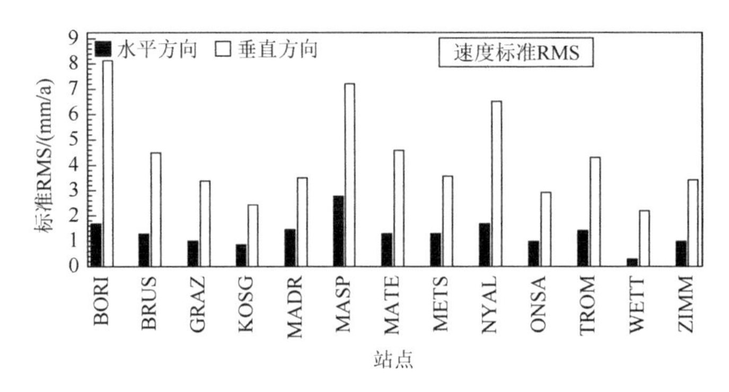


图 8-9 水平和垂直方向速度估计的标准 RMS 值

由于约束到 ITRF 框架使得 WETT 水平 RMS 值较小

垂直速度估计结果在图 8-10 给出。除 BOR1 站点外，所有站点速度值都是正值，BOR1 站点数据时间跨度最短，因此标准 RMS 最大。从 RMS 角度讲（图 8-9），这些结

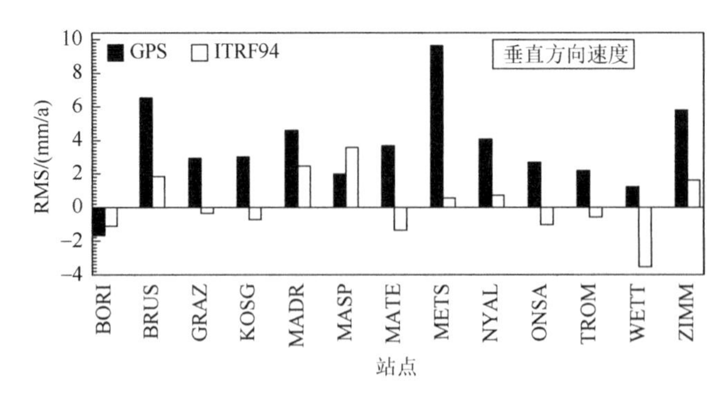


图 8-10 GPS 估计的 13 个欧洲站点垂直速度

果是没有意义的。即使将大部分欧洲站点高程运动约束为零，仅估计很少几个站的垂直速度，估计结果中仍然存在系统效应（所有结果都表现为正）。一般的数据基准问题可被排除。需要指出的是，当同时估计垂直速度时，水平速度估计结果并没有显著改变。

METS 站由于正在经历冰河期反弹陆地上升（Kakkuri，1986），因此该站的估计结果具有一定意义。Paunonen 于 1996 年探测到了约 3mm/a 的上升运动。Peltier 于 1995 年通过分析 VLBI 基线探测到了 3.1mm/a 的上升运动。如果仅分析 METS 站与欧洲垂直方向平均运动（3mm/a）的差值，可以看到 METS 站在垂直方向高达 6mm/a 的相对运动。

由于所有空间观测技术都很难准确估计站点的垂直运动速度，因此可以确定 ITRF94 的速度值是真实观测情况与速度约束为零（NNR-NUVEL1 模型采用的处理方式）之间的一种折中。

## 8.4 地球自转参数估计结果

### 8.4.1 不同 ERP 模型的性能

在 CODE 分析中心，地球自转的各个分量在每个子区间内都采用一个 1 阶线性模型建模。每个子区间通常时间长度为 1 天。这里处理采用每 2h 设置 1 组 ERP 参数的方式，以确保实现天以内的分辨率。进行天以内 ERP 参数的估计原理已在图 2-3 中给出。天以内的极移初始估计结果及主要前向和后向潮改正由 Weber 等（1995b）和 Springer 等（1995）给出。以下给出的结果是基于时间长度为 24h 的单天网络解（法方程）处理得到的。

当处理超过 1 天的数据时（$n$ 天弧段的 $n$ 天解），根据式（2.6-12）强制极移估计值在每天边界处连续是较为合理的。

图 8-11 给出了 $x$ 轴极移 3 天重合估计值相对 C04 极移解的情况，H3 是 3 天解，并保持 3 天固定的地极漂移率；G3 是 3 天解，每天采用一个 1 阶线性模型，并且保持在每天边界连续。C04 极移解（Feissel，1995）是不同空间技术的组合 ERP 估计。其中，VLBI 起最重要的作用。

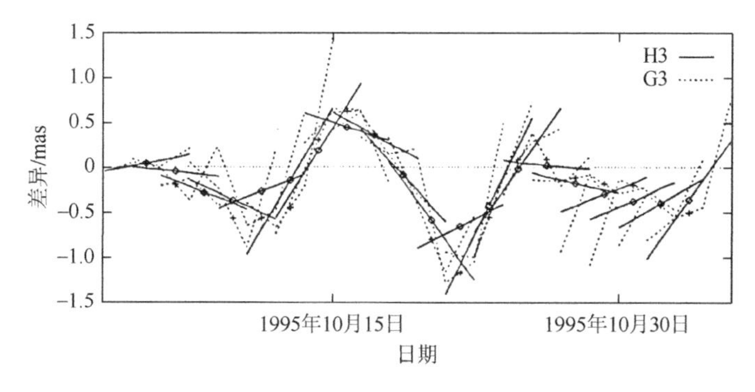


图 8-11 两种不同模型估计的地球自转参数（$x$ 轴）与 C04 IERS 解的对比结果

两种极移模型估计的极移结果相对 C04 结果的偏差基本一致。即使处于边界的天（G3 类型解）显示出较大的变化率（由于不完善的轨道模型），以上状况仍然是确定的。从图 8-11 可以得出，差值的周期性变化主要来自 GPS 观测数据。

这里需要指出的是，相对 IERS 快速极移结果（Mccarthy，1995b）的差值并没有类似的现象。这表明 C04 极移序列不包含低于 10 天周期的信号，然而主要基于 GPS 观测的 IERS 快速极移序列存在这些信号（自从 1995 年年中计算过程改变后，Mccarthy，1995a）。

在 H3 类型解中使用了不同的模型：根据 2.6.3.3 节，在所有 3 天时间内保持固定的漂移率(相对绝对极移估计)。该模型相对较小的自由度减小了周期偏差的幅度，如图 8-11 所示。漂移率估计结果接近平均值的正切。

如果期望得到 5～10 天周期的信号，对于时长超过 3 天的组合解，H3 的极移模型就不再合适了。

G 类型（多段）的 7 天重合解结果在图 8-12 给出。图中的极移模型采用 G 类型（连续条件下每天一个一阶线性模型），实线是每天作为中间一天的估计结果。边界处（7 天的第 1 天和最后 1 天）的漂移估计结果被忽略，因为这些结果的估计精度较差。相对中间 1 天的前 2 天和后 2 天估计结果与当天处于另一个 7 天弧段中间时的估计结果非常一致，这说明估计精度很高（图 3-2）。当采用长弧度观测数据，ERP 估计性能提升的情况将在 8.4.2 节进行分析。

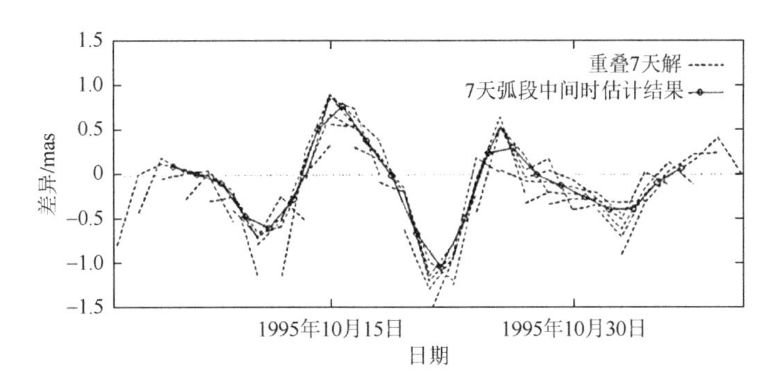


图 8-12　7 天解地球自转参数（$x$ 轴）与 C04 IERS 解的对比结果

### 8.4.2　长弧段估计的 ERP 参数

图 8-13 分别给出了 1 天和 3 天解极移估计结果相对 C04 极移结果的差值，时间超过两年。同时根据 IERS（1993）的表Ⅱ-3 进行了修正以确保与大地参考框架 ITRF93 实现保持一致。两类解的大地基准都采用将 13 个 IGS 核心站点约束为 ITRF93 坐标值定义实现（Boucher and Altamimi，1994）。

表 8-5 给出了两类解的性能情况。3 天解的 $x$ 轴和 $y$ 轴极移估计结果较 1 天解仅有小幅提升，但 LOD 估计结果与 C04 的一致性达到 2.5 倍。3 天解中 LOD 积分值在图 8-13

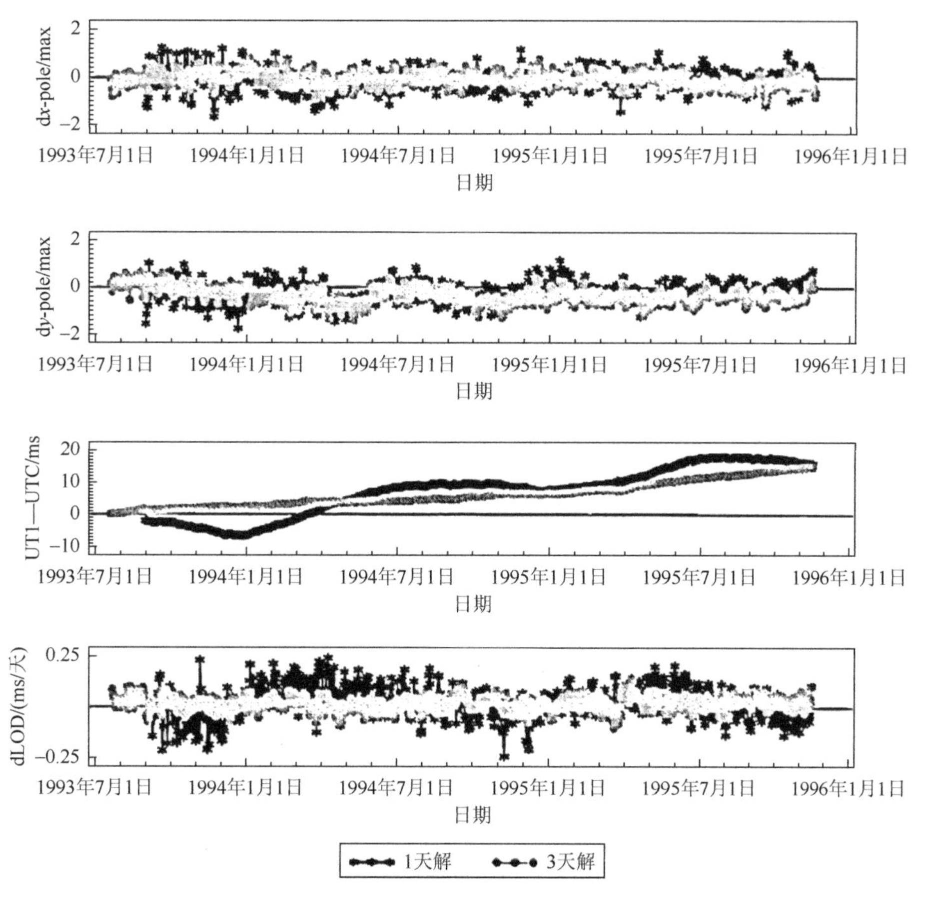


图 8-13 1 天解和 3 天解极移估计结果相对 C04 极移结果的差值

中标记为 d（UT1－UTC），表现出约为 5.5ms/a 的连续漂移率。1995 年 4 月，漂移率提高（也可从 LOD 估计结果的跳变看出）。这个改变及 UT1－UTC 单天解的年周期仍然是进一步研究的方向。漂移率的主要部分可以解释为由于照射压模型引起的轨道平面旋转（Beutler，1995）。引入一个条件方程强制轨道平面整体旋转（相对 $z$ 轴）为 0，可以使 UT1－UTC 长时间稳定于相对 C04 序列小于 1ms/a 的偏差。

**表 8-5 1 天解和 3 天解极移估计结果与 C04 极移的一致性**

| 极移分量 | $x$/mas | $y$/mas | LOD/(ms/d) |
|---|---|---|---|
| 1 天解 | 0.44 | 0.45 | 0.08 |
| 3 天解 | 0.28 | 0.32 | 0.03 |

注：公共偏差和公共漂移率已从 RMS 计算中去除。

如果需要解算章动参数以减小章动变化率，则也需要引入相对 $x$ 轴和 $y$ 轴的条件方程。

### 8.4.3 ERP 参数以及大地基准定义

地球旋转参数用于表述地球自转轴相对所采用大地参考框架的运动。地球自转参数 $x$ 和 $y$ 与大地参考框架的实现不可分离。一组位置坐标和对应的速度场用于作为大地参考框架的具体实现（Boucher and Altamimi，1994）。如果参考框架仅通过对所有位置坐标进行旋转改变，则新参考框架下的极坐标也可以通过对原极移参数进行相同的旋转得到。参考框架速度场的变化将导致地球自转参数的漂移。这在从 ITRF92 到 ITRF93 过渡过程中发生过。ITRF93 速度场的参考是通过对当时 C04 极移序列推导得出的，而 ITRF92 速度场则是向 NNR-NUVEL1 速度模型对准。GPS 估计 UT1 – UTC 对大地参考基准的依赖可以忽略。因此，本节分析不考虑 UT1 – UTC 参数。

每年采用不同空间技术处理得到的位置坐标和速度都不同程度地促进大地参考框架实现性能提升。地球自转参数的变化可大致从部分站点转换参数导出。

当参考框架需要改变时，根据表 5-1 对所有 GPS 原始观测数据进行重新处理几乎是不可能的。但是基于存储的法方程进行处理则很容易做到。大地基准定义的改变可以通过 2.6.3 节介绍的约束方法实现。图 8-14 给出了基于三种不同参考框架的 $y$ 轴估计结果，三种参考框架分别是 ITRF91、ITRF92 和 ITRF93。将估计结果与 C04 极移序列进行了比较，这里 C04 极移序列已经根据 IERS（1993）中的表Ⅱ-3 被转换到 ITRF93 参考框架下。在 1993.0 历元，ITRF92 到 ITRF93 的转换导致 $y$ 轴存在–0.85±0.08mas 的偏差。两组序列中漂移率（在相同时间段内导出）偏差为–0.45±0.06mas/a，主要由于上述提到的速度场变化导致。对于 $x$ 轴，参考框架变化引起的反应较小，偏差（93.0 历元）为–0.15±0.06mas，漂移率为–0.4±0.05mas/a。

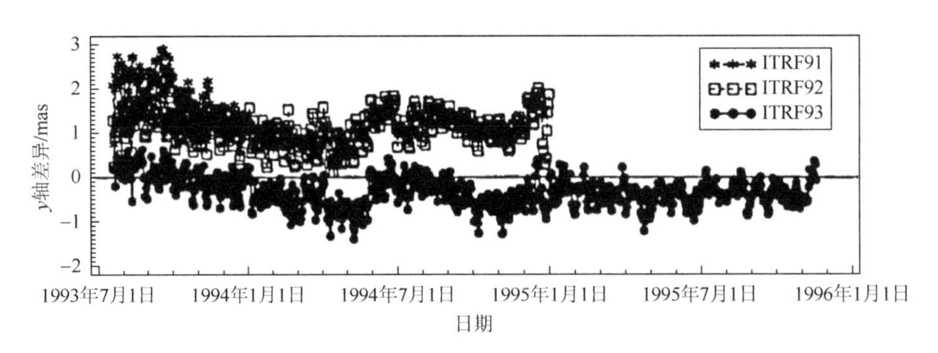


图 8-14　三种不同参考框架下 $y$ 轴估计结果与 C04 极移序列的差值

大地基准通过将 13 个 IGS 核心站点约束到 ITRF 坐标值上实现

下面我们将对受约束站点数量对地球自转参数估计的影响进行分析。在图 8-15 中，名为 CODE93-固定 40 个测站的序列是从 1995 年观测值中导出的 $y$ 轴估计结果（进行了 + 1mas 变换），处理时大地基准通过约束 40 个站点实现。这 40 个位置坐标是通过对所有观测数据超过半年的站点进行 2.6 年时长的自由网处理得到的。40 个站点在整个 2.6 年时段内都有观测数据。

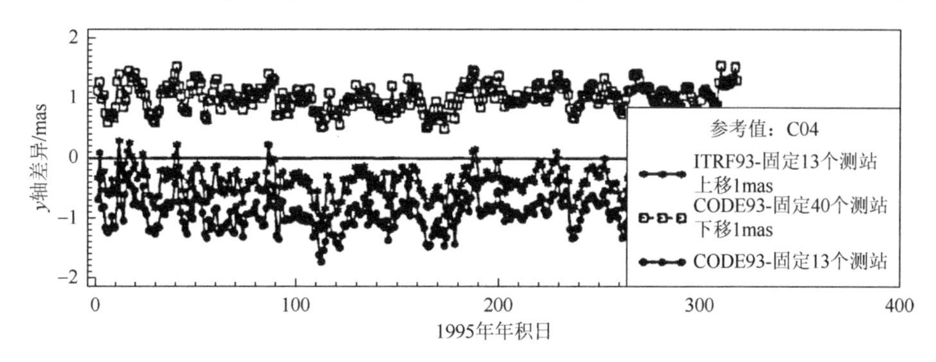


图 8-15 不同数量的固定站点（ITRF 和 GPS 估计结果）条件下 $y$ 轴估计结果

2.6 年组合解大地基准向 ITRF93 对准是通过定义 GPS 导出的地球质心与 ITRF 原点（通过 13 个 IGS 核心位置坐标给出）相等实现的。自由解指向由相对 ITRF93 无整网旋转实现。这个过程近似于坐标、速度和 ERP 参数同时解算的组合解。这个解可以通过在 3 天序贯解中引入所有站点的坐标和速度估计值作为已知值时处理得到。

作为对比，图 8-13 中的解（标记为 ITRF93-固定 13 个测站）也一同给出。在这一参考解中，13 个 IGS 核心站点约束到 ITRF 坐标值。

为了显示坐标和速度值微小变化对 ERP 参数的影响，在图 8-15 中同时给出了名为 CODE93-固定 13 个测站的解（进行了−1mas 转换），这一解也是通过相同的 13 个 IGS 站点定义大地基准，但是位置坐标值约束到 GPS 估计的结果，而不是 ITRF93 上。

这三类解与 C04 极移序列，以及快速极移序列进行比较计算的 RMS 值在表 8-6 中给出。三类解的性能几乎一致，因此可以得出结论，即地球自转参数的估计性能几乎与固定站点的数量无关，同时也与位置坐标和速度的微小差异（ITRF 和 GPS 估计结果间）无关。

**表 8-6 基于不同大地基准定义条件下 3 天解（H 类型）的性能**

| 大地基准 | C04 | | 快速极移 | |
|---|---|---|---|---|
| | $x$/mas | $y$/mas | $x$/mas | $y$/mas |
| ITRF93-固定 13 个测站 | 0.25 | 0.24 | 0.15 | 0.20 |
| CODE93-固定 40 个测站 | 0.27 | 0.21 | 0.19 | 0.17 |
| CODE93-固定 13 个测站 | 0.25 | 0.26 | 0.15 | 0.21 |

注：在参考解（ITRF93-固定 13 个测站）中，13 个 IGS 核心站坐标约束到 ITRF93，在第二类解（CODE93-固定 40 个测站，在图 8-16 进行了 + 1mas 变换）中，40 个位置坐标固定到 GPS 自由网平差结果，在第三类解（CODE93-固定 13 个测站）中，13 个 IGS 核心站点固定到 GPS 平差结果。公共的偏差项在计算 RMS 时已经去除。

从对比数据中很难看出哪个是最好的解。C04 极移序列不包括低于 10 天周期的信号，ITRF93-固定 13 个测站解也纳入了快速极移序列的处理过程，因此快速极移序列不能作为独立的参考。

约束尽可能多的站点能够提高极移估计的性能是显而易见的，因为这样可以将 2.6 年的 GPS 观测数据汇聚在唯一且一致的参考框架上。而且这种处理方式与所有参数（坐标、速度和地球自转参数）同时组合处理的结果等效。

极移估计对参考框架和约束站点数量的依赖性在图 8-16 中给出。这里采用 ITRF93-固定 13 个测站极移序列而非 C04 极移序列（图 8-15）作为参考。

不同方位指向的参考系统（以及不同站点速度模型）导致在图 8-16 中出现一定的偏差和漂移现象。$x$ 轴周期约为半年的变化是由不同坐标系统导致的。

导出的约为 0.1mas 的幅度是可以忽略的，但是相对快速极移的分散却是不能忽略的。

图 8-16 中 CODE93-固定 40 个测站解较强的噪声是由所选参考解造成的，因为参考解仅固定了少量的站点。CODE93-固定 40 个测站序列中所有较大的野值都可与 13 个核心站点中缺失一个（或多个）站点相关联，这就能够更进一步解释为 ITRF93-固定 13 个测站的问题。需要指出的是 IGS 核心站点缺失和 ERP 野值间没有严格的一一对应关系。这意味着缺失站点可能但不是必然导致极移估计的野值。

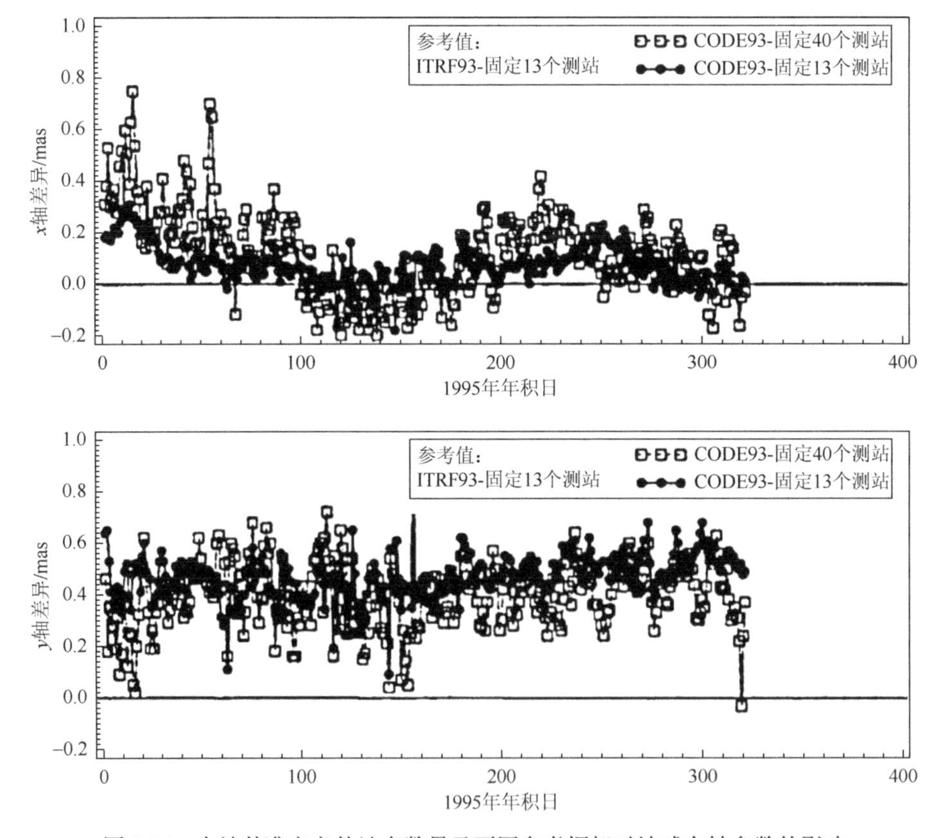


图 8-16 大地基准定义的站点数量及不同参考框架对地球自转参数的影响

从理论上讲，在定义参考系统时仅约束最小数量的位置坐标应该是最优的，这可以避免引入那些与 ITRF 坐标出入较大的位置坐标偏差。除了约束一定数量的站点外，大地基准定义也可以采用 2.6 年自由网处理中的 6 个条件方程实现（原点约束为 0，同时采用 3 个相对 ITRF 无整网旋转条件）。这种方法的缺点是每天观测数据大地基准略有变化，这会导致参考系统每天变化，尤其是当较差的站点被包含到条件方程中时。在无整网旋转条件中包括不少于 13 个站点可以有效降低参考系统每天的变换。

图 8-17 除给出参考解 ITRF93-固定 13 个测站外，还给出了其他两类解：一种基于非固定载波相位模糊度，另一种基于固定载波相位模糊度。其中，参考解为 04 序列。载波相位模糊度处理采用近似无电离层组合策略（Mervart，1995）。这种算法仅利用 L1 和 L2 载波相位观测数据（不需要伪距观测数据）就可以解算长度小于 2000km 的 80%模糊度。信号 R 电子欺骗会稍微降低算法的处理性能。

两类解（3 天，H 类型）都采用上述提到的自由网解方式。在载波相位模糊度固定情况下的自由网解中，$x$ 轴估计结果同参考解 ITRF93-固定 13 个测站（固定载波相位模糊度）一样与 C04 极移序列更加一致。在 8.5 节还将看到固定载波相位模糊度的优势。这可以得出如下结论，即固定载波相位模糊度有利于参考框架的定义，尤其是在短时段（3 天）情况下。

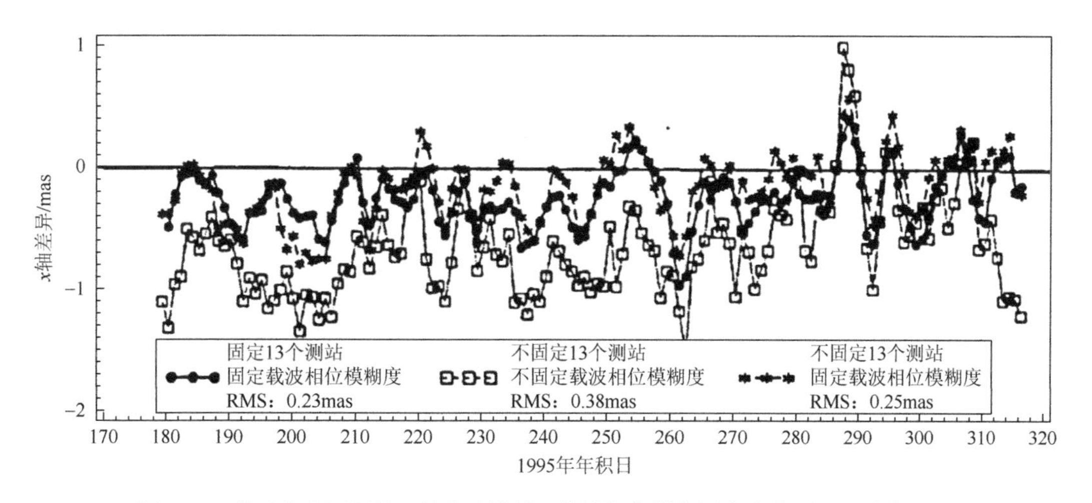


图 8-17　基于自由网解的 $x$ 轴估计结果（载波相位模糊固定和非固定两种情况）

作为本节的结尾，表 8-7 给出了三类解 $x$ 轴、$y$ 轴估计结果与 C04 极移序列及快速极移序列比较的 RMS 值。从中可以得出，3 天自由网解（载波相位固定和非固定两种情况下）不能为确定地球自转参数实现稳定的大地基准。

**表 8-7　3 天自由网解与约束解（固定 13 个核心站）比较结果**

| 序列类型 | C04 极移 | | 快速极移 | |
|---|---|---|---|---|
| 轴向 | $x$/mas | $y$/mas | $x$/mas | $y$/mas |
| 固定 13 个测站<br>固定载波相位模糊度 | 0.23 | 0.12 | 0.24 | 0.18 |
| 不固定 13 个测站<br>不固定载波相位模糊度 | 0.38 | 0.31 | 0.34 | 0.39 |
| 不固定 13 个测站<br>固定载波相位模糊度 | 0.25 | 0.16 | 0.30 | 0.30 |

注：极移序列的公共偏差已在 RMS 计算时已去除。

## 8.5　地球质心估计结果

由于卫星轨道对地球重力场敏感，因此地球质心相对地球参考框架的坐标可以通过GPS估计，如图8-18所示。

与低轨卫星相比，GPS卫星轨道较高，因此对重力场的敏感度相对较低。假设地球重力位系数已经由其他空间技术精确确定，可以利用GPS对低阶次的地球重力位系数进行估计。一阶重力位的3个系数可根据3.1.2.1节理解为地球质心的净平移。ITRF的原点定义需要通过观测位置坐标实现。3个条件方程［即无整网平移式（2-216）条件］是必需的，但是需要指出的是，如果不解算地球质心（假设ITRF系统的原点与地球质心重合），则这3个条件方程则不是必需的。为定义参考框架的旋转（图2-7），还必须增加另外的 $z$ 轴旋转条件。将若干个位置坐标约束为ITRF值也是可以定义大地基准的。

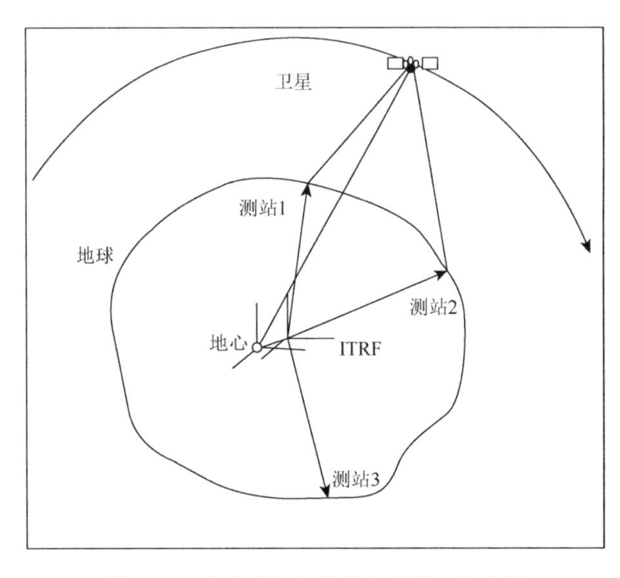


图8-18　地球质心与地固参考框架关系图

图8-19给出了通过两种不同类型GPS解序列得到的地球质心估计结果。H7序列为非固定载波相位模糊度的估计结果（1994年和1995年），R7序列为固定载波相位模糊度的估计结果（仅1995年）。在这里固定载波相位模糊度是指80%～90%基线长度小于2000km的模糊度或总共约50%的模糊度已利用QIF算法进行了确定（Schaer，1994；Mervart，1995）。

在两类序列中，$x$ 轴和 $y$ 轴方向的表现几乎一致。重复性情况也与此相同。图8-19显示了地球质心周解的精度（对于 $x$ 轴和 $y$ 轴约为2.4cm），以及对100个周解进行组合的结果。图8-19给出的RMS值是组合解的 $3\sigma$ 标准RMS误差。100个周解的平均值RMS也处于相同水平（较 $\sqrt{100}=10$ 分数略小），每一个RMS都约为2.4cm。

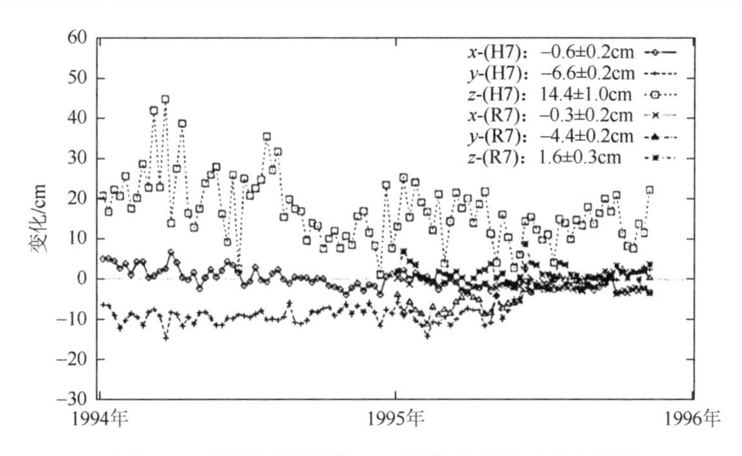


图 8-19　根据两类不同 GPS 解估计的地球质心周解

固定载波相位模糊度和不固定载波相位模糊度

载波相位模糊度固定解确定的 $z$ 轴方向精度是非固定载波相位模糊度的 3 倍，这证明了更少冗余法方程的优势。令人惊奇的是，1995 年两类解在 $z$ 轴方向差别达到 13cm，这无法用非固定载波相位模糊度解的不确定性解释。

下面进一步分析图 8-20 中固定载波相位模糊度解的情况。鉴于在整个周期内 $x$ 轴和 $z$ 轴的期望值几乎为 0，需要将 $y$ 轴在时间段上分成两个周期。在第一个周期（到 1995 年 154 天）仅对日食卫星采用伪随机参数建模（见 3.1.4 节和 4.4 节），在这个周期内，$y$ 轴方向平均偏差为−6.8cm；在第二个周期对所有卫星采用伪随机参数建模，在这个周期 $z$ 轴期望值几乎为 0，因此，在这段时间 ITRF93 定义的原点与地球质心估计结果非常一致，也与 SLR 估计的结果一致，即 SLR 是 ITRF 原点定义主要贡献者。

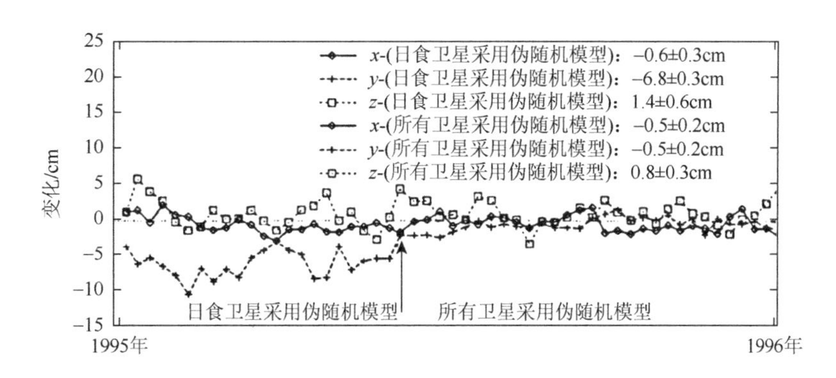


图 8-20　1995 年固定载波相位模糊度情况下地球质心估计周解

地球质心估计结果与采用的卫星轨道模型强相关并不让人意外。需要指出的是扩展辐射压模型（3.1.2.4 节）对于地球质心估计具有与伪随机轨道模型等价的（正面）效果。

前面已经指出，卫星轨道系统的原点确定地球质心。对不同 IGS 分析中心的轨道转换参数进行对比适于推导出地球质心定义的表述，同时利用上述给出的结果也可推导出所用轨道模型的表述。

图 8-21 给出了分析中心轨道系统与组合 IGS 轨道间的 $x$ 轴和 $y$ 轴转换参数。这些值是从 IGS 分析中心协调处（Kouba，1995b）的每周报告中提取出来的。

从图 8-21 中可以看出，$x$ 轴转换参数与图 8-19 和图 8-20 给出的地球质心坐标估计结果类似，每周变化非常小，且期望值趋向于 0（GFZ 除外）。

$y$ 轴参数噪声较大，尤其是一些分析中心还出现明显的跳变。在 COD 分析中心，当为所有卫星引入伪随机参数时变化是非常明显的。在 SIO 分析中心，通过轨道比较可以看出在 GPS 814 周到 826 周（1995 年 8～10 月）期间轨道精度具有一定的提高，大大影响了 $y$ 轴转换参数。1995 年 10 月后具体情况如下：3 个分析中心采用伪随机轨道模型或扩展辐射压模型（SIO），估计的 $y$ 轴参数约为 3cm，4 个分析中心未采用上述模型，估计结果与上述结果偏差约为 3cm。在前面也已提到由于轨道模型的改变，地球质心 $y$ 轴坐标引起基本相同的变化（–6.3cm）。

对 GPS 估计的地球质心坐标进行研究是一个非常有前途的方向。对其他低阶重力位系数，尤其是 $S_{22}$、$C_{22}$、$S_{32}$、$C_{32}$ 系数的估计（Beutler et al.，1994a，1994b）可在未来进行考虑。

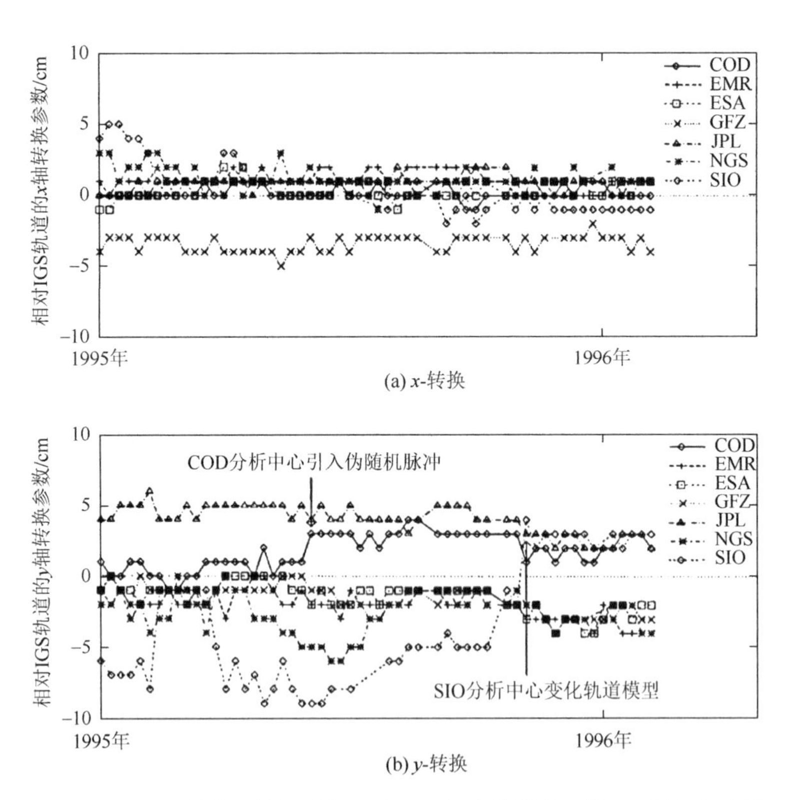


图 8-21　不同分析中心轨道系统相对 IGS 组合轨道的 $x$ 轴和 $y$ 轴转换参数

具体数值从 IGS 每周报告中提取（Kouba，1995b）

## 8.6 卫星天线相位中心偏差估计结果

在 1993 年底，我们将 GPS 卫星天线相位中心偏差作为未知数引入 CODE 的全球解，目的是想核实 IGS 给出的官方值（Goad，1992）。

图 8-22 给出了每周估计的 Block Ⅰ 和 BlockⅡ卫星天线相位中心相对 IGS 官方值的 $x$ 轴、$y$ 轴、$z$ 轴偏差，偏差值表示在卫星坐标系。卫星坐标系定义 $z$ 轴天线指地方向，$y$ 轴为太阳帆板方向。BlockⅡ和 BlockⅡa 卫星间没有明显差别。

天线相位中心估计在 1994 年底前采用非固定载波相位模糊度方法，之后采用固定载波相位模糊度方法。两种方法估计的结果几乎没有差别，与上节给出的地球质心在 $z$ 轴方向的情况相同。

在图 8-22 中，需要将时间段分成两个部分：在第一个部分（从起始到 1994 年 12 月）仅解算了 Block Ⅰ 卫星，在第二个部分则同时解算了 Block Ⅰ 卫星和 BlockⅡ卫星。

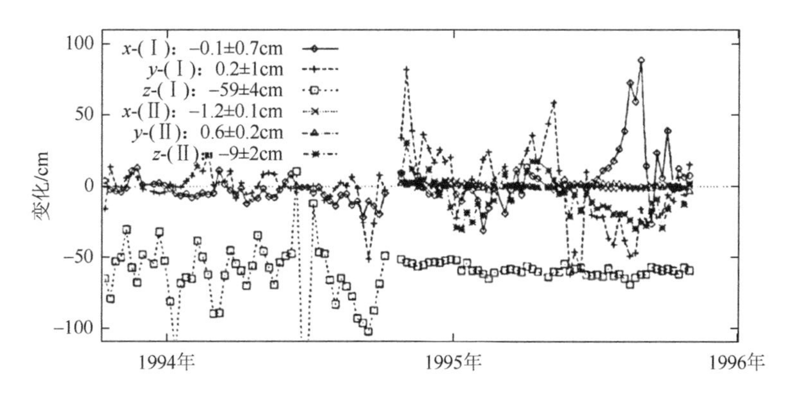


图 8-22 每周估计的 Block Ⅰ 和 BlockⅡ卫星天线相位中心偏差（相对 IGS 官方值）

图中数字值是从覆盖整个时间段的组合解导出的，RMS 是组合解的 $3\sigma$ 标准 RMS 误差

由于 Block Ⅰ 卫星逐渐减少（PRN11 于 1993 年 8 月关闭信号，PRN3 于 1994 年 4 月 13 日关闭信号），这组卫星的估计值主要基于 PRN12 卫星的观测数据。

估计结果如下：BlockⅡ卫星与（Fliegel et al.，1992）给出的值具有很好的一致性，$dx = 0.2794\text{m}$，$dy = 0.0\text{m}$，$dz = 1.0259\text{m}$。Block Ⅰ 卫星 $z$ 轴结果与官方值相差约 0.5m（$dx = 0.21\text{m}$，$dy = 0.0\text{m}$，$dz = 0.854\text{m}$）。这个差值非常明显，但是对于高精度卫星轨道确定却影响不大，因为卫星轨道根数是相对卫星质心而言的。无论是否解算这些参数，卫星轨道都基本一致（差别小于 2cm）。其影响因为观测数据双差以及 Block Ⅰ 卫星仅剩下 PRN12 等原因被进一步降低。

需要指出的是，这些周解都是在 IGS 核心站点被约束到 ITRF93 坐标值的情况下导出的。对于全球自由解，需要针对网络尺度增加条件方程，以避免尺度增大及两类卫星 $z$ 轴方向约 2.3m 的偏差。但是在 $z$ 轴方向约 0.5m 的差值仍然存在。

# 参考文献


Abusali P，Schutz B，Eanes R，et al. 1994. Absolute accuracy evaluation of GPS ephemerides using SLR data. In Abstracts to the 1994 AGU Fall Meeting，San Francisco，December 5-9，1994.

Argus D，Gordon R. 1991. No-net-rotation model of current plate velocities incorporating plate motion model NUVEL-1. Geophys，Research Letters，18：2039-2042.

Argus D，Heflin M. 1995. Plate motion and crustal deformation estimated with geodetic data from the Global Positioning System. Geopysical Research Letters，22（15）：1973-1976.

Bar-Sever Y. 1994. New GPS attitude model. IGS Mail No. 591，IGS Central Bureau Information System（igscb.jpl.nasa.gov）.

Bauersima I. 1983. NAVSTAR Global Positioning System（GPS）II，radiointerferometrische satellitenbeobachtungen. Mitteilungen Nr. 10 der Satelliten-Beobachtungsstation Zimmerwald，Bern.

Beutler G. 1982. Lösung von parameterbestimmungsproblemen in himmelsmechanik und satellitengeodäsie mit modernen hilfsmitteln. Astronomisch-geodätische Arbeiten in der Schweiz，Band 34.

Beutler G. 1990. Numerische integration gewöhnlicher differentialgleichungssysteme：prinzipien und algorithmen. Mitteilung Nr. 23 der Satelliten-Beobachtungsstation Zimmerwald，Druckerei der Universität Bern.

Beutler G. 1995. GPS satellite orbits. In GPS for Geodesy. Delft University. International School.

Beutler G. 1996. Block Rotation of the Orbital Nodes. Paper in preparation.

Beutler G，Gurtner W，Bauersima I，et al. 1985. Modelling and estimation of orbits of GPS satellites. Proceedings of the first International Symposium on Precise Positioning with the Global Positioning System，1：99-111.

Beutler G，Gurtner W，Bauersima I，et al. 1986. Efficient computation of the inverse of the covariance matrix of simultaneous GPS carrier phase difference observations. Manuscripta Geodaetica，11：249-255.

Beutler G，Bauersima I，Gurtner W，et al. 1987. Correlations between simultaneous GPS double difference carrier phase observations in the multistation mode：implementation considerations and first experiences. Manuscripta Geodaetica，12：40-44.

Beutler G，Bauersima I，Botton W，et al. 1989. Accuracy and biases in the geodetic application of the Global Positioning System. Manuscripta Geodaetica，14：28-35.

Beutler G，Brockmann E，Gurtner W，et al. 1994a. Extended orbit modeling techniques at the CODE processing center of the international GPS service for geodynamics（IGS）：theory and initial results. Manuscripta Geodaetica，19：367-386.

Beutler G，Mueller I，Neilan R，et al. 1994b. The international GPS service for geodynamics（GPS）. Bulletin Géodésique，68（1）：39-70.

Beutler G，Kouba J，Springer T，et al. 1995. Combining the orbits of IGS processing centers. BG，69（4），200-222.

Beutler G，Brockmann E，Hugentobler U，et al. 1996. Combining n consecutive One-Day-Arcs into one n-Days-Arc. Journal of Geodesy，70：287-299.

Blewitt G，Bock Y，Kouba J，et al. 1995. Position paper 2：constructing the IGS polyhedron by distributed processing.//Zumberge J F，Liu R. Densification of the IERS Terrestrial Reference Frame Through Regional GPS Networks，Workshop Proceedings，November 30-December 2，1994.

Bock Y. 1991. Continuous monitoring of crustal deformations. GPS World，40-47.

Boucher C，Altamimi Z. 1994. IERS technical note 18，results and analysis of the ITRF93. International Earth Rotation Service（IERS），Central Bureau.

Boucher C，Altamimi Z. 1996. IERS technical notes 20，results and analysis of the ITRF94. International Earth Rotation Service（IERS），Central Bureau.

Brockmann E. 1990. Untersuchungen zur korrektion des IAU-Nutationsmodells durch VLBI-Beobachtungen. unpublished diploma thesis，Geodetic Institute，University of Bonn.

Brockmann E，Gurtner W. 1996. Combination of GPS solutions for densification of the European network：concepts and results derived from 5 European associated analysis centers of the IGS. In EUREF workshop，Ankara，May 1996（in press）.

Brockmann E，Beutler G，Gurtner W，et al. 1993. Solutions using European GPS observations produced at the "Center for Orbit Determination in Europe"(CODE)during the IGS campaign. In Proceedings of the 1993 JGS Workshop in Berne.

Bronstein N，Semendjajew K A. 1985. Taschenbuch der mathematik. Verlag Harri Deutsch，Thun und Frankfurt（Main）.

Bruyninx C. 1994. Modeling and methodology for high precision geodetic positioning with the Global Positioning System（GPS）using carrier phase difference observations. Ph. D. thesis，Observatoire Royal de Belgique.

Cappellari J，Velez C，Fuchs A，et al. 1976. Mathematical theory of the God- dard trajectory determination system. Goddard Space Flight Center，X-582-76-77，Greenbelt，MD.

Colombo O. 1989. The dynamics of the global positioning orbits and the determination of precise ephemerides. Journal of Geophysical Research，94（B7）：9167-9182.

Davies P，Blewitt G. 1995. Type two associate analysis center at Newcastle- upon-Tyne. In Proceedings of the IGS Workshop in Potsdam on Special Topics and New Directions，May 15-17，Potsdam.

Delikaragkou D，Steeves R，Becker N，et al. 1986. Development of an active system using GPS. In Proc. of the Fourth Inter. Geodetic Symposium on Satellite Positioning，Austin，Texas，1189-1203.

Demets C，Gordon R，Argus D，et al. 1990. Current plate motions. Geophys. J. Int.，101：425-478.

Demets C，Gordon R，Argus D，et al. 1994. Effect of recent revisions to the geomagnetic reversal time scale on estimates of current plate motions. Geophys. Research Letters，21：2191-2194.

Dierendonck A V，Russel S，Kopitzke E，et al. 1978. The GPS navigation message. Navigation：Journal of the Institute of Navigation，25（2）：147-165.

Dillinger W，Robertson D. 1986. A pogram for combined adjustment of VLBI observing sessions. Manuscripta Geodaetica，278-281.

Drewes H，Förste C，Reigber C，et al. 1992. Ein aktuelles plattentektonisches modell aus Laser-un VLBI auswertungen. Zeitschrift für Vermessungswesen，117（4）：205-214.

Eanes R，Schutz B，Tapley B，et al. 1983. Earth and ocean tide effects on LAGEOS and starlette. In Proceedings of the Ninth International Symposium on Earth Tides. E. Schweizerbartsche Verlag，Stuttgart.

Eisele V. 1991. GPS und integration von GPS in bestehende geodätische netze. DVW Landesverein Baden-Wiirtenberg und das geodätische Institut der Universität Karlsruhe.

Feissel M. 1995. Monthly bulletin B publications. anonymous account at IERS.

Figurski M，Piraszewski M，Rogowski J，et al. 1995. Common experiment of the analysis center CODE and the

Institut of Geodesy and Geodetic Astronomy of Warsaw University of Technology（IGGA WUT）on the combination of regional and global solutions. In Proceedings of the XXI. General Assembly of the International Union of Geodesy and Geophysics，Boulder，Colorado，July 2-14.

Fliegel H，Gallini T，Swift E，et al. 1992. Global Positioning System radiation force model for geodetic application. Journal of Geophysical Research，97（B1）：559-568.

Gelb A. 1974. Applied Optimal Estimation，374.

Gendt G，Beutler G. 1995. Consistency in the troposphere estimations using the IGS network. In Proceedings of the IGS Workshop in Potsdam on Special Topics and New Directions，May 15-17，Potsdam.

Goad C. 1992. IGS Standards.

Gurtner W. 1995. The role of permanent GPS stations In IGS and other networks. In Third International Seminar on GPS in Central Europe，9-11 May 1995，Penc，Hungary.

Gurtner W，Liu R. 1995. The central bureau information system.//Zumberge J，Liu R，Neilan R.International GPS Service for Geodynamics 1994 Annual Report，IGS Central Bureau，JPL，Pasadena，September 1，1995.

Gurtner W，Mader G. 1990. Receiver independent exchange format version 2. GPS Bulletin of the Commission VIII of the International Coordinates of Space Techniques for Geodesy and Geodynamics（CSTG），3（3）.

Heck B M I. 1995. GPS-Leistungsbilanz '94. Deutscher Verein für Vermessungswesen e.V.，Schriftenreihe 18/1995：Konrad Wittwer Verlag，Stuttgart.

Hedling G，Jonsson B. 1995. SWEPOS-a swedish network of reference stations for GPS. In 4th International Conference on Differential Satellite Navigation Systems（DSNS 95），Bergen.

Hefty J. 1995. Combination of polar motion series determined by individual IGS analysis centres using the variance component estimation. Paper Presented at the 1995 IERS.

Heiskanen W，Moritz H. 1967. Physical geodesy. San Francisco：CA：W.H. Freeman.

Heitz S. 1980. Mechanik fester Körper，Volume 1. Dümmler Bonn.

Heitz S. 1986. Grundlagen kinematischer und dynamischer modelle der geodäsie. Mitteilungen aus den Geodätischen Instituten der Rheinischen-Friedrich-Wilhelms Universität Bonn.

Helmert F R. 1872. Die ausgleichsrechnung nach der methode der kleinsten quadrate.Teubner，Leipzig.

Herring T，Dong D. 1994. Measurement of diurnal and semidiurnal rotational variations and tidal parameters of the Earth. JGR，99（B9）：18051-18071.

Herring T A. 1990. Geodesy by radiointerferometry：the application of Kalman Filtering to the analysis of very long baseline interferometry data. Journal of Geophysical Research，95（B8）：12561-12581.

Hofmann-Wellenhof B，Lichtenegger B，Collins J，et al. 1994. GPS theory and practice. Third revised edition，New York：Springer-Verlag Wien.

Hugentobler U，Beutler G. 1993. Resonance phenomena in the Global Positioning System. In Dynamics and Astrometry of Natural and Artificial Celestial Bodies，Poznan，Poland.

IERS（1992）. IERS Technical notes，IERS Standards（1992）. International Earth Rotation Service（IERS），Central Bureau.

IERS（1993）. 1993. IERS annual report. International Earth Rotation Service（IERS），Central Bureau.

IERS（1994）. 1994. IERS annual report. International Earth Rotation Service（IERS），Central Bureau.

IERS（1995）. draft of the IERS Standards（1995）. International Earth Rotation Service（IERS），Central Bureau.

Kakkuri J. 1986. Newest results obtained in studying the Fennoscandian land uplift phenomenon. Tectonophysics，130：327-331.

Koch K. 1988. Parameter estimation and hypothesis testing in linear models.Springer，Berlin Heidelberg New

York.

Koch K. 1990. Bayesian inference with geodetic applications. Springer, Berlin Heidelberg New York.

Kouba J. 1995a. SINEX format version 0.05. e-mail send to all IGS Analysis Centers, 12. June 1995.

Kouba J. 1995b. Weekly orbit comparisons for the IGS analysis center. Igsreports, submitted weekly by e-mail.

Kouba J. 1996. SINEX format description version 1.0. e-mail send to all IGS Analysis Centers, April 1996.

Kouba J, Popelar J. 1994. Modern geodetic reference frames for precise positioning and navigation. In Proc. of the Inter. Symposium on Kinematic Systems in Geodesy, Geomatics and Navigation (KIS94), Banff, Canada, 79-86.

Lambeck K. 1974. Study of the earth as a deformed solid by means of space methods. La Géodynamique Spatiale-Space Geodynamics, 537-654.Centre National d'Etudes Spatiales, Toulouse.

Landau H. 1988. Zur nutzung des Global Positioning Systems in geodäsie und geodynamik: modellbildung, Software-Entwicklung und analyse. Ph. D. thesis, Universität der Bundeswehr München, Neubiberg. Schriftenreihe Studiengang Vermessungswesen, Heft 36.

Leick A. 1995. GPS Satellite Surveying. John Wiley, Second edition.

Lerch F, Nerem R S, Putney B H, et al. 1994. A geopotential model from satellite tacking, altimeter, and surface gravity data: GEM-T3. Journal of Geophysical Research, 99: 2815-2839.

Lindqwister U, Blewitt G, Zumberge J, et al. 1991. Millimeter-level baseline precision results from the California permanent GPS geodetic array. GRS, 18: 1135-1138.

Ma C, Ryan W, Gordon D, et al. 1995. Site positions and velocities, source positions, and earth orientation parameters from the space geodesy program-GSFC: solution GLB979f. Int. Earth Rotations Service (IERS), Annual submission 1995.

Mccarthy D. 1995a. Changes in the USNO GPS-only combination procedure. IGSMAIL No. 1072, 28-SEP-95.

Mccarthy D. 1995b. Weekly rapid earth rotation parameter submissions. submitted weekly by e-mail.

Melbourne W. 1991. The first GPS IERS and geodynamics experiment-1991.//Mader G. Permanent Satellite Tracking Networks for Geodesy and Geodynamice, IAG Symposium 109, Vienna, 65-80.

Mervart L. 1995. Ambiguity resolution techniques in geodetic and geodynamic applications of the Global Positioning System. Ph. D. thesis, Astronomical Institute, University of Berne. published in: Geodätisch-geophysikalische Arbeiten in der Schweiz Vol. 53, Schweizerische Geodätische Kommission.

Moritz H, Mueller I. 1987. Earth rotation: theory and observation. Ungar/Continuum, New York, NY.

Munk W, Macdonald G. 1960. The rotation of the earth: a geophysical discussion. The Johns Hopkins Press, Baltimore, MD.

Neilan R. 1995. The organization of the IGS//Zumberge J, Liu R, Neilan R. 1994 Annual Report of the International GPS Service for Geodynamics. IGS Central Bureau.

Oswald W. 1993. Zur kombinierten ausgleichung heterogener beobachtungen in hybriden netzen. Ph. D. thesis, Universiät der Bundeswehr München, Neubiberg. Schriftenreihe Studiengang Vermessungswesen, Heft 44.

Paunonen M. 1996. Expected land uplift of METS. personal e-mail.

Peltier W. 1995. VLBI baseline variations from the ICE-4G model of postglacial rebound. Geophys. Res. Letters, 22 (4): 465-468.

Rao C. 1973. Linear statistical inference and its applications. J. Wiley, New York.

Ray J. 1996. Comments on ITRF94. e-mail to IGS users of ITRF94, March 1.

Reigber C, Foerste C, Schwintzer P, et al. 1991. Earth orientation and station coordinates computed from 10.3 Years of Lageos Observations. Int. Earth Rotation Service (IERS).

Remondi B. 1989. Extending the national geodetic survey standard GPS orbit format. NOAA Technical Report NOS 133 NGS 46，Rockville，MD.

Rocken C，Vanhoven T，Rothacher M，et al. 1994. Towards Near-Real-Time estimation of atmospheric water vapor with GPS. In Abstracts to the 1994 AGU Fall Meeting，San Francisco，December 5-9，1994.

Rothacher M. 1992. Orbits of satellite systems in space geodesy. Ph. D. thesis，Astronomical Institute，University of Berne. published in Geodätisch-geophysikalische Arbeiten in der Schweiz，Schweizerische Geodätische Kommission，Vol.46.

Rothacher M，Beutler G，Gurtner W，et al. 1990. The role of the atmosphere in small GPS networks. In Proceedings of the Second International Symposium on Precise Positioning with the Global Positioning System，Ottawa，Canada，September 3-7，The Canadian Institute of Surveying and Mapping，pp. 581-598.

Rothacher M，Beutler G，Gurtner W，et al. 1993. Documentation of the Bernese GPS software version 3.4. Astronomical Institute，University of Berne.

Rothacher M，Schaer S，Mervart L，et al. 1995a. Determination of antenna phase center variations using GPS data. In Proceedings of the IGS Workshop in Potsdam on Special Topics and New Directions，May 15-17，Potsdam.

Rothacher M，Weber R，Brockmann E，et al. 1995b. Annual report 1994 of the CODE processing center of the IGS//Zumberge J，Liu R，Neilan R.International GPS Service for Geodynamics 1994 Annual Report.

Rothacher M，Beutler G，Brockmann E，et al. 1996. Annual report 1995 of the CODE processing center of IGS.//Bureau I C. International GPS Service for Geodynamics 1995 Annual Report（in press）.

Salzmann M. 1993. Least squares filtering and testing for geodetic navigation applications. Ph. D. thesis，Netherlands Geodetic Commission. 37.

Schaer S. 1994. Stochastische ionosphaerenmodellierung beim "rapid static positioning" mit GPS. unpublished diploma thesis，Astronomical Institute，University of Berne.

Schupler B，Allshouse R，Clark T，et al. 1994. Signal characteristics of GPS user antennas. Preprint accepted for publication in Navigation in late 1994.

Schwarz，Rutishauser，Stiefel. 1972. Matrixnumerik. Teubner Verlag.

Seeber G. 1993. Satellite geodesy.Walter de Gruyter，Berlin，New York.

Seidelmann P. 1992. Explanatory supplement to the astronomical almanac.University Science Books，Mill Valey，CA.

Seidelmann P，Fukushima T. 1992. Why new time scales? astronomy and astrophysics，265：833-838.

Springer T，Beutler G，Rothacher M，et al. 1995. The role of orbit models when estimating earth rotation parameters using the Global Positioning System. In Abstracts to the 1995 AGU Fall Meeting.

Springer T，Beutler G，Brockmann E，et al. 1996. Towards a new orbit model. In Proceedings of the IGS Analysis Center Workshop in Silver Spring，March 19-21（in press）.

Standish E. 1995. JPL planetary and lunar ephemerides，DE400/LE400. JPL IOM 314.10-108. to be submitted to Astron. Astrophys. for publication.

Strange W，Weston N，Chin M，et al. 1994. Positioning of the GPS continuously operating reference station（CORS）network in the United States. EOS Tansactions，75（44）.

Tsuji H，Hatanaka Y，Sagiya T，et al. 1995. Coseismic crustal deformation from the 1994 Hokkaido-Toho-Oki earthquake monitored by a nationwide continuous GPS array in Japan. GRL，22（13）：1669-1672.

Wahr J. 1981. The forced nutations of an elliptical，rotating，elastic，and oceanless earth. Geophys. J. Roy. Astron. Soc，64：705-727.

Watkins M. 1996. GPS/SLR orbit comparisons. In Proceedings of the IGS Analysis Center Workshop in Silver

Spring，March 19-21（in press）.

Weber R，Beutler G，Brockmann E，et al. 1995a. The contribution of GPS to the determination of the celestial pole offsets. presented at the IERS workshop，May 1995.

Weber R，Beutler G，Brockmann E，et al. 1995b. Monitoring earth orientation variations at the Center for Orbit Determination in Europe（CODE）. presented at the XXI. General Assembly of the International Union of Geodesy and Geophysics，Boulder，Colorado，July 2-14.

Wells D，Beck N，Delikaraoglou D，et al. 1987. Guide to GPS positioning. Canadian GPS Associates，Fredericton，New Brunswick，Canada.

Wild U. 1994. Ionosphere and geodetic satellite systems：permanent GPS tracking data for modelling and monitoring. Ph. D. thesis，Astronomical Institute，University of Berne. published in：Geodätisch-geophysikalische Arbeiten in der Schweiz Vol. 48，Schweizerische Geodätische Kommission.

Wolf H. 1978. Das geodätische Gauss-Helmert-Modell und seine eigenschaften. Zeitschrift für Vermessungswesen，（103）：41-43.

Wübbena G. 1991. Zur Modellierung von GPS-Beobachtungen für die hochgenaue positionsbestimmung. Ph. D. thesis，Fachrichtung Vermessungswesen der Universität Hannover No. 168. ISSN 0174-1454.

Zurmühl. 1964. Matrizen. Springer.

# 附录 A　程序 ADDNEQ 程序流程图

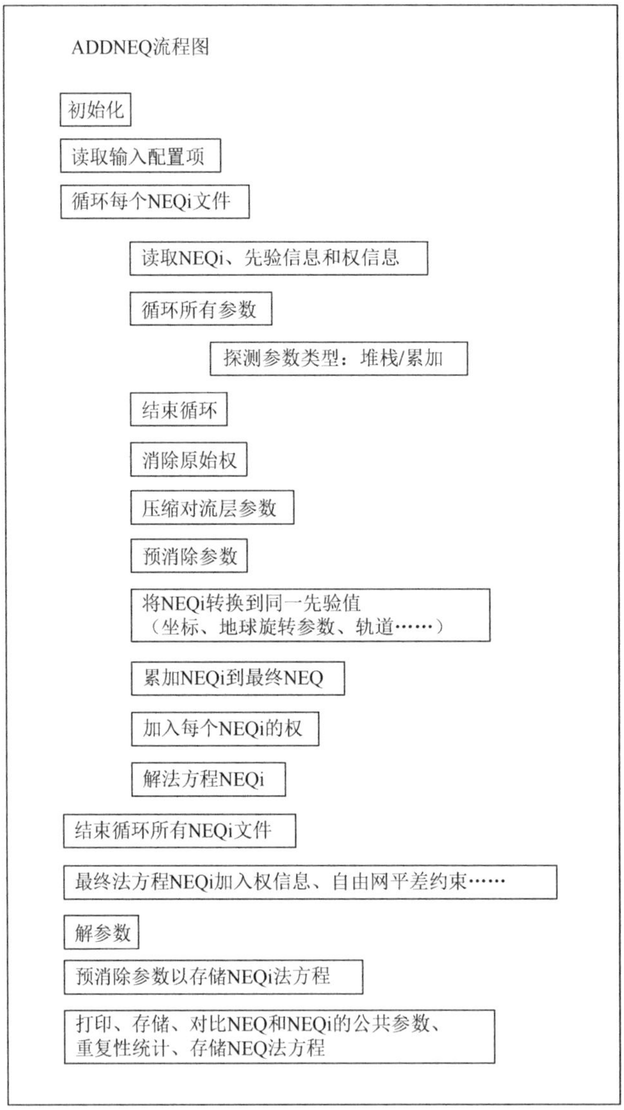

ADDNEQ流程图

初始化

读取输入配置项

循环每个NEQi文件

　　读取NEQi、先验信息和权信息

　　循环所有参数

　　　　探测参数类型：堆栈/累加

　　结束循环

　　消除原始权

　　压缩对流层参数

　　预消除参数

　　将NEQi转换到同一先验值<br>（坐标、地球旋转参数、轨道……）

　　累加NEQi到最终NEQ

　　加入每个NEQi的权

　　解法方程NEQi

结束循环所有NEQi文件

最终法方程NEQi加入权信息、自由网平差约束……

解参数

预消除参数以存储NEQi法方程

打印、存储、对比NEQ和NEQi的公共参数、<br>重复性统计、存储NEQ法方程